凝煉知識品味閱讀

凝煉知識品味閱讀

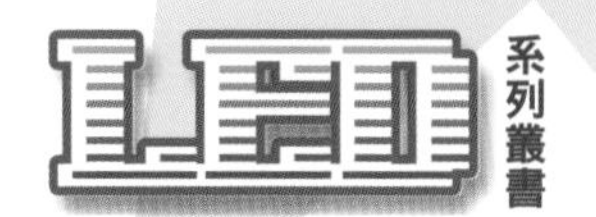

Devices & Introductory Industry of Light-Emitting Diode

LED元件與產業概況

陳隆建 編著

五南圖書出版公司 印行

序

發光二極體（Light Emitting Diode, LED）是一種電激發光的半導體元件，早期用於當作訊號顯示器，而隨著發光效率的提升和環保意識的抬頭，LED 的重要性也隨之提升，儼然成為下一世代的照明光源。

這本書的內容主要著重在 LED 的製作和產業發展環境的介紹，儘量避免提及艱深的理論，使讀者可以瞭解 LED 的產業狀況和未來趨勢。筆者在此要感謝北科光電所同學田青禾、吳家任和林文瑋，在資料收集、打字和校稿等方面的協助。

最後僅以此書獻給我摯愛的父親陳應科先生。

陳隆建

於國立台北科技大學光電工程系

民國 101 年 8 月 8 日，父親節。

目 錄

編者序

第一章 LED產業概況

Chapter1 LED 產業概況

主要內容：

1. LED 發展簡史

2. 產業概論

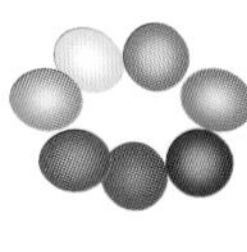

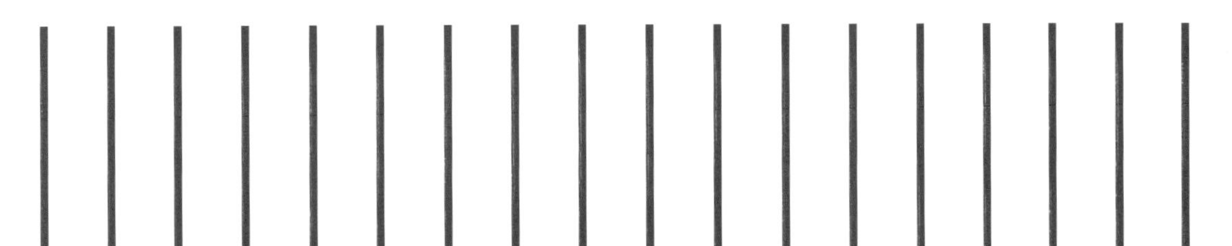

1.1　LED發展歷史

1.1.1　電激發光的發現

LED 的歷史起源於二十世紀早期，英國的無線通訊工程師 Henry Joseph Round 在研究中無意發現金屬半導體整流器碳化矽（SiC）的電子特性，並發表了長達兩章節的短篇文章，報告此有趣的現象（圖 1-1）：詳細描述了從帶有一不對稱之電流通道的兩個電極的結構中發射出來的黃光，見證了第一道從有電流注入的固態半導體材料中射出的光線，此一現象稱為電激發光（electroluminescence, EL）。電激發光是一種電流通過材料，或有強電場通過材料時，材料發射光線的光學、電學現象。如今，這元件被稱為發光二極體或縮寫為 LED，這也是 Round 的這篇報導成為發光二極體領域之空前的第一篇報導，亦是史上第一顆發光二極體的誕生，奠定了 LED 被發明的物理基礎。

表 1-1　名詞定義與說明

Characteristic	Symbol	Unit	Description
Luminous Flux 光通量	∮	lm	光源四面八方所有角度所發射出並被人眼感知之所有輻射能稱之為光通量。
Luminous intensity 光強度	I	cd	令光源所射出之光為一球體，在某一方向立體角之內光通量大小，故此單位與特定角度有關。
Illuminance 照度	E	lx,lm/m^2	從單位便知此為單位光通量均勻分佈在單位面積之比值，1 lux = 1 lm/m^2。
Luminance 輝度	L	Cd/m^2	輝度指光源或被照面其單位表面在某一方向上的光強度密度。
Color temperature 色溫	CCT	K	『標準黑體（black-body radiator）』，某絕對溫度值之光色，可以在色度圖上之普朗克軌跡上找到其對應的光色和溫度。
Color-rendering index (CRI) 演色性	Ra	N/A	將顏色真實表現出來的一種參考指數，業界標準為使用 DIN 6169 規定之八個色樣逐一作比較並量化其差異性。

A Note on Carborundum.

To the Editors of Electrical World:

SIRS:—During an investigation of the unsymmetrical passage of current through a contact of carborundum and other substances a curious phenomenon was noted. On applying a potential of 10 volts between two points on a crystal of carborundum, the crystal gave out a yellowish light. Only one or two specimens could be found which gave a bright glow on such a low voltage, but with 110 volts a large number could be found to glow. In some crystals only edges gave the light and others gave instead of a yellow light green, orange or blue. In all cases tested the glow appears to come from the negative pole, a bright blue-green spark appearing at the positive pole. In a single crystal, if contact is made near the center with the negative pole, and the positive pole is put in contact at any other place, only one section of the crystal will glow and that the same section wherever the positive pole is placed.

There seems to be some connection between the above effect and the e.m.f. produced by a junction of carborundum and another conductor when heated by a direct or alternating current; but the connection may be only secondary as an obvious explanation of the e.m.f. effect is the thermoelectric one. The writer would be glad of references to any published account of an investigation of this or any allied phenomena.

NEW YORK, N. Y.　　H. J. ROUND.

Henry Joseph Round

圖 1-1　Henry Joseph Round 簡短的報告

在 1920 年代中期，俄國的 Oleg Vladimirovich Losev 發表發光碳化矽之晶體偵測與偵測器（圖 1-2），發現當在順向偏壓時會有發光的現象，因此 1927 年，Losev 在俄羅斯通訊（Russian journal）上披露了

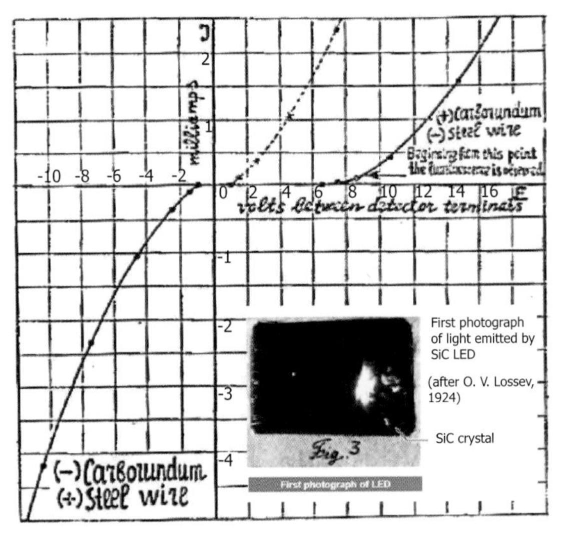

Oleg Vladimirovich Losev

圖 1-2　Oleg Vladimirovich Losev 所發表之 I-V 特性曲線

首個 LED 的細節。而後，他發表了大量關於 LED 功能的文章。遺憾的是，這些成果雖廣佈於英國、德國、俄國的科學期刊，但直到 20 世紀末和 21 世紀初才被世人認可。

1955 年，美國無線電公司（Radio Corporation of America）的 Rubin Braunstein 首次發現利用砷化鎵（GaAs）以及其他半導體合金能放出紅外線（Infrared），此為不可見光發光二極體的首次應用。

1961 年，德州儀器（TI）的實驗人員 Bob Biard 以及 Gary Pittman 發現砷化鎵（GaAs）材料，當施加一電子流時，會釋放紅外光輻射，並將此成果成功應用在商業用途，並優先取得紅外線 LED 的專利。

1962 年，通用電氣公司（General Electric Company）的 Nick Holonyak Jr. 教授在伊利諾大學香檳分校（University of Illinois at Urbana-Champaign）以氣相磊晶法（Vapor Phase Epitoxy, VPE）成長磷砷化鎵（GaAsP）材料在 GaAs 基板上，開發出可發出紅色可見光的 LED，這是世界第一顆可見光 LED。這個發明後來得到了廣泛應用，所以他的名字也隨 LED 的紅光一起紅了起來，因此，Holonyak Jr. 教授被譽為「可見光 LED 和 LD 之父」。圖 1-3 是 Holonyak 教授的照片。

1972 年，Holonyak Jr. 教授的學生 M. George Craford 以氮摻雜在 GaAsP 材料作為主動層，並成長在 GaAs 基板上，由此發明了第一個黃光的 LED，其亮度是先前紅色或橘紅色 LED 的 10 倍，意味著 LED 將朝向提高發光效率方向邁出的第一步。

20 世紀 70 年代末期，LED 已經發展出紅、橙、黃、綠、翠綠等顏色，且已廣泛應用在商業化，但依然缺少藍色和白色光的 LED。因為要實現全彩色 LED 顯示，需發明出藍光 LED 才可能實現，然而藍光 LED 的市場價值巨大，也是當時世界性的攻關難題。科學家們轉而將重點放在了提高 LED 的發光效率上面。而在 70 年代中期，磷化鎵（GaP）被使用作為發光光源，隨後就發出灰白綠光，此時 LED 產生綠、黃、橙

Nick Holonyak Jr.
可見光 LED 之父

中村修二（Shuji Nakamura）
藍光 LED 之父

圖 1-3 Holonyak 教授與中村博士的照片
資料來源：wikipedia.org, engineering.ucsb.edu

色光時，發光效率已經可達到 1 流明 / 瓦。到了 20 世紀 80 年代中期對砷化鎵和磷化鋁材料的研究使用，使得第一代高亮度紅、黃、綠色光 LED 誕生，此時發光效率已可達到 10 流明 / 瓦。LED 真正的起飛是在 1990 年代白光 LED 出現後，才開始漸漸被重視，而應用面越來越廣。

1993 年，日本日亞化工（Nichia Corp.）的中村修二（Shuji Nakamura）發表了第一個高亮度的氮化銦鎵（InGaN）/氮化鎵（GaN）藍光 LED，其結構採用 N 型 GaN 成長在藍寶石基板上，再堆疊 InGaN 主動層，並藉助由名古屋大學的赤崎勇（I. Akasaki）教授所發表的 P 型摻雜 GaN 而形成史上第一個藍光 LED。這是一項劃時代的發明，也因為藍光 LED 的迅速發展下，在 InGaN 材料研究中，該材料可藉由 In 含量的改變可控制 InGaN 能隙大小，進而發出紫光至綠光波長的光。由於中村修二博士，開發了第一顆藍光 LED 及藍光雷射（LD），被稱為世紀發明、諾貝爾獎級別的發明，該項技術也曾被認為是 20 世紀不可能的任務，因此他被譽為「藍光 LED 與 LD 之父」。圖 1-3 為中村博士的照片。

因藍光 LED 的存在快速地引領了第一個白光 LED，1996 年，中村修二博士以 InGaN 藍光 LED 覆蓋淡黃色螢光粉塗層，其螢光粉材料為 $Y_3Al_5O_{12}$：Ce（YAG：Ce），成功開發出白光 LED。中村修二博士於 2006 年也因其發明被頒予千禧科技獎（Millennium Technology Prize）。由於藍光和白光 LED 的出現拓寬了 LED 的應用領域，使全彩色 LED 顯示、LED 照明等應用成為可能，使得 LED 不再局限於從前的指示燈。現階段白光 LED 主要用途是取代較耗電的傳統照明燈具，例如白熾燈泡（Incandescent Bulbs）、日光燈（Fluorescent lamp）、鹵素燈泡（Halogen Bulbs）等，然而在白光 LED 突破 60 lm/W，甚至超過 100 lm/W 後，就連螢光燈、高壓氣體放電燈等也倍受威脅，圖 1-4 說明了 LED 發展歷史。

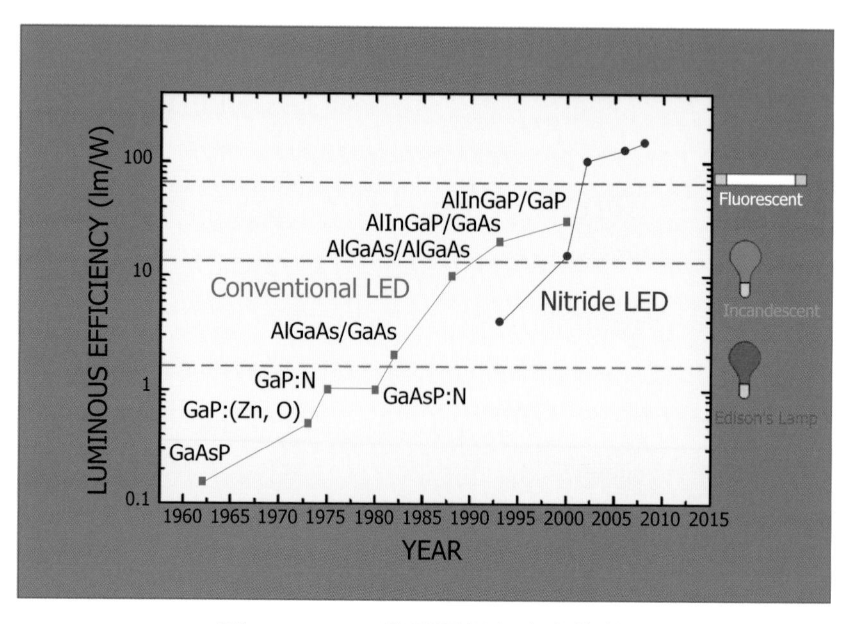

圖 1-4 LED 發展歷程與未來趨勢

1.1.2 固態照明技術簡介

近年來，能源節約與環保意識的大力提倡，耗能高或具污染性的光源逐漸被淘汰，而推行新一代的綠色光源。其中固態照明（Solid-state lighting, SSL）是一種照明技術，意指是將電能轉換為光能的綠色光源，即為發光二極體（Light Emitting Diode, LED）、有機發光半導體（Organic Light Emitting Diode, OLED）、高分子發光二極體（Ploymer Light Emitting Diode, PLED）作為照明光源，以取代傳統的電燈泡、日光燈或平面顯示器等。

利用奈米碳管（CNT）來製作場發射陣列（奈米尖端），並配合奈米尖端放電的原理使電子射出形成電子束，在真空中加速撞擊螢光粉發出 RGB 三種顏色而發光，即為場發射光源（Field Emission Light, FEL），亦屬於固態照明光源之一。

圖 1-5 說明了固態照明光源之種類。

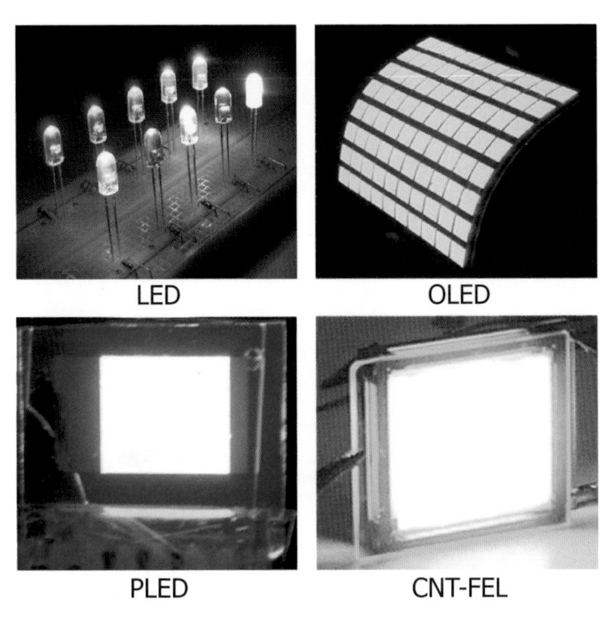

圖 1-5　固態照明光源種類照片

1.1.3　照明光源簡史

(A) 光源技術簡介

從古至今，人類最初是利用燃燒時的火光照明，如火炬、蠟燭，其後在演進使用油燈、瓦斯燈等作為照明之用，但是這些方法都無法得到安定的光源，而這時期的照明光源稱為燃燒光源。直至 19 世紀初，英國的漢弗萊戴維爵士（Humphry Davy, 1778～1829）發明碳弧燈，開啟人類用於實際照明的第一支電光源。直到 1879 年，美國發明家愛迪生（Thomas Alva Edison, 1847～1931）發明了具有實用價值的真空碳絲白熾燈，才真正揭開了解決照明問題的序幕，使人類從漫長的火光照明進入電氣照明時代。隨著科技的發展，鎢絲燈泡、日光燈、等各種不同原理的照明方式出現，造就了今日的光明世界。圖 1-6 為說明照明光源發展歷程與未來趨勢。

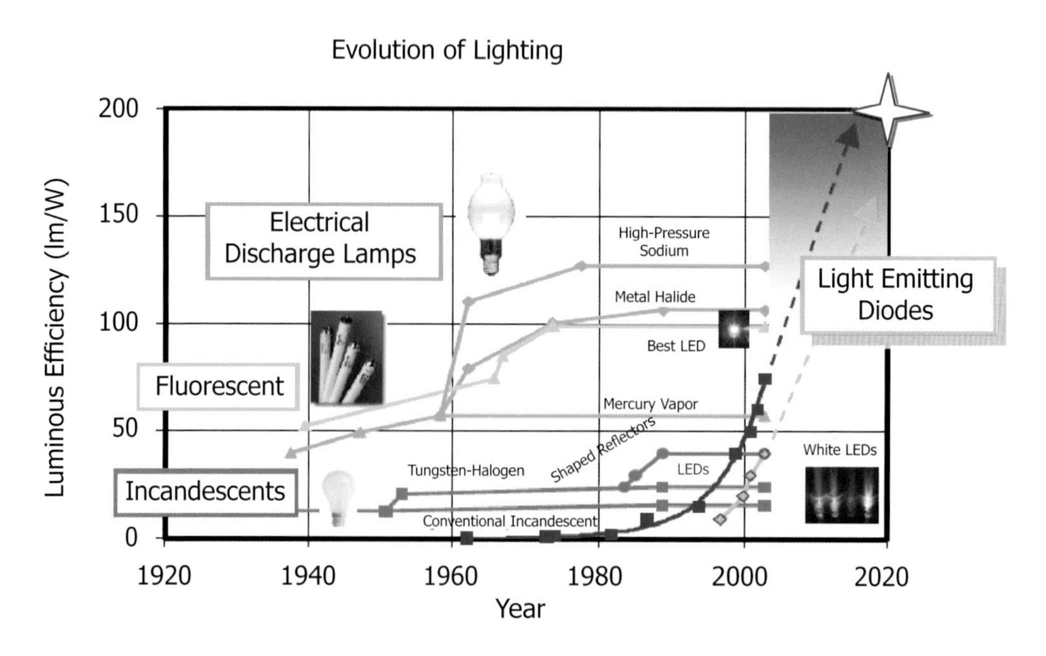

圖 1-6　照明光源發展歷程與未來趨勢

照明光源是以照明為目的，輻射出主要為人眼視覺的可見光譜（波長 380～780 nm）的電光源，其規格品種繁多。圖 1-7 是說明常用電光源的分類，凡可以利用其他形式的能量轉換成光能，進而提供光通量的設備、器具，我們稱之為光源；而其中將電能轉換為光能，而提供光通量的設備、器具則稱為電光源。照明光源品種很多，依電光源形式分為熱輻射發光電光源（如白熾燈、鹵鎢燈等）；氣體放電發光電光源（如螢光燈、汞燈、鈉燈、鹵素燈等）；固態場效發光電光源（如 LED 和場發照明元件）等三類。依基本工作原理，熱輻射發光電光源是由電流流經導電物體，使之在高溫下輻射光能的光源；氣體放電發光電光源是由電流流經氣體或金屬蒸氣，使之產生氣體放電而發光的光源；固態場效發光電光源主要是在電場作用下，使固體物質發光的光源，它將電能直接轉變為光能。

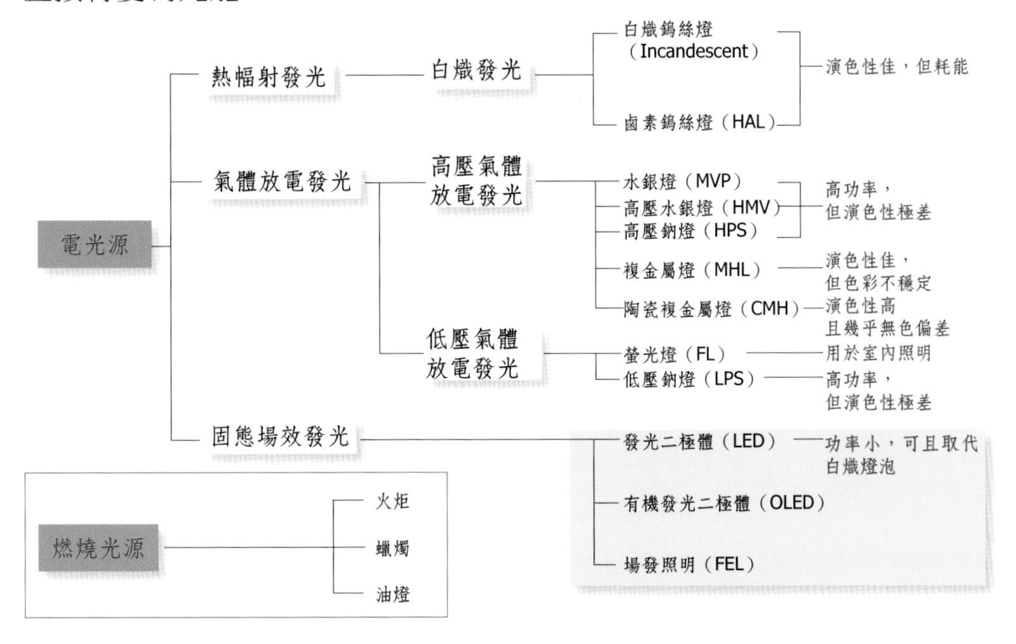

圖 1-7 常用電光源的分類

(B) 各種光源簡介

(1) 螢光燈管之發光原理

螢光燈管（Fluorescent lamp），俗稱日光燈，是由低壓水銀蒸氣和氬氣、氪氣等低壓惰性氣體的混合氣體中放電激發產生紫外線，燈管內管壁塗佈螢光物質受到紫外線刺激而產生可視光。螢光物質將眼睛看不見的紫外線轉換成可視光，因此螢光物質是波長的轉換器。

最初給予電極預熱電流，電極產生高溫，兩電極間加高電壓即產生放電現象（即在氣體中有電流流動），一旦產生了放電，電極受到加熱，因而產生電子的相互碰撞產生高溫，因放電而使水銀受激發產生了更高的蒸氣壓，電流再增加，所以燈管與安定器配合在一起，維持著平衡狀態，安定器設計在最佳的放電狀態。

此外，放電時電極快速放射出來的熱電子與水銀原子產生碰撞，熱電子與水銀原子間發生能量轉換，此一結果，產生以水銀原子為主之 253.7 nm 的紫外線被放射出來（同時產生 185 nm 的紫外線輻射），253.7 nm 的紫外線再碰撞螢光體被吸收，通過量子轉換，再由紫外線轉換成可視光。

圖 1-7 說明了螢光燈結構圖，螢光燈管構造是由玻璃管、燈頭、電極、螢光體、充填氣體五大部分組成。表 1-2 是說明燈管構造中各個組成與功用。

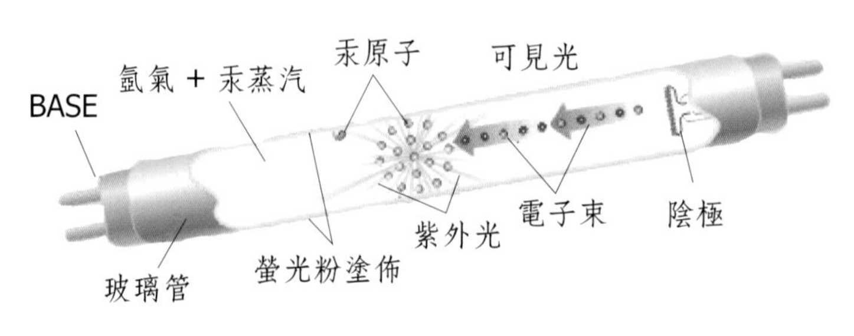

圖 1-7　螢光燈結構圖

資料來源：nanoforce.com

表 1-2　燈管構造之組成與功用

燈管構造	組　成	功　用
玻璃管	玻管材質使用鈉玻璃材質（軟質玻璃）心柱使用鉛玻璃。形狀有直管形（T 型）、環形（C 型）、U 形、2D 形及二或四支平行等精緻型燈管。	內壁用於塗敷發光螢光粉。
燈頭	燈頭主要分為單頭（細管形使用 Fa 等）、雙頭（一般標準形使用 G13）、凹形雙接頭（R17）及四針型（環形燈管使用 G10q）。	主要用於固定支撐燈管陰極和實現螢光燈管與燈架的電氣連接。
電極	螢光燈管兩端的電極，一般是由鎢絲繞成雙重繞燈絲或三重繞，在燈絲之表面塗上放射電子之鋇、鍶、鈣等氧化物，在點燈時一起被慢慢蒸發，這些放射物質的維持及消耗速度，對壽命有很大之影響。	主要功能是預熱螢光燈管、發射電子、促使放電氣體電離，啟輝點燃螢光燈管。
螢光體	螢光燈管所產生的顏色，是由燈管內面所塗佈之螢光體之化學成份所 決定，基本上是由紅色、綠色、藍色等三種螢光體之組成，可得各種不同之光色。一般最常使用為晝光色及白色，而現在則有更明亮及演色性更好的三波長螢光體。	主要是吸收紫外線，通過量子轉換，將紫外線輻射轉換為可見光。
充填氣體	由氪（Kr）、氬（Ar）和水銀（Hg）惰性氣體組成，但燈管內主要依賴水銀原子的離子，產生兩電極間的氣體放電，管內除水銀蒸氣與少量液態水銀，亦填充惰性氣體或低壓混合氣體，可幫助燈管的起動。	主要應用於螢光燈管，通過氣體電離產生紫外線輻射。

(2) 高壓放電燈（HID）之發光原理

高壓放電燈（HID），是 High Intensity Discharge 的縮寫，代表是高壓放電之意。圖 1-8 是高壓放電燈（HID）的構造圖，在這種系統的設計之中，燈具捨棄了傳統鎢絲受熱發光的原理，利用光在發光管內的電極間施加電壓，並使起動用氣體（氬氣及氙氣）內開始放電而產生電弧，添加物（金屬）蒸發而產生氣體，蒸發的氣體與添加物原子內之電子相互碰撞，添加物的固有波長內會被激發而發光，例如水銀會發出青色的光，鈉會發出橘色的光，鉈會發出綠色的光。總之發光管內封入添加物的種類，依其添加物組合之成份，決定光燈泡之發光、演色性及效率等特性，圖 1-9 說明各種 HID 燈之發光顏色與色溫。表 1-3 為主要 HID 燈之燈泡添加物。

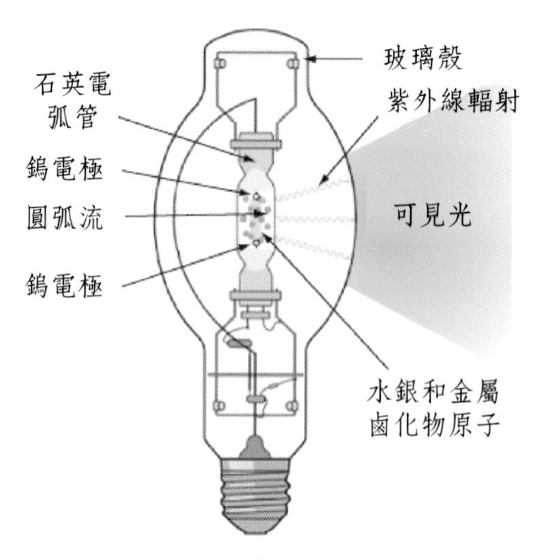

圖 1-8　高壓放電燈（HID）構造圖

資料來源：energy.gov

圖 1-9　各種 HID 燈之發光顏色與色溫

資料來源：articles.dashzracing.com

表 1-3 HID 燈主要之燈泡添加物

添加物	說 明
水銀燈	封入水銀燈及氬氣靠水銀發光，而產生青白色的光。
高壓鈉光燈	封入鈉、水銀及氙氣，鈉所生的光為橘色複金屬燈。
複金屬燈	封入鈉（橘色）、鉈（綠色）、銦（青色）鈧（白色）等金屬鹵化物及水銀和氙氣，由封入金屬發出的混合光，而得到白色光，由封入之金屬組合變化，可發出 3000 ~ 6000K 的光及更好演色性，更佳的效率。
發光管	發光管使用石英玻璃管（水銀燈具複金屬燈）及氧化鋁陶瓷管（高壓鈉光燈），內部有一對鎢電極，發光管內在抽成高真空後，封入氬氣、氙氣等發光用金屬物質。
外管	一般的外管使用硬質玻璃殼，內部抽成高真空後，封入氮氣等惰性氣體，尚有玻殼內部塗有白色之擴散膜（螢光體），將發光管放射的光擴散及防止刺眼。因此外管主要功用為 ❶ 發光管的保護；❷ 光管的保溫；❸ 防止導線氧化；❹ 隔絕紫外線等功能。

(3) 白熾燈泡之發光原理

白熾燈（Incandescent Lamp）的原理係利用電流通過燈絲並加熱至白熱化狀態，而放射出來的一種裝置。圖 1-10 是說明白熾燈泡的構造圖，通常白熱燈泡是使用高融點（約 3400℃）、蒸發率低的鎢絲（Tungsten Wire）製做成的，故目前所使用的燈絲均為鎢絲。在燈內部除了鎢絲外，另外還填有惰性氣體用以降低鎢絲的蒸發率以延長壽命。鎢絲所產生紅外線大於可視光，電力所消耗的 80% 大概均發出紅外線（熱），僅約 20% 發出的可視光可以利用。鎢在熔點以下就開始蒸發，因而燈絲會逐漸變細，不久就到達最終了的位置而斷掉。因此這一段過程為白熾燈泡的自然壽命。還有，在燈泡玻殼的內壁，由於鎢絲蒸發的附著關係會逐漸黑化，放射出來的光會因此逐漸的漸少，其減少率約 20%，為了防止鎢絲的蒸發，添加鹵素氣體被認為是最有效的做法。白熾燈最主要的特色在於成本低廉、演色性佳及可以連續調光；其缺點是效率低，造成大部分電能均以熱的形式散發出去，故在點燈時會產生高熱，因而其壽命偏短，一般不會超過一千小時。

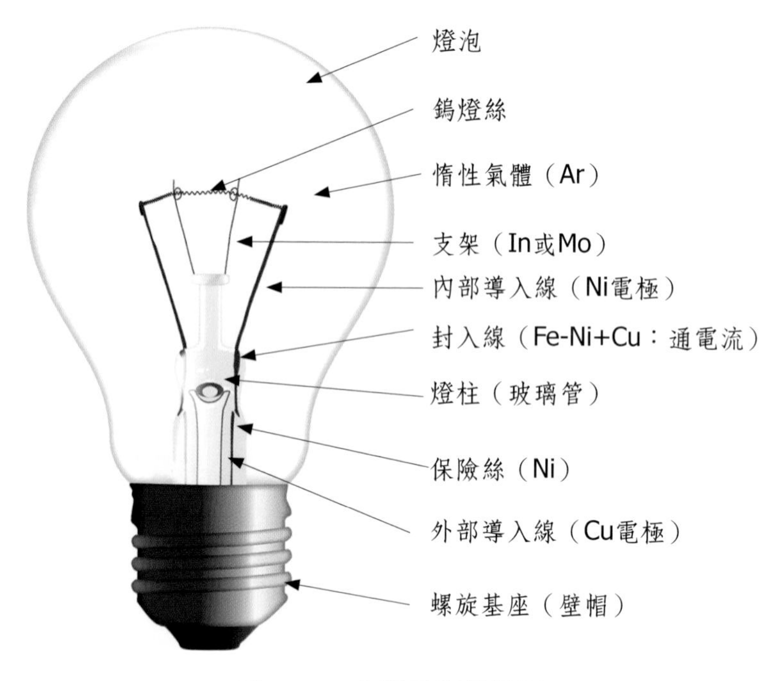

圖 1-10　白熾燈泡構造圖

(4) 鹵素燈泡之發光原理

鹵素燈泡（Halogen lamp）與白熾燈的最大差別在於一點，就是鹵素燈的玻璃外殼中充有一些碘或溴等鹵素氣體。圖 1-11 為鹵素燈泡構造圖，當燈絲發熱時，從燈絲蒸發出來的鎢原子被蒸發後向玻璃管壁方向移動，當接近玻璃管壁時，鎢蒸氣被冷卻到大約 800℃並和鹵素氣體產生反應合成鎢的鹵化物，形成的鹵化鎢（又稱碘化鎢或溴化鎢），這個鎢的鹵化物，在 250℃以上，1400℃以下，能把該狀態維持著。因此，波管溫度在 250℃以上的話，鎢原子不會附著於管壁上，所以管壁不會產生黑化。鹵化鎢因熱流向玻璃管中央繼續移動被帶回到燈絲附近，因燈絲的高溫，其遇熱後又會重新分解成鹵素蒸氣和鎢，使鎢的原子沈澱附著於燈絲，彌補被蒸發掉的部分。而呈自由狀態的鹵素原子將進行再一次的反應，如此反覆地週而復始，形成所謂的鹵素循環（Halogen

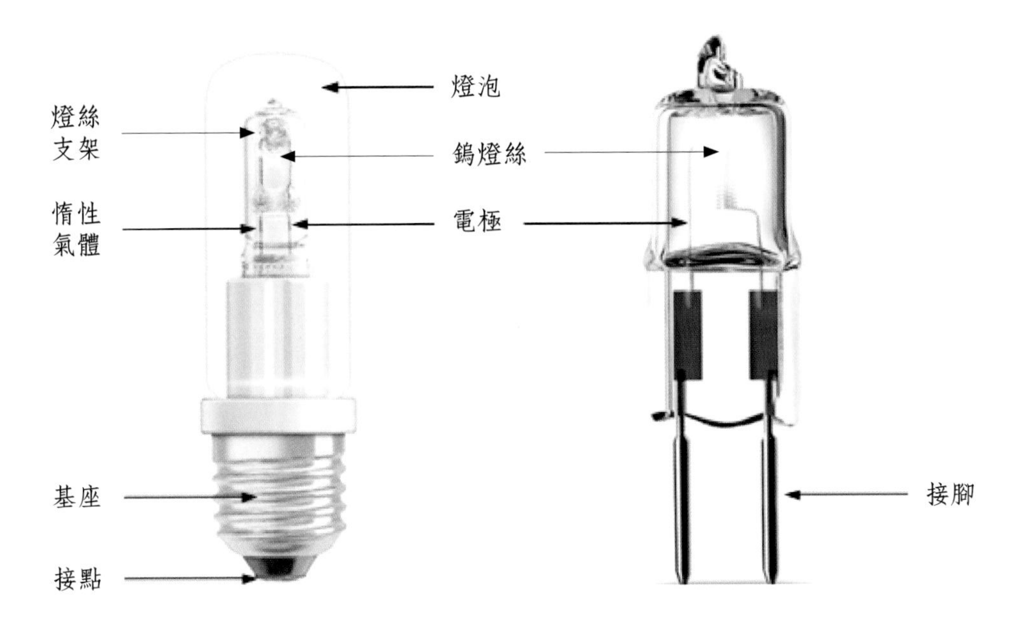

圖 1-11 鹵素燈泡構造圖

Cycle）。通過這種再生循環過程，燈絲的使用壽命不僅得到了大大延長（幾乎是白熾燈的 4 倍），同時由於燈絲可以工作在更高溫度下，從而得到了更高的亮度，更高的色溫和更高的發光效率。不過在這溫度下，普通玻璃可能會軟化。因此鹵素燈泡需要採用熔點更高的熔凝石英或硬的玻璃。而由於石英玻璃不能阻隔紫外線，故此鹵素燈泡通常都需要外加使用紫外線濾鏡。

1.1.4 何謂 LED

(A) LED 介紹

發光二極體（Light-Emitting Diode, LED）是一種具有 p-n 接面結構，可以將順向偏壓注入的電子和電洞在複合之後，以自發性放射（spontaneous emission）的形式發光之二極體。

發光二極體的核心部分是由 p 型半導體（p-type Semiconductor）和 n 型半導體（n-type Semiconductor）組成的晶片，如圖 1-12 所示，在 p 型半導體和 n 型半導體之間有一個界面層，稱為 p-n 接面（p-n junction）。當在半導體材料的 p-n 接面中，發光二極體中電流可以從 p 極（陽極）流向 n 極（負極），而相反方向則無法通過，電洞和電子在不同的電極電壓作用下由電極流向 p-n 接面。當電洞和電子相遇而產生複合，電子會跌落到較低的能階，同時以光子的形式釋放出能量。從而把電能直接轉換為光能。p-n 接面加反向電壓，少數載流子難以注入，故不發光。這種利用注入式電激發光原理製作的二極體叫發光二極體。LED 所發出的光的波長（決定顏色），是由組成 p-n 結構的半導體物料的能隙（band gap）能量決定。

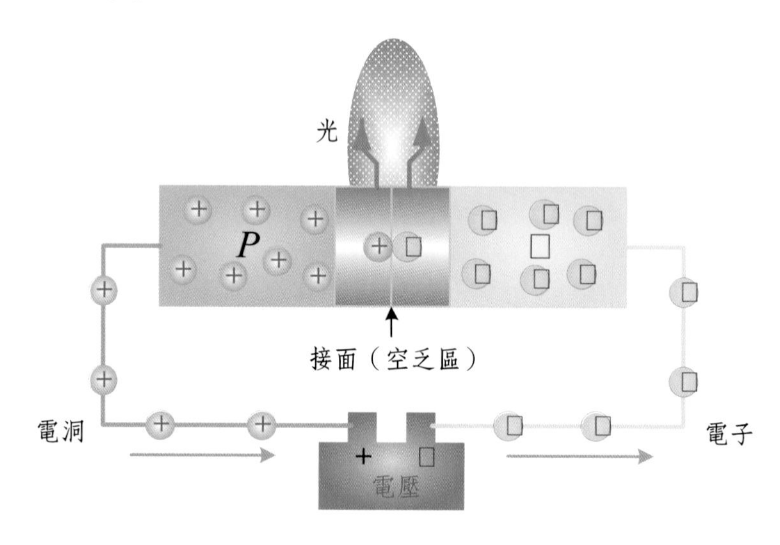

圖 1-12　LED 發光原理

圖 1-13 是說明指標性照明光源技術演進圖，照明光源技術從西元前 3 世紀起，蠟燭和油燈照亮了人類社會長達 22 個世紀。西元 1810 年代，瓦斯燈（煤油燈）的出現，正式進入第一世代光源的時代。從此，

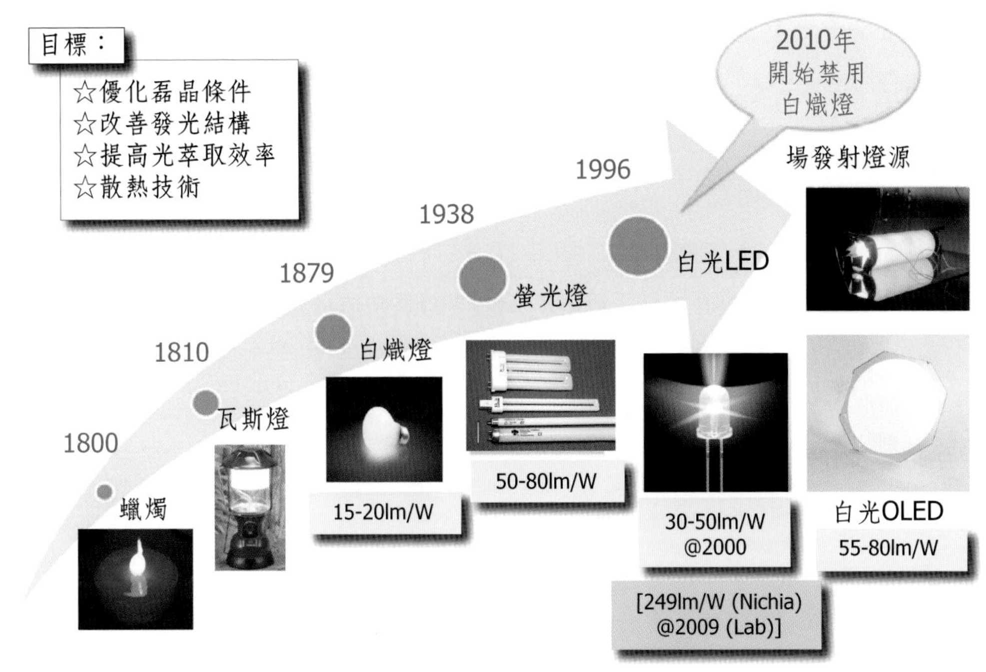

圖 1-13 指標性照明光源技術演進圖

每約間隔 60 年就有一個新世代的光源出現。西元 1879 年愛迪生發明了第二世代光源一白熱燈，開啟了近代光源技術的演進。西元 1938 年，第三世代光源一螢光燈的出現，引發一連串放電光源技術的開發。到了西元 1996 年，白光發光二極體（LED）的出現，正式宣告第四世代光源一LED 的照明世代來了。其中還有另外兩個固態照明光源正崛起，也就是場發射光源與白光有機發光二極體（OLED），白光 OLED 被視為未來在照明應用上是優於 LED，主因是白光 OLED 本身即為平面光源、超薄、節能、彩印刷製造可降低成本、可撓曲、任意形狀、使用安全、環保無汙染、光色柔和、亮度與色溫可調，另一特色是可製作大面積光源，不需像 LED 需要由多顆光源排列組合而成。現階段白光 LED 的改善目標主要以 ❶ 優化磊晶條件；❷ 改善發光結構；❸ 提高光萃取效率；❹ 散熱技術為主要發展技術，藉由這四項目標，可改善 LED 壽命、亮度與可靠度。

(B) LED 光源分類

由於 LED 利用半導體電子與電洞結合時，而產生以光的形式放射出，不同的材料會發出不同的波長，而看到不同顏色的光，因此我們可以依其發光波長將 LED 分成紫外光（UV）LED（200～410 nm）、可見光 LED（450～780 nm）及紅外線 LED（850～1550 nm）等三大類。圖 1-14 為 LED 之種類。

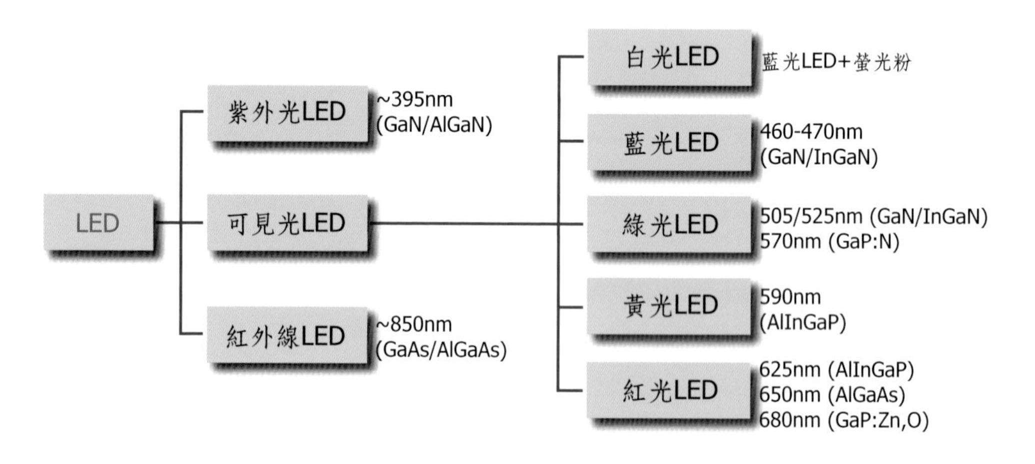

圖 1-14　LED 種類

(1) 紫外光（UV）LED

UV LED 基本上分成長波長（UVA）、中波長（UVB）、短波長（UVC）、UVD，其中 UVD 即是真空紫外線，其特徵與應用領域見表 1-4。UV LED 比起使用水銀的傳統型紫外線燈泡，具有體積小型且成本低，對環境負荷小等優點，今後在許多領域上有取代紫外線燈泡的可能性，因此被期待能產生許多新的用途。UVA 與中波長 UVB 的產品，主要用途為紫外線治療、偽造文書和紙幣的檢查、空氣清靜機的光觸媒、醫療、儀表安裝用途等。另一方面，UVC 的 LED，使用於研發和科學儀表安裝等的用途，不過今後有廣泛使用於水和空氣的清靜機上的可能性。

表 1-4 UVA、UVB 與 UVC 之比較

	UVA	UVB	UVC
波長	320 ~ 400nm	275 ~ 320nm	200 ~ 275nm
穿透力	它有很強的穿透力，可以穿透大部分透明的玻璃以及塑膠。	中等穿透力，它的波長較短的部分會被透明玻璃吸收。	它的穿透能力最弱，無法穿透大部分的透明玻璃及塑膠。
應用	紫外光治療、文件與鈔票防偽偵測器、光催化劑、空氣淨化、醫療光線療法、光樹脂硬化。	保健、植物生長。	殺菌、淨化。

資料來源：科技政策研究與資訊中心—科技產業資訊室整理，2009年02月

(2) 可見光 LED

可見光 LED 部份，若再依亮度來又分為傳統亮度 LED 及高亮度 LED，傳統亮度 LED 主要 GaP、GaAsP 及 AlGaAs 等材料做成，主要發出黃色到紅色的光，一般可應用在室內顯示、消費性電子與資訊產品指示燈、數字鐘等；高亮度 LED 主要以 AlInGaP 及 InGaN 等材料做成，高亮度依不同的材料能做到的發光範圍較傳統亮度廣，可應用在手機、戶外看板、交通號誌、汽車、背光源及電子產品等，目前的藍光 LED，主要是用 InGaN 所做的晶粒，成為白光 LED 製造中主要的激發光源。

(3) 紅外線 LED

紅外線 LED 應用範圍較為廣泛，除了以往的搖控器、開關等傳統應用之外，也包括資訊設備、無線通訊及交通系統等新應用的 IrDA 模組。光通訊 LED/LD 主要是做為光通信模組、條碼讀取頭、CD 讀取頭及半導體雷射等用途。

1.1.5 LED 光源的優點瓶頸

白光 LED 在照明應用上，因具有節省能源、環保與堅固耐用等優

點，具有取代傳統照明的潛力，表 1-5 為簡述說明 LED 光源的優點。雖然 LED 具有相當多的優點，可形容是革命性的照明發展，不過並沒有全面性的改朝換代，取代現有照明，主要是因為受限於 LED 價格較高、產業標準未定、與光形、壽命、可靠度等技術問題尚待解決。現階段 LED 光源的瓶頸，主要是在發光效率的提升（改善磊晶晶片的內部及外部量子效率的提升，及減少封裝亮度的衰減）；散熱問題（散熱不佳會大幅縮短壽命）；成本考量（因封裝所增加材料成本、加工成本、良率的降低）；因光源屬於方向性，燈具設計需考量光學特性；單一點光源，需考量面光源或是立體光源設計。再者可靠度與壽命方面，高功率發光二極體的發光效率僅有 20-30% 會轉換成光，其餘 70-80% 則轉變成為熱，因此需有賴散熱技術有效把熱排出去，以避免降低其發光效率及壽命。因此在發展上，迫使高功率 LED 面臨到日益嚴苛的熱管理挑戰，溫度升高時不僅會造成亮度下降，且超過攝氏 100 度時會加速本體及封裝材料的劣化。因此 LED 元件本身的散熱技術必須進一步改善，以滿足高功率發光二極體的散熱需求。

表 1-5　LED 光源的優點與說明

優點	說　明
啟動快	電子／電洞結合時間只有 ~ n Sec
環保燈具、綠色照明	I. LED 燈不含汞、鉛，無污染。被譽為二十一世紀綠色照明。 II. 傳統日光燈管／省電燈泡封入汞做為發光源。 III. 傳統日光燈管／省電燈泡外壁塗有螢光粉，含有鉛的成分。
高轉換效率、減少發熱	I. 傳統日光燈 60% 能量轉換成紫外光，40% 能量轉換成熱能，又 40% 紫外光轉換成可見光，所以傳統日光燈的效率為 60%×40% = 24%。 II. 光通量 ❶ 白熾燈泡：15 lm/W ❷ 傳統日光燈：60-80 lm/W ❸ LED 日光燈：120 lm/W
清淨舒適沒有噪音	I. 傳統日光燈之安定器所設計出來的變壓器非常容易產生電阻與高熱，並且安定器本身的耗電量也不小。溫度上升到足以讓金屬材質提高熱漲冷縮標準的屬性時，就會發出嗡嗡的聲音。 II. LED 日光燈不產生噪音（無需安定器），適用於高精密儀器之場所，及需要安靜的環境如圖書館、辦公室、醫院、博物館……等。

優點	說 明
光線柔和 保護眼睛	I. 採用直流電 LED 燈不閃爍，保護眼睛。 II. 暖黃色溫：< 3300 K III. 暖白色溫：4000 ~ 5000 K IV. 晝光色溫：> 6000 K
低紫外線 沒有蚊蟲	I. LED 不產生紫外光（藍光 450 nm），蚊蟲不會圍繞在燈管旁，周圍環境更加乾淨。 II. 傳統日光燈有微量紫外光輻射（365 nm），會對眼睛之蛋白質降解，導致水晶體混濁，嚴重者會形成白內障。
節省能源 壽命更長	I. LED 燈壽命可達 50,000 小時，10 倍於傳統燈源。 II. LED 日光燈 20 W 相當於傳統日光燈 40 W的發光亮度。但 LED 日光燈約可省電 55.6%
堅固牢靠 長期使用	I. LED 日光燈燈體為塑料、環氧樹酯材質，非傳統的玻璃，不易破裂，更加堅固牢靠。 II. LED 本體也為耐震、抗衝擊，不易因掉落或震動而有所損壞。

1.1.6 市場發展趨勢與應用

LED 在市場的應用性大致可分為兩大類，一為「一般照明的應用」，二為「工業用照明」，如圖 1-15 是說明此兩大類應用的產品。

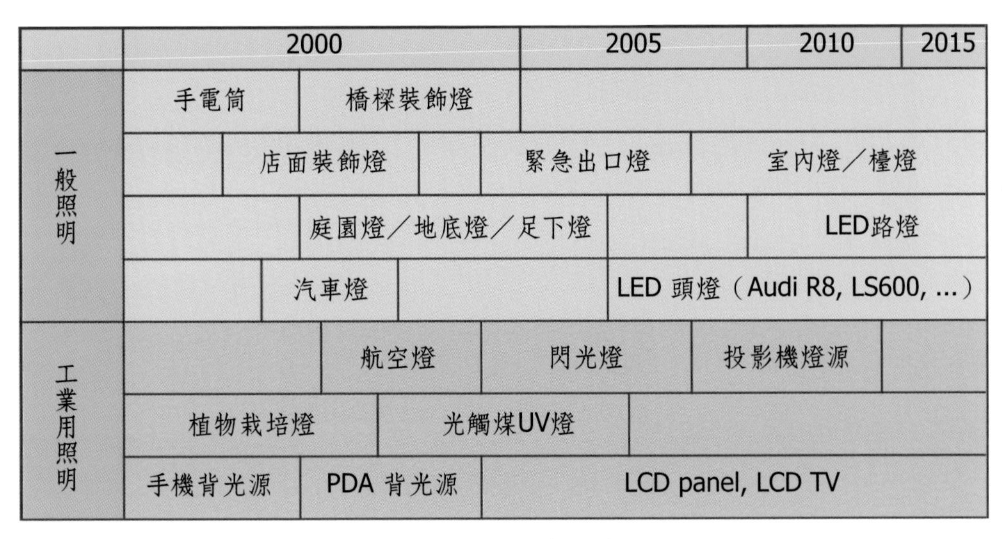

圖 1-15　LED 市場應用

由於汽車外形設計上的需要、空氣動力學的要求與美觀的需求、以及環保的理念，因此應用也相當多元，分為車內光源及車外光源，車內光源主要在於儀表板照明、車內照明，例如：儀表板背光源、車載導航、車載電視、車頂燈、車足燈、化妝燈、迎賓燈、置物箱燈等；而車外光源有車頭燈、車尾燈、方向燈、第三煞車燈等功能性方面，LED 的應用上，主要鎖定在技術層次步入成熟的指示燈上，例如號誌燈、煞車燈，而車頭燈則是因光源系統技術門檻高、產品穩定度仍不足。圖 1-16 為 LED 在汽車上的應用。

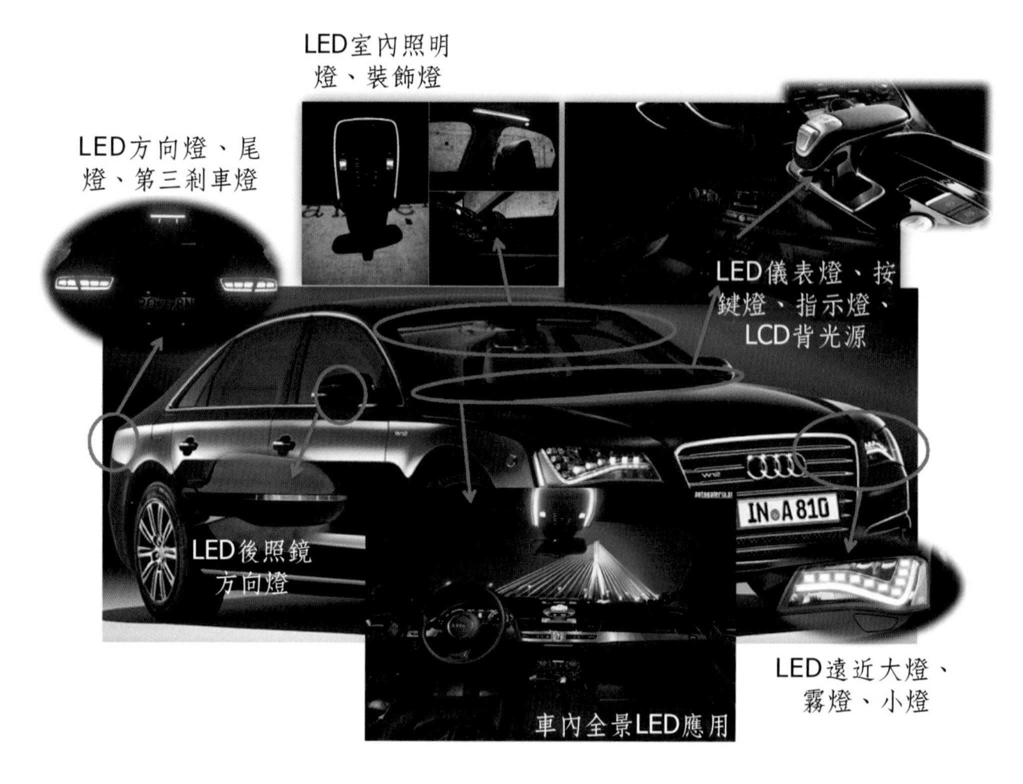

圖 1-16　LED 在汽車應用

資料來源：autogaleria.pl

汽車採用 LED 的優點之處在於：

❶ 反應時間短，點亮無延遲，反應時間更快，傳統玻殼燈泡則有 0.3 秒的延遲，防止追尾，減少事故的發生。

❷ 具有更強的抗震性能，因為 LED 是被完全的封裝在環氧樹脂裏面，它比燈泡和螢光燈管都堅固。

❸ 發光純度高，無需燈罩濾光，光波長誤差在 10 納米以內。

❹ 發光熱量很小，對燈具材料的耐熱性要求不是很高。

❺ 光束集中，更易於控制，且不需要用反射器聚光，有利於減小燈具的深度。

❻ 耗電量低，電能利用率高達 80% 以上，達到傳統燈泡同等的發光亮度時，耗電量僅為傳統燈泡的 6%，省電節油。

❼ 超長壽命，無燈絲結構不發熱，沒有玻璃、鎢絲等易損可動部件，故障極低，可以免維修，正常使用在 6 年以上。

❽ 車輛控制電路不易氧化。

❾ 體積小、重量輕。可以設計輕薄而緊湊的各式燈具，為汽車造型設計提供空間。

❿ 環保、綠色的照明光源。LED 光譜中沒有多餘紅外、紫外等光譜，且不含汞有害物質，熱量、輻射都很少，更加適合綠色環保型汽車的要求。

儘管 LED 已經在汽車上廣泛應用，但由於 LED 是多元化合物半導體元件，所以其電學、光學、熱學和機械等的參數指標離散性很大。因此在設計時，要充分考慮到這一特點，使汽車用的 LED 光源元件要進行嚴格的分類、分級。

1.1.7 LED 未來展望

展望未來，隨著 LED 技術不斷提昇及廣泛應用領域，目前 LED 照明已陸續導入到室內、室外等不同照明應用場所，但由於各種應用場合針對照明產品的規格要求有所差異，LED 導入的速度也不盡然相同。再者，配合全球不同區域消費者使用照明產品的習慣、電費差異性及消費能力高低，都是 LED 導入照明市場時遇到的問題。此外歐美債信危機導致全球景氣持續惡化，造成以歐美消費市場為主的液晶顯示器背光源市場需求不振，以及鄰近地區大量投產市場供過於求，導致全球市場對於 LED 需求量下滑，但以日本為主的 LED 照明市場起飛，因應節能政策、教育推廣，以及 311 地震後的限電措施，使日本 LED 照明市場滲透率進展快速，且在各家競爭下，每千流明價格持續下滑，讓電價補足購置成本的時間大幅縮短，刺激了一般民眾以 LED 汰換傳統光源意願，也帶動了 LED 照明相關元件在銷售上的提升，因此整體 2011 年全球 LED 產業產值勉強守在持平的狀況。

PIDA 法人預估指出，隨著 LED 照明應用增加，LED 照明產值也可望自今年起飛，根據統計，以 2011 年為例，全球照明市場受到歐債問題的影響，由於照明最大消費的歐美地區，在消費者購買力轉弱下，整體產值為 922 億美元，較 2010 年僅微幅成長 1%；而 LED 照明產值方面，2011 年達 31 億美元，較 2010 年 18 億美元大幅上揚 70%，滲透率僅 3% 左右，目前導入 LED 多半已成為各國發展「綠能產業」的重心之一，預估自 2012 年起歐盟及日本兩大區域啟動禁止生產和進口白熾之政策下，LED 照明產值於 2014 年將突破 10% 的滲透率，開始有大量需求出現，而國內 LED 廠也積極佈局 LED 照明，隨著 LED 照明需求起飛，也讓國內 LED 廠業績前景看好。圖 1-17 為說明 LED 照明市場規模與滲透率。

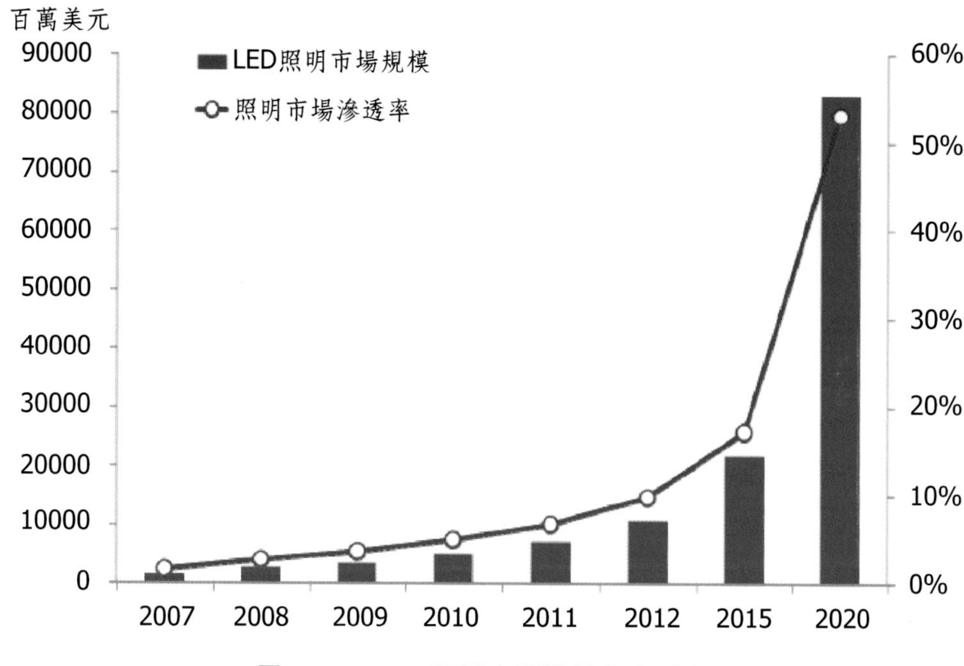

圖 1-17 LED 照明市場規模與滲透率

資料來源：IEK

PIDA 法人也指出造成 LED 滲透率偏低的最主要原因是 LED 照明價格仍過高。以台灣市場為例，一顆 40 W（瓦）白熾燈泡的市場平均售價為新台幣 25 至 35 元，而一顆取代 40 W 白熾燈的 7 W LED 球燈泡平均售價為新台幣 499 元，兩者價差約 20 倍。LED 球燈泡與一顆約新台幣 150 元的 20 W 省電燈泡做比較，價差也有新台幣 350 元之多，終端售價偏高使得 LED 燈泡暫時難以得到消費者青睞，不過兩者間價格會在近幾年內逐漸接近。近年來 LED 發光效率呈現大幅度成長，以照明所需白光 LED 為例，商品化規格已達 120 lm/W，超越目前常用白熾燈泡與鹵素燈。且依據理論來推算，白光 LED 發光效率極大值為 200 lm/W，未來仍有相當大進步空間。

PIDA 法人以技術走勢、價格趨勢兩大關鍵因素考量，認為現階段

LED 會扮演局部照明或者是重點照明的角色，預估 2012 年 LED 有機會切入間接照明。不過，若 LED 液晶電視在近一、二年能被市場接受，則 LED 元件價格在產業經濟規模擴大下，成本會快速下降，LED 擔任主照明光源之一的時程有機會提前發生，如圖 1-18 所示。

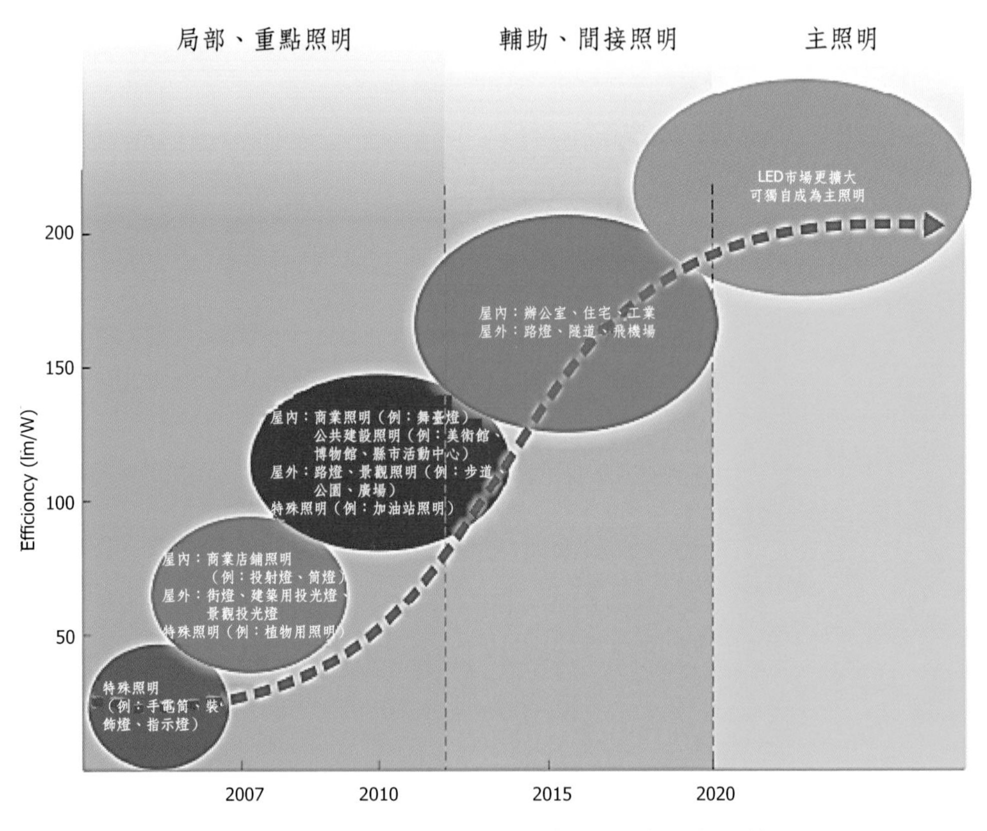

圖 1-18　LED 照明切入一般照明市場之預估

資料來源：PIDA，2008

(A) 國外市場現況與趨勢

全球 LED 照明產業，前幾年受限於 LED 價格較高、產業標準未定、以及光形、壽命、可靠度等技術問題尚待解決。近兩年在 LED 發光效率提高產品售價大幅滑落後，已促使全球 LED 照明燈具市場明顯成長，2010 年全球 LED 照明光電（光源元件、背光模組、車輛照明、一般照明）產值為 234 億美元，較 2009 年成長 52.8%，法人 IEK 預估未來 5 年平均年成長率 28%，2015 年市場規模可達 795 億美元。

就 LED 照明部分，為挽救全球環境，減少溫室效應的氣體排放量，美國、中國大陸、台灣、韓國、英國、俄羅斯、日本等國家陸續公佈淘汰低效率光源時程，各國禁用低效率光源政策，除了直接為 LED 照明創造需求市場外，間接也達到教育消費者對照明節能與使用高效率燈具觀念，有助於 LED 照明市場發展。

以 LED 燈泡產品來看，2012 年業者新品將以取代 60W 白熾燈為主，然而值得注意是，目前相當 60W、亮度達 800 lm 的 LED 燈泡價位仍高，為 40 美元，而各區市場所要求的價格甜蜜點亦不同，日本地區為 25 美元、歐美地區約 15 美元、新興地區約 7 美元。因此，2012 年節能燈泡比重仍高，相對的，LED 燈泡滲透率將為 5.4%。在各國政府高效率照明政策引導下，2011 年全球 LED 照明應用市場滲透率雖僅達 6.6%，但未來成長潛力大。各國於 LED 照明發展紛紛推出相關政策及優惠措施，其中，以先進國家日本為例，在政府政策支持與受到 311 強震後影響，消費者重視節能照明燈具後，2011 年 6 月 LED 燈泡銷售量超越白熾燈，市場滲透率達 46% ，室內燈具市場顯著成長。此外，日本預計在 2015 年計畫 LED 占一般照明市場將達 50%、韓國為 30%、中國大陸為 20%，為達上述 2015 年目標，在此之前數年將先達階段性任務；另外，LED 本身技術不斷進展，以美國 DOE 所訂定目標來看，冷白光 LED 在 2010 年年底已發展至 134 lm/W，每千流明價格則為 13 美元；暖白光 LED 在 2010 年底發光效率提升至 96 lm/W，每千流明價格則為 18 美元。而未來發展目標，DOE 擬定 2015 年冷白光 LED 組件發光效率提升至 224 lm/W，價格下滑至每千流明 2 美元，暖白光則為發光效率提升至 202 lm/W，價格下滑至每千流明 2.2 美元，而廠商技術進程將超越上述數值。因此，全球 LED 照明市場滲透率將由 2011 年的 1.9% 微幅成長到 2012 年 11.3% ，上升至 2014 年的 25.8% ，產值由 2012 年 165 億美元，上升至 2014 年的 419 億美元。表 1-6 為美國 DOE 所訂定白光 LED 發光效率與價格發展目標。

表 1-6　白光 LED 發光效率與價格發展目標[DOE]

		2010年	2012年	2015年	2020年
暖白光LED元件發光效率（lm/W）	11年版	96	141	202	253
	10年版	90	121	184	234
暖白光LED元件代工價格（美元／klm）	11年版	18	7.5	2.2	1
	10年版	25	11	3.3	1.1
冷白光LED元件發光效率（lm/W）	11年版	134	176	224	258
	10年版	140	173	215	243
冷白光LED元件代工價格（美元／klm）		13	6	2	1

就應用市場來看，根據市場研究機構 Displaybank 發表的最新報告指出，LED 背光應用帶動整體市場持續成長，2010 年 1 月，LCD TV 搭載 LED 背光模組比重，僅佔據 4%，但此後急速增加，在 2011 年 1 月占 32%，2011 年 12 月佔據 53%。以年度來看，2011 年整體 LED 背光 LCD TV 佔據整體出貨量的 44%。目前大部分廠商繼續擴大推出 LED 背光 LCD TV 產品，以 2012 年上市計劃來看，LED 背光 LCD TV 出貨量更持續增加，預估滲透率可望成長至 65% 以上，預估 LED 背光源產值將有 20%成長潛力，LED 族群 2012 年可望藉由背光源需求成長動能擺脫景氣谷底、穩定復甦，並與 2013 年的 LED 照明需求銜接。圖 1-19 為市場研究機構 Displaybank 分析 LCD TV 背光種類出貨動向。

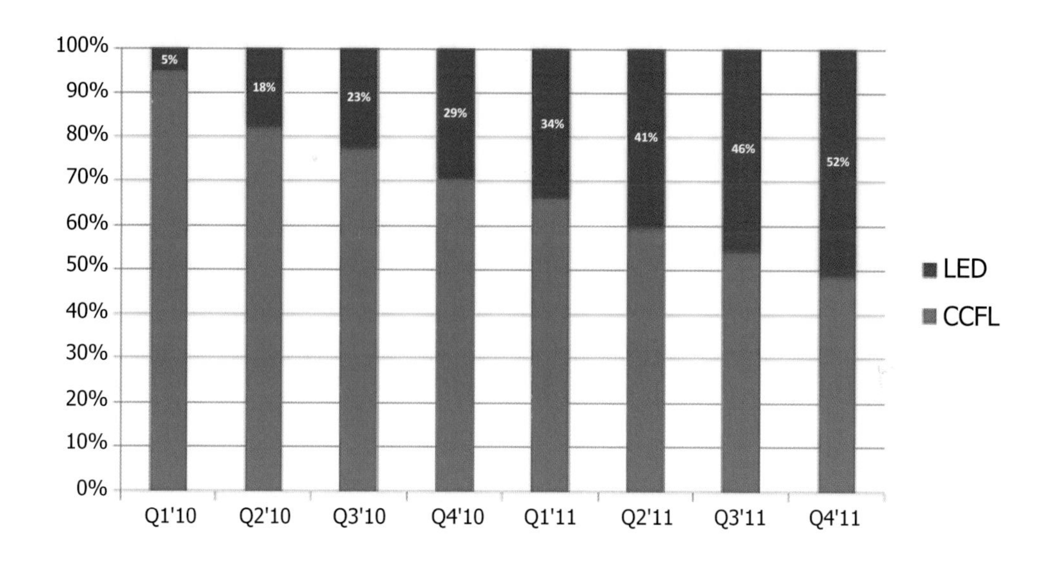

圖 1-19 LCD TV 背光種類出貨動向

資料來源：Displaybank

(B) 國內市場現況與趨勢

由於全球環保節能的意識抬頭，帶動 LED 產業崛起，台灣經過三十多年的發展，產業結構完整，從上游的磊晶片，中游晶粒至下游封裝，形成群聚效果。LED 產業技術突破迅速，價格持續下降，應用也不斷創新，因此商機無限，是一個非常重要的科技產業，也是最具競爭力的產品之一。近年大型電子產業領導企業的投入，促成台灣 LED 產業垂直整合，包括友達、台積電、新奇美。另一方面，為提升競爭優勢，上游磊晶廠紛紛進行整併（如晶電併泰穀、晶電入股廣鎵、隆達併凱鼎等），而封裝廠則向下發展系統產品（如億光、佰鴻、華興等）。

我國 LED 產業發展自 1973 年便進入此領域發展，主要技術源自於美商德儀公司。1980 年代，我國產業價值鏈發展進一步擴展至晶粒製程。1990 年代，透過技術擴散，及自美國回歸海外學人投入，台灣 LED 產業開始轉向上游磊晶製程發展。2001 年更藉由本身技術能力提高，以及擴展韓國市場，成功跨足 GaN 系 LED 市場，使得我國 LED 產業在全球佔一席之地。

LED 照明光電產業是行政院「綠色能源產業旭升方案」主要推動項目，在政府與業界的努力下，我國 LED 照明光電產值已從 2009 年新台幣 939 億元，在 2011 年成長為新台幣 1,867 億元。根據市場統計，2011 年全球光電產業產值衰退約 6%，儘管 LED 產業也連帶受到衝擊，但全球 LED 封裝及照明產值仍不畏景氣逆勢，達到 167 億美元，達 11% 年成長率。不過以全球 LED 元件產業規模來看，2011 年 LED 產值年成長率僅 3%，相較於 2010 年的 66% 年成長率大幅衰退，顯示 LED 元件價格降幅激烈，其中，台灣上游晶粒及封裝模組產值規模名列全球第一，在全球市占率中達 28%，產值約 47 億美元，日本市占 25%，而韓系廠商也從過去市占率 3～5% 快速提升至 20%。且 2010 年 LED 產業受到 LED TV 的市場滲透率與 LED 照明市場成長皆不如預期，再加上 LED 元件價格全年大跌 30%～50%，影響整體產值，據統計，台灣 LED 元件（磊晶片、晶粒、封裝及模組）2011 年總產值新台幣 1361 億元（約 46.95 億美元），為全球之冠，全球市占率將近 3 成，其中 LED 封裝（封裝及模組）產值為新台幣 832 億元，磊晶（磊晶片、晶粒）為 529 億元。因此就 LED 封裝（封裝及模組）產值來看，約較 2010 年下滑 8%。預計，2012 年產值約挑戰 892 億元，將可較去年成長約 8%。LED 終端需求景氣不明，2011 年台灣 LED 上、下游業者平均產值衰退約達 3～7%，展望 2012 年，LED 廠商對前景展望偏向保守，業界估計，受到全球經濟復甦悲觀，2012 年 LED 照明市場滲透率將低於 10%，不過 2012 年仍將成為 LED 照明起飛元年，預計最快 2012 年第 3 季將可望看到 LED 照明市場明顯放大。圖 1-20 為說明 LED 照明產品市場發展預測。

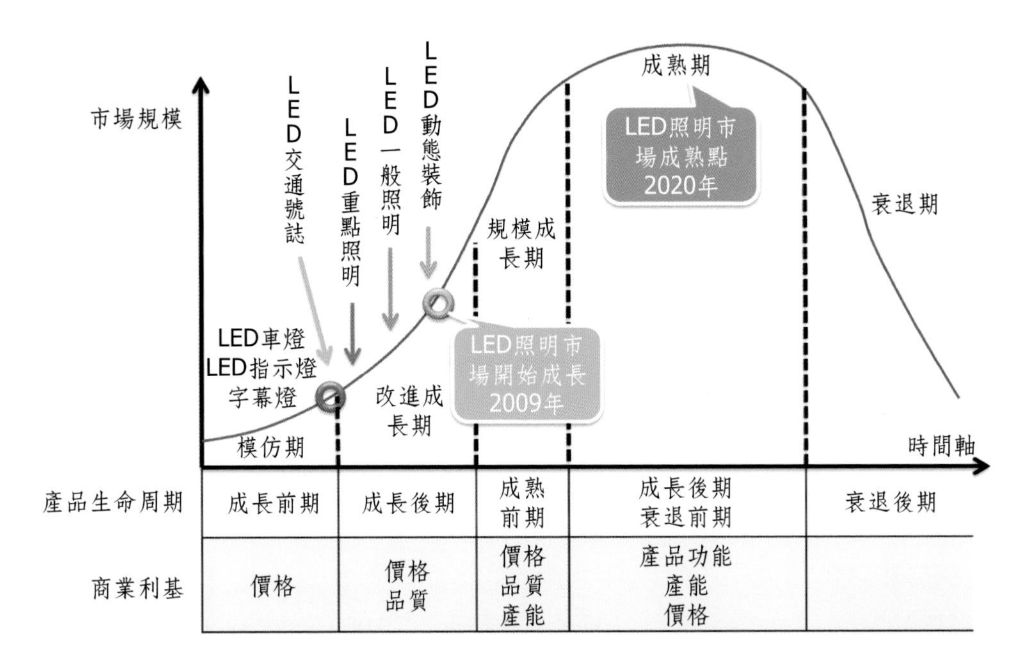

產品生命周期	成長前期	成長後期	成熟前期	成長後期 衰退前期	衰退後期
商業利基	價格	價格 品質	價格 品質 產能	產品功能 產能 價格	

圖 1-20　LED 照明產品市場發展預測

在政府政策支持下，我國 LED 照明光電產業得利於 LED 背光市場成長。台灣 LED 照明產業內需市場較小，政府藉由公共工程導入 LED 照明，使得以建築照明為主的專案型市場需求有明顯成長。為持續協助 LED 產業發展，台灣經濟部能源局日前表示，自 2012 年起以節能績效保證項目（ESCO）模式推動三項「全台設置 LED 路燈計劃」，包括「LED 路燈示範城市計畫」、「101 年 LED 路燈節能示範計畫」與「擴大設置 LED 路燈節能專案計畫」等 3 項計畫。這項計劃包括全台 22 個縣市，其中補助或支付換裝費用超過 27.68 億新台幣，預計換裝 32.6 萬盞以上的 LED 路燈，每年可節約 1.43 億度電，減少 8.75 萬公噸二氧化碳排放，相當於 225 座大安森林公園碳吸附量，並進一步帶動 44.81 億新台幣的產值。預估 2018 年台灣 LED 路燈產業產值有望達 340 億新台幣，在全球市場中占 20%。因此，能源局期盼這次示範計劃能為台廠提供實績驗證機會，建立 LED 路燈完整產業鏈，形成產業群聚效應，並將結合兩岸優勢與影響力進軍國際市場，打造 LED 路燈王國。

1.2　產業概論

LED 依目前產業結構可分為上、中、下游三層，如圖 1-21 為 LED 產業結構，上游為 LED 元件物理與製程部分，以單晶片、磊晶片與晶粒的製造，中游為 LED 封裝製程，將晶粒封裝成單顆產品元件，下游則為 LED 光源照明技術產品與應用，則是將 LED 產品封裝運用於照明、背光源、顯示看板、指示燈、紅外線傳輸等產品上。

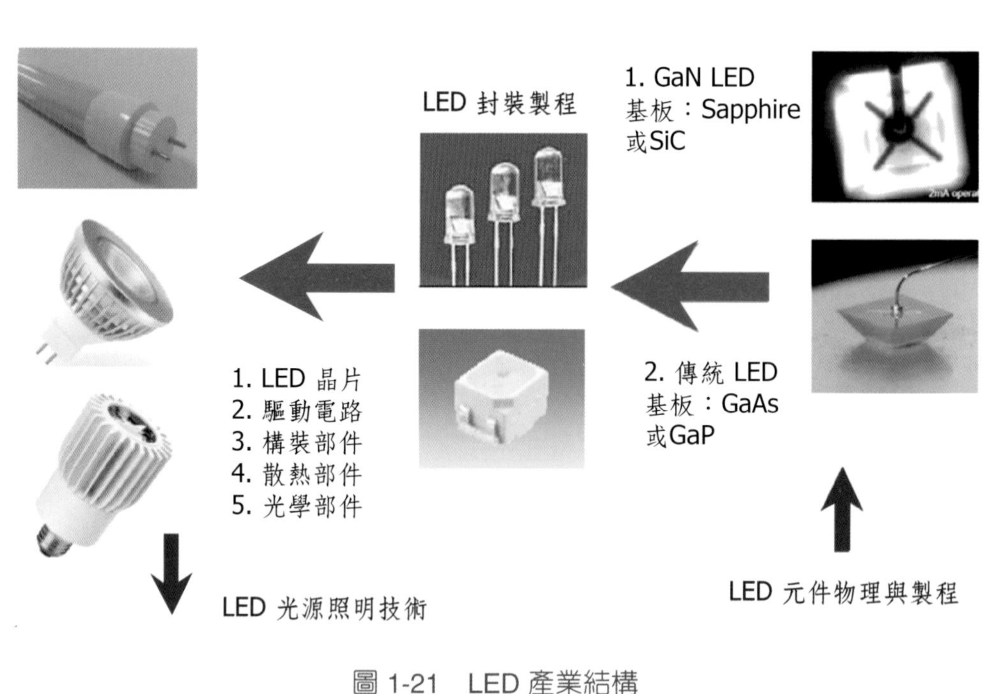

圖 1-21　LED 產業結構

圖 1-22 說明 LED 產業上、中、下游流程圖，其說明如下：

(A) 上游製作過程

LED 上游的主要產品為單晶片、磊晶片與晶粒。產品的生產製程為：將所需的化學材料元素作為原料製造成單晶棒；將單晶棒薄切成單晶片；以單晶片作為成長用的基板，再利用各種的磊晶成長法做成 LED 磊晶片（epi-wafer），常見的磊晶法有液相磊晶法（LPE）、氣相磊晶法（VPE）以及金屬有機化學汽相沉積（MOCVD）等，其中 VPE 和 LPE 技術都已相當成熟，可用來生長一般亮度 LED，而生長高亮度 LED 必須採用 MOCVD 方法。磊晶片製作完成後，會經過各種材料信賴性測試、光學測試以及電性測試後，依 LED 元需求作磊晶片擴散，然後金屬蒸鍍，之後在磊晶片上光罩、作蝕刻、熱處理，製作 LED 金屬電極，過程包含清洗、金屬薄膜蒸鍍、上光阻、進行曝光、化學蝕刻及清洗。接著將基板磨薄、拋光後在作晶粒切割，也就是將磊晶片崩裂成單顆晶粒，同樣進行測試後再交給中游廠商。

(B) 中游製作過程

中游主要是將晶粒做封裝，製造流程從固晶、打線、點膠、切割、測試到包裝。封裝的型式根據不同的應用場合、不同的外形尺寸、散熱方案和發光效果有不同的分類，主要有 Lamp-LED、TOP-LED、Side-LED、SMD-LED、High Power-LED、Flip Chip-LED、COB-LED 等。

(C) 下游製作過程

下游主要是將 LED 產品的應用，製造流程則依產品的應用而有所不同，其必須可量產品的 LED 元件的封裝型式、機構設計、光學設計、散熱技術、驅動電路技術與色彩管理等，目前最熱門的應用端，主要是用在可攜式產品上，以及 LED 照明燈具。

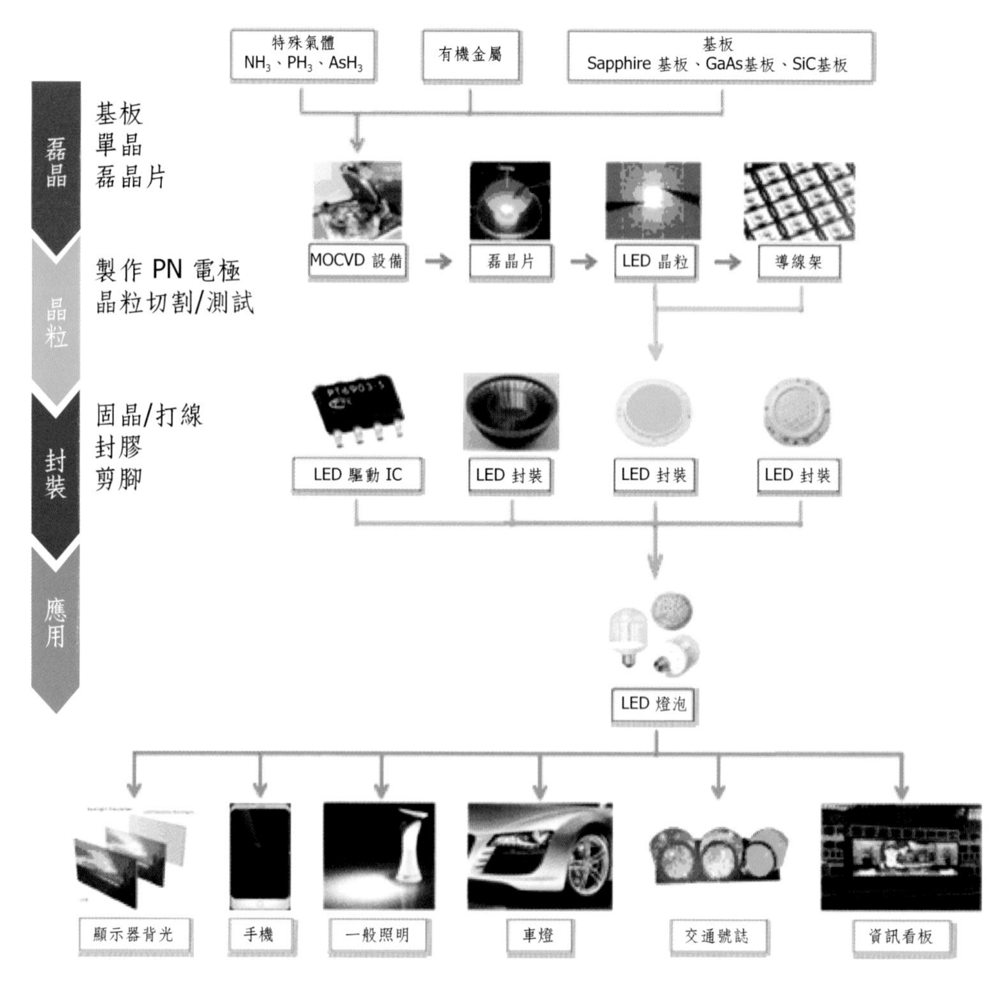

圖 1-22　LED 產業上下游流程圖

1.2.1　LED 基板

欲獲得高品質、高亮度的 LED 元件，基板選擇是相當重要的，原因在於基板的主要功能為承載之用。LED 藉由在單晶基板上成長磊晶結晶，再將單晶的 n 型半導體層、發光層、p 型半導體層等逐一積層上去。因此，基板的品質會直接影響磊晶後的各項特性，如發光亮度、壽命和可靠度等特性。LED 基板材料選擇，主要考量在於基板晶格係數及熱膨脹係數與基板上磊晶層材料的相似程度，只要基板晶格係數與磊晶層材料匹配程度愈高，則磊晶層所產生的缺陷（defect）愈少。反之，一旦基板的熱膨脹係數與磊晶層材料相似程度愈低，則容易造成磊晶層彎曲或者是破裂情況，使得 LED 晶粒製程不易切割或曝光，造生產良率下降。

基板材料的選擇主要取決於以下九個方面：

❶ 結構特性好，磊晶材料與基板的晶體結構相同或相近、晶格常數失配度小、結晶性能好、缺陷密度小；

❷ 界面特性好，有利於磊晶材料成核且黏附性強；

❸ 化學穩定性好，在磊晶生長的溫度和氣氛中不容易分解和腐蝕；

❹ 熱學性能好，包括導熱性好和熱失配度小；

❺ 導電性好，能製成上下結構；

❻ 光學性能好，製作的元件所發出的光被基板吸收小；

❼ 機械性能好，元件容易加工，包括減薄、拋光和切割等；

❽ 價格低廉；

❾ 大尺寸，一般要求直徑不小於 2 英吋。

LED 所發出的光顏色，是由組成 p-n 結構的半導體物料的能隙（band gap）能量所決定，因此在基板使用考量上，因不同的半導體材料和晶格匹配問題而選擇由化合物所組成的基板，目前常見的 LED 基板如砷化鎵（GaAs）基板、磷化鎵（GaP）基板、磷化銦（InP）基板、藍寶石（sapphire）基板、碳化矽（SiC）基板、氮化鎵（GaN）基板、氮化鋁（AlN）基板與（ZnO）基板，下表 1-7 為 LED 基板的種類及用途。

表 1-7 LED 基板的種類及用途

基板	波 長	主要用途
GaAs	500 ~ 1,000	可見光 LED（綠-紅）、紅外 LED、LD、電子元件
GaP	500 ~ 700	可見光 LED（綠-紅）
InP	1,000 ~ 1,600	光通訊用受光元件、LD
GaN	350 ~ 530	可見光 LED（藍-綠）、LD

GaAs 具有紅外線以及紅色至綠色間的廣域波長特性，可作為 AlGaAs 系發光二極體和 AlInGaP 系發光二極體的基板，GaP 則具有黃綠色及紅色的波長，可作為 GaP 系發光二極體和 GaAsP 系發光二極體的基板，InP 於紅外線領域作為可對應長波長底層基板之用途。另一方面，應用在藍光及紫外線等的底層 LED 基板，一般多採用藍寶石基板、SiC 基板、GaN 基板。通常來說，在使用 GaAs 作為底層基板的情形下，會於磊晶層使用相同的材料使其成長同質磊晶（Homo-epitaxial）。相較於此，圖 1-23 為藍光 GaN-based LED 常見基板，製造藍光 LED 時會使用藍寶石及 SiC 材料作為底層基板，採用層疊 GaN 系磊晶層的方式，進行同質磊晶的成長。藍寶石及 GaN 的晶格常數較大，且在還原/高溫環境下可維持高度穩定性且低價格生產。目前市場有推出在 GaN 底層基板上成長異質磊晶（Hetero-epitaxial）的 LED 產品，不過價格非常昂貴，以目前技術來看尚難以達到普及。下表 1-8 是說明 GaN-based LED 常見基板之優缺點。

藍寶石基板（Sapphire）

碳化矽基板（SiC）

矽基板之 LED 晶片

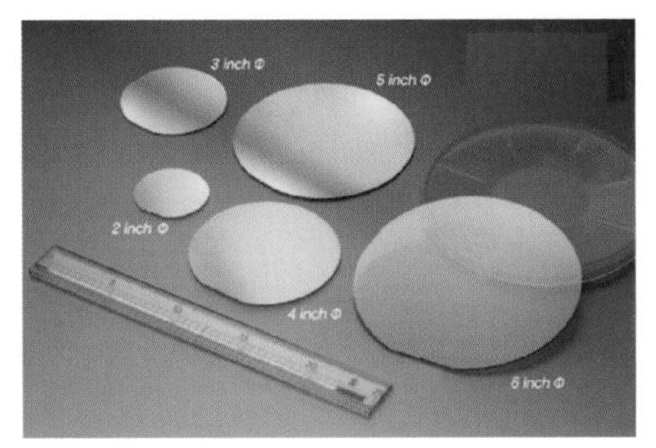

氮化鎵基板（GaN）

圖 1-23 藍光 GaN-based LED 基板

表 1-8 藍光 LED 基板之比較

	藍寶石（sapphire）	碳化矽（SiC）	矽（Si）	氮化鎵（GaN）
發展現況	商品化的主流技術	商品化，少數產商生產	少數產商生產	商品化，少數產商生產
供應商	Honeywell（CZ法） MONOCRYSTAL（KY法） Rubicon（KY法） STC（VHGF法） Kyocera（EFG法）	CREE Sumitomo	AZZURRO	日本三菱化學 日本住友電工
優點	成本低	散熱佳 晶格匹配高	散熱佳 尺寸大型化可降低成本	晶格匹配高
缺點	晶格不匹配	成本高	量產不易	成本高

1.2.2　LED 長晶

目前市面上之 LED 所使用的基板，係使用下列三種長晶法：(A) 柴可拉斯基長晶法（Czochralski method），(B) 凱氏長晶法（Kyropoulos method），(C) 垂直水平溫度梯度冷卻法（Vertical Horizontal Gradient Freezing method）和 (D) 限邊薄片狀晶體生長法（Edge-defined Film-fed Growth）。

(A) 柴可拉斯基長晶法（Czochralski method）

柴可拉斯基長晶法（Czochralski method），簡稱 CZ 法，是 J. Czochralski 在 1917 年發明的，圖 1-29 說明 CZ 法系統架構示意圖。先將原料加熱至熔點后熔化形成熔湯，再利用一單晶晶種接觸到熔湯表面，在晶種與熔湯的固液界面上因溫度差而形成過冷。於是熔湯開始在晶種表面凝固並生長和晶種相同晶體結構的單晶。晶種同時以極緩慢的

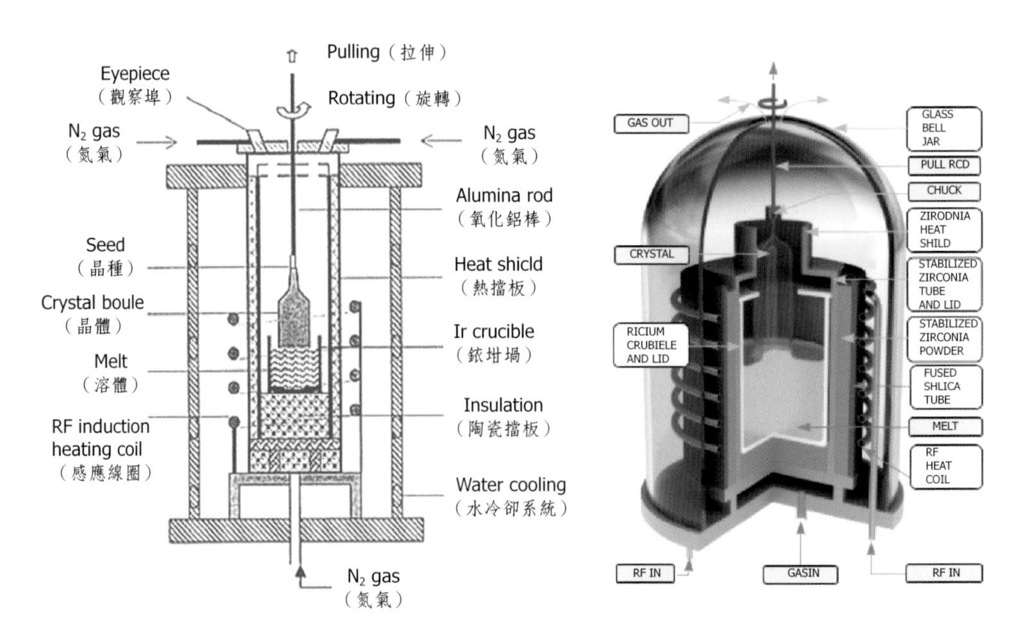

圖 1-29　柴可拉斯基長晶法系統架構示意圖

資料來源：alexandrite.net

速度往上拉升，並伴隨以一定的轉速旋轉，隨著晶種的向上拉升，熔湯逐漸凝固於晶種的液固界面上，進而形成一軸對稱的單晶晶錠，圖 1-30 為 CZ 法製作過程。

該方法主要特點：

❶ 在晶體生長過程中，可以方便的觀察晶體的生長情況；
❷ 晶體在自由液面生長，不受坩堝的強制作用，可降低晶體的應力；
❸ 可以方便的使用所需取向晶種和「縮頸」工藝，有助於以比較快的速率生長較高質量的晶體，晶體完整性較好；
❹ 晶體、坩堝轉動引起的強制對流和重力作用引起的自然對流相互作用，使復雜液流作用不可克服，易產生晶體缺陷；
❺ 機械擾動在生長大直徑晶體時容易使晶體產生缺陷。

圖 1-30 柴可拉斯基長晶法製作過程

資料來源：cnfolio.com/ELMnotes15

(B) 凱氏長晶法（Kyropoulos method）

凱氏長晶法（Kyropoulos method），簡稱 KY 法，大陸稱之為泡生法，於 1926 年由 Kyropouls 發明，圖 1-31 為凱氏長晶法系統架構示意圖。其先將原料加熱至熔點後熔化形成熔湯，再以單晶之晶種（Seed crystal）接觸到熔湯表面，在晶種與熔湯的固液界面上開始生長和晶種相同晶體結構的單晶，晶種以極緩慢的速度往上拉升，但在晶種往上拉晶一段時間以形成晶頸，待熔湯與晶種界面的凝固速率穩定後，晶種便不再拉升，也沒有作旋轉，僅以控制冷卻速率方式來使單晶從上方逐漸往下凝固，最後凝固成一整個單晶晶碇，其在拉晶頸的同時，調整加熱電壓，使熔融的原料達到最合適的長晶溫度範圍，讓生長速度達到最理想化，因而能夠長出品質最理想的藍寶石單晶，圖 1-32 為 KY 法之晶棒成品與設備圖。

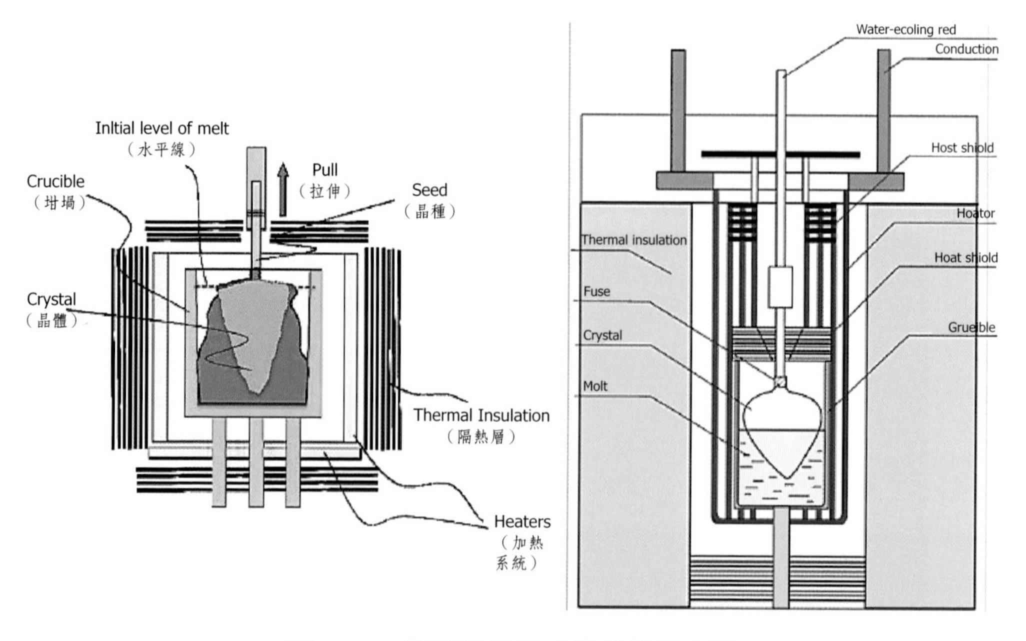

圖 1-31　凱氏長晶法系統架構示意圖

資料來源：naver.com, sciencedirect.com

圖 1-32 凱氏長晶法之晶棒成品與設備圖

資料來源：ledsmagazine.com

該方法主要特點：

❶ 在整個長晶過程中，晶體不被提出坩堝，仍處於熱區。這樣就可以精確控制它的冷卻速度，減小熱應力；

❷ 晶體生長時，固液界面處於熔體包圍之中。這樣熔體表面的溫度擾動和機械擾動在到達固液界面以前可被熔體減小以致消除；

❸ 選用軟水作為熱交換器內的工作流體，相對於利用氦氣作冷卻劑的熱交換法可以有效降低實驗成本；

❹ 晶體生長過程中存在晶體的移動和轉動，容易受到機械振動影響。

(C) 垂直水平溫度梯度冷卻法（Vertical Horizontal Gradient Freezing method）

垂直水平溫度梯度冷卻法（Vertical Horizontal Gradient Freezing method）又稱為垂直 bridgman 長晶法，圖 1-33 是 VHGF 系統架構示意

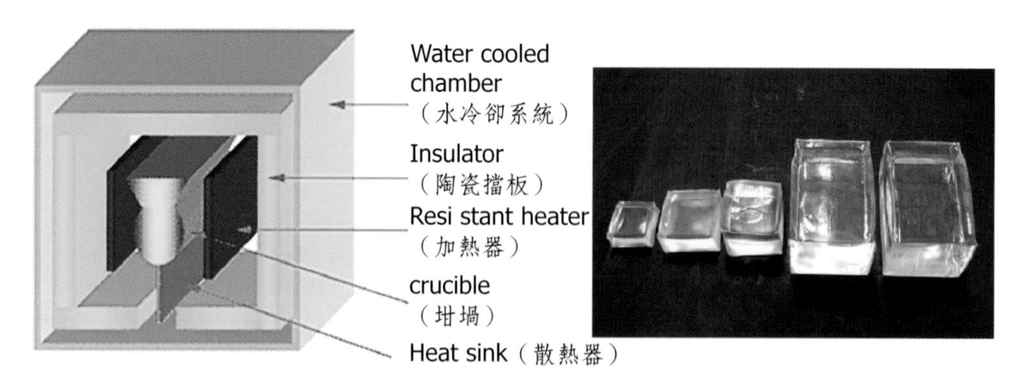

圖 1-33　VHGF 系統架構示意圖與晶棒晶棒成品

資料來源：displaybank.com

圖。此種技術被廣泛應用於種植高品質的 III-V 族半導體，如砷化鎵，磷化銦等。此技術係以垂直溫度梯度冷卻（Vertical Gradient Freezing, VGF）法為基礎，而 VGF 法採砷化鎵晶棒生長，可達成低電位密度的高品質晶棒。除以 VGF 法為基礎外，STC 所採 VHGF 法又結合水平方向溫度梯度冷卻製程，如此一來，可使長晶大小（直徑與高度）與長晶形狀相對較不受限。因此 VHGF 法是一個傳統的坩堝下降法的修正，在成長結晶過程中，不動坩堝或加熱器；在這種情況下，提供改變電動梯度多溫區爐的供熱。在爐內傳熱，熔體和氣體流量的優化，是在不斷增長的質量晶體的關鍵點。圖 1-34 為說明 VHGF 製作流程圖。

下列物理現象影響的 VHGF 生長的結晶：

❶ 在一個特定的熱區的輻射和擴散的傳熱。

❷ 下熔化結晶前，包括自由表面的現象和磁場的影響，對流和對流換熱。

❸ 氣體對流和熱交換氣/晶體界面（密封液體封裝的晶體生長過程中的流動）。

❹ 結晶前的潛熱釋放。

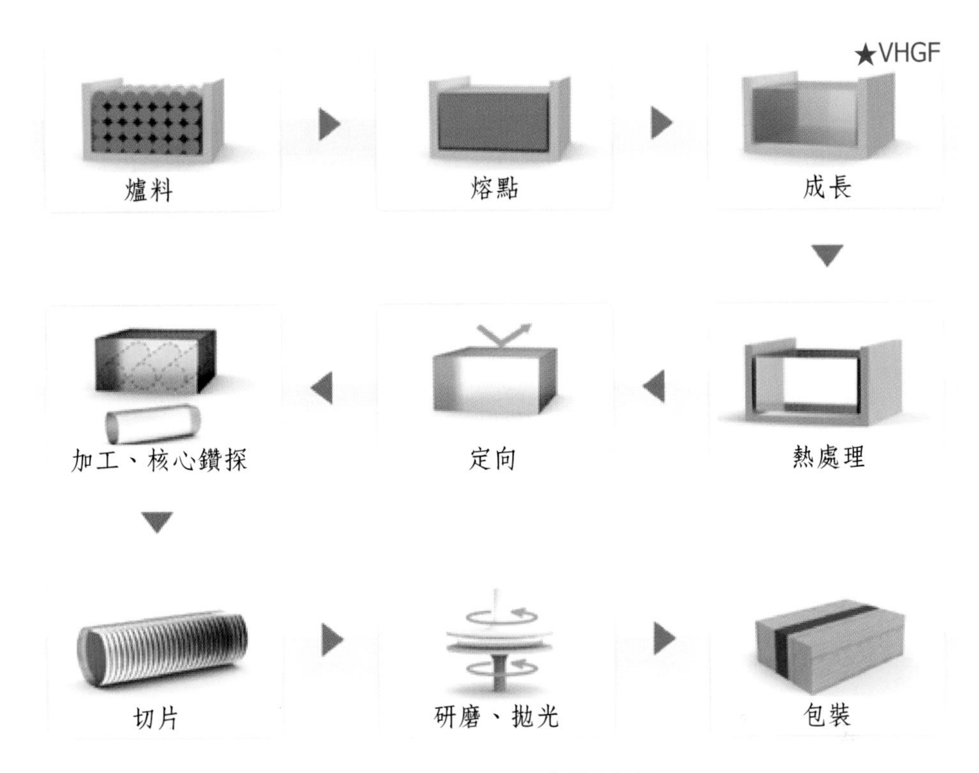

圖 1-34 VHGF 製作流程

資料來源：sapphiretek.com

(D) 限邊薄片狀晶體生長法（Edge-defined Film-fed Growth）

限邊薄片狀晶體生長法（Edge-defined Film-fed Growth），簡稱 EFG 法，大陸稱之為導模法。圖 1-35 所示，將原料置於鉉坩堝中，由射頻感應加熱線圈加熱原料使之熔化，於坩堝中間放置一鉉制模具，利用毛細作用讓熔湯攤平於鉉制模具的上方表面，形成一薄膜，放下晶種使之碰觸到薄膜，於是薄膜在晶種的端面上結晶成與晶種相同結構的單晶。晶種再緩慢往上拉升，逐漸生長單晶。同時由坩堝中供應熔湯補充薄膜，由於此薄膜之邊緣受到鉉模所限定，並扮演持續餵料以供晶體生長之用。

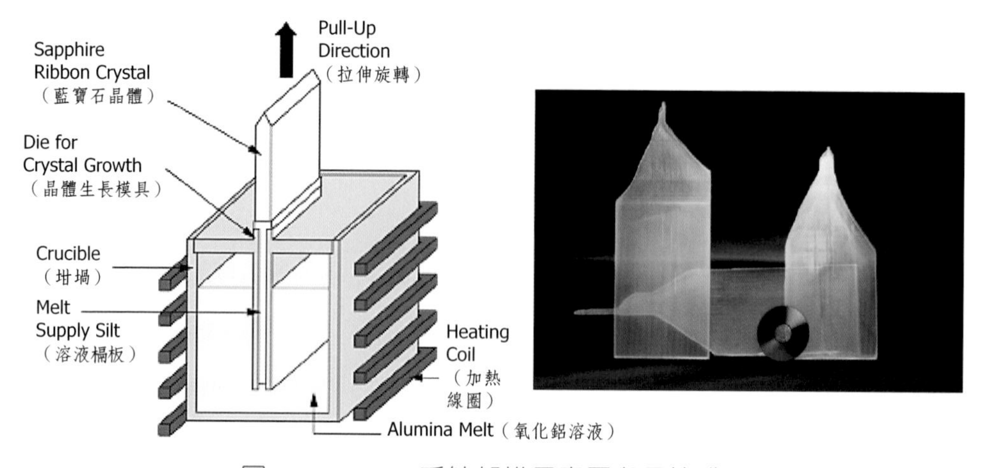

圖 1-35　EFG 系統架構示意圖與晶棒成品

資料來源：kyocera.com

(E) 藍寶石單晶主要生產技術優缺點比較

表 1-9　藍寶石單晶主要生產技術優缺點比較

主要生產技術	優　點	缺　點	應　用
柴氏法（Czochralski）	生產情形易於觀察，尺寸容易控制晶體外形相對規整。	缺陷是密度大；須使用金坩堝，成本較高，尺寸易受限。	加拿大HoneyWell（2008年被中國四聯集團收購）法國Saint-Gobain、日本藍寶石企業。
凱氏法（Kyropoulos）	高品質（光學等級），低缺陷密度，大尺寸，高產能，成本相對比較低。	操作複雜，一致性不高，成品率較低，不易生長C軸晶體。	全球用於LED襯底的藍寶石基板70%以上為泡生法或各種改良泡生法生長，美國Rublcon、俄羅斯Monocrystal、韓國Astek、台灣越峰。
垂直水平溫度梯度冷卻法	純度高，晶體大小（直徑和高度）與形狀相對不受限制。	專利掌握於韓國STC手中	韓國（STC）
導模法（EFG）	品質佳	設備、工藝要求復雜。	日本京瓷（Kyocera），並木（Namiki）

(F) 基板的製作流程

以藍寶石基板為例，藍寶石基板是利用特殊的拉晶（Crystal pulling）裝置將熔化的氧化鋁（Al_2O_3），緩慢旋轉逐漸拉升冷卻以獲得單晶（Crystal）結構的晶棒（Ingot），藍寶石晶棒再經過研磨、拋光、切片，即成藍寶石基板，如圖 1-36。

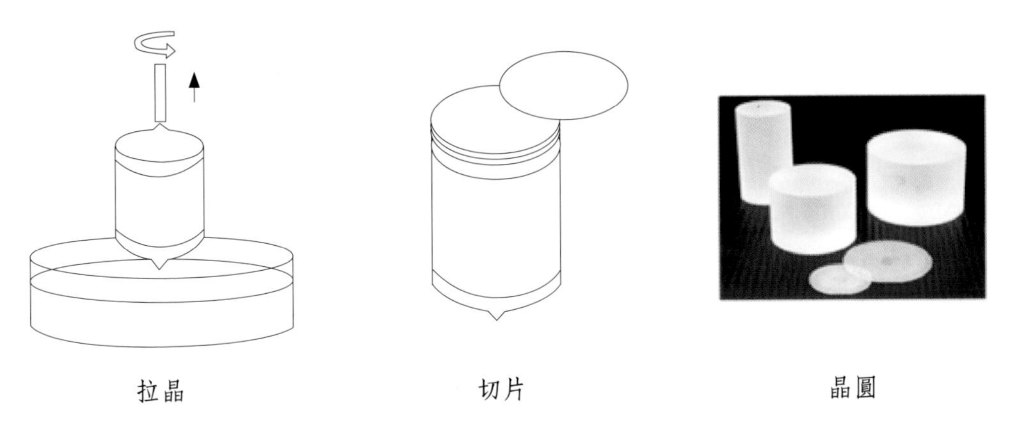

圖 1-36　藍寶石基板的製作流程

藍寶石基板的製作流程❶ - ⓬：

❶ 長晶：利用長晶爐生長尺寸大且高品質的單晶藍寶石晶體。

❷ 定向：確保藍寶石晶體在掏棒機台上的正確位置，便於掏棒加工。

❸ 掏棒：以特定方式從藍寶石晶體中掏取出藍寶石晶棒。

❹ 滾磨：用外圓磨床進行晶棒的外圓磨削，得到精確的外圓尺寸精度。

❺ 品檢：確保晶棒品質以及掏取後的晶棒尺寸與方位是否合客戶規格。

❻ 定向：在切片機上準確定位藍寶石晶棒的位置，以便於精準切片加工。

❼ 切片：將藍寶石晶棒切成薄薄的晶圓。

❽ 研磨：去除切片時造成的晶圓切割損傷層及改善晶圓的平坦度。

❾ 倒角：將晶圓邊緣修整成圓弧狀，改善薄片邊緣的機械強度，避免應力集中造成缺陷。

⑩ 拋光：改善晶圓粗糙度，使其表面達到外延片磊晶級的精度。

⑪ 清洗：清除晶圓表面的污染物（如微塵顆粒、金屬、有機玷污物等）。

⑫ 品檢：以高精密檢測儀器檢驗晶圓品質（平坦度、表面微塵顆粒等），以合乎客戶要求。

1.2.3　LED 磊晶製程和技術

Niloy K. Dutta, Qiang Wang, Semiconductor optical amplifiers, World Scientific Publishing Co. Pte. Ltd., pp. 85 2006

一般發光二極體是由不同化合物材料間的有序排列成長起來的，也就是我們常稱的磊晶（epitaxy），如圖 1-37 所示；這個字本身就是由希臘字 epi（意思為在……之上）與 taxis（意思為排列）得來的。

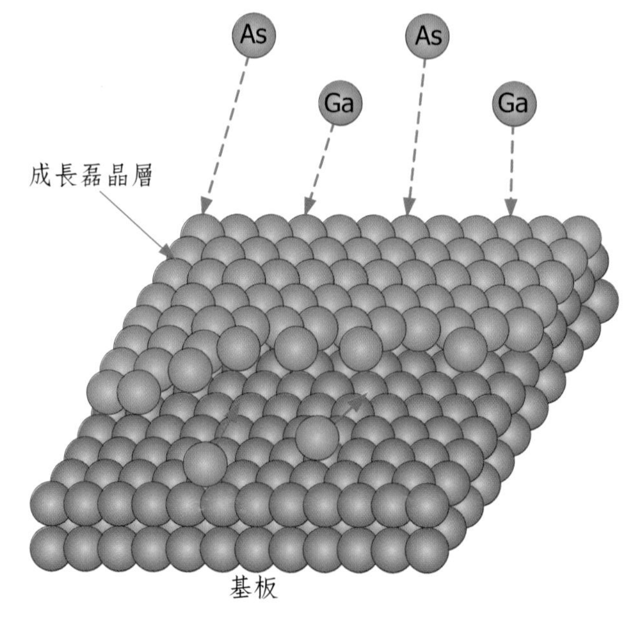

圖 1-37　磊晶成長示意圖

目前 LED 產品常用的磊晶技術包含：

(A) 液相磊晶法（Liquid Phase Epitaxy, LPE）；

(B) 氣相磊晶法（Vapor Phase Epitaxy, VPE）；

(C) 有機金屬化學氣相沉積法（Metal-Organic Chemical Vapor Deposition, MOCVD）

磊晶技術原理與製程分述如下：

(A) 液相磊晶法（Liquid Phase Epitaxy, LPE）

液相磊晶成長技術於 1963 年由 Nelson 等人提出，其原理是：以低熔點的金屬（如 Ga、In 等）為溶劑，以待生長材料（如 Ga、As、Al 等）和摻雜劑（如 Zn、Te、Sn 等）為溶質，使溶質在溶劑中呈飽和或過飽和狀態。通過降溫冷卻使石墨舟中的溶質從溶劑中析出，在單晶襯底上定向生長一層晶體結構和晶格常數與單晶襯底足夠相似的晶體材料，使晶體結構得以延續，實現晶體的磊晶生長。液相磊晶技術的優點有：沉積高品質的磊晶層，系統成本低，以及材料性質的再現性相當高，此外因為它具有低的成長速率，所以適合成長較薄的磊晶層（$\geq 0.2\mu m$）。缺點則是表面形態比其它磊晶技術的磊晶表面形態要差，晶格常數的限制，以及異質磊晶成長時有接面漸變現象存在。目前常用以成長 GaP、GaAs 等中低亮度 LED 與紅外光 LED 晶粒為主。圖 1-38 為說明 LPE 磊晶成長系統，此系統是由反應室、成長室、真空系統、加熱系統與氣體流量供應系統架設組成。

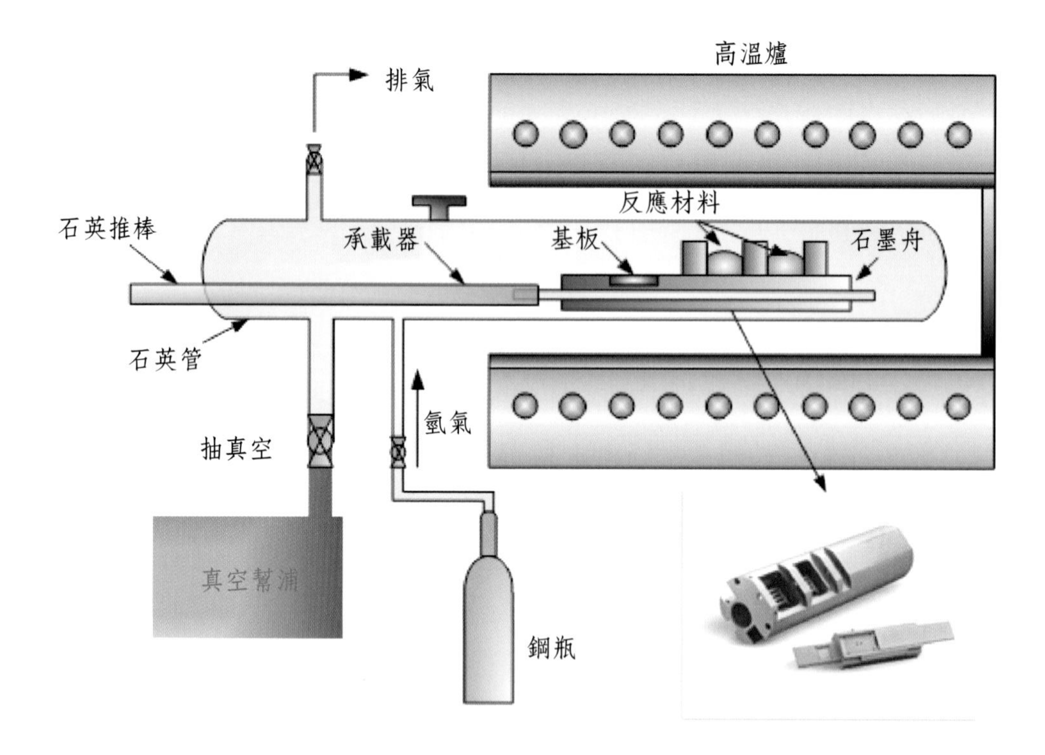

圖 1-38　典型 LPE 磊晶成長系統

如圖 1-39 所示，

LPE 的成長系統又可分為三種裝置系統：

❶ 傾斜式爐管（Tipping furnace）：利用傾斜爐管的方式將基板與磊晶溶液接觸。

❷ 垂直式爐管（Vertical furnace）：基板用垂直升降的方式浸泡於溶液中。

❸ 多溶器式爐管（Multi-bin furnace）：基板可在存放不同溶液的容器間成長較複雜結構。

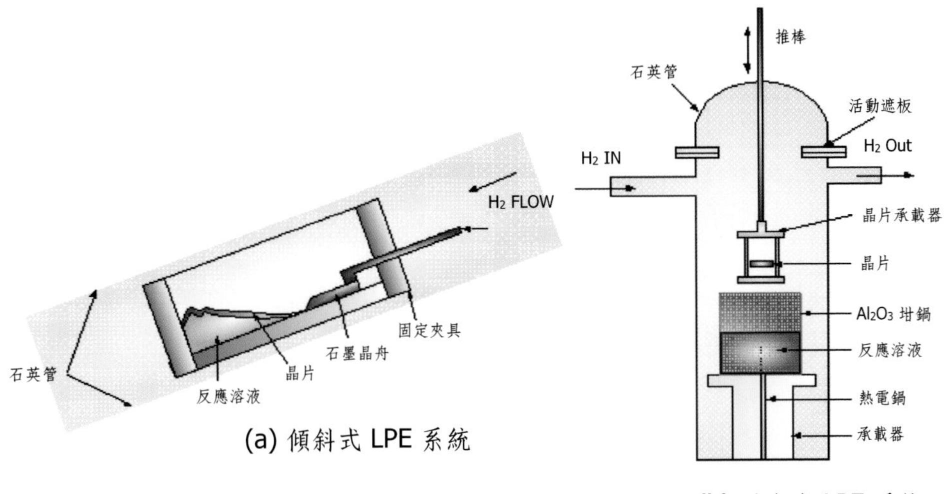

(a) 傾斜式 LPE 系統

(b) 垂直式 LPE 系統

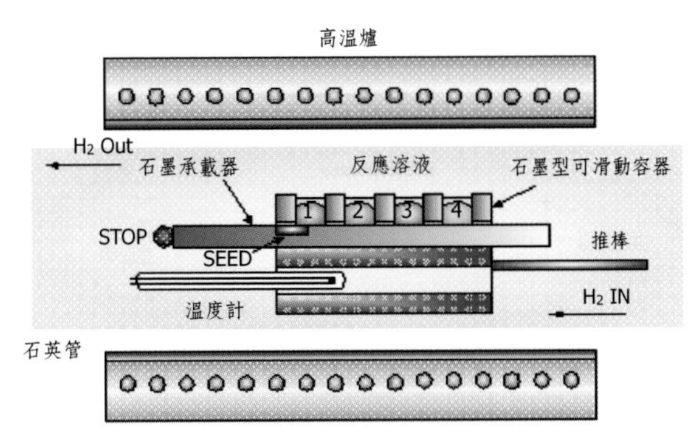

(c) 多容器式 LPE 系統

圖 1-39 三種 LPE 成長裝置系統

(B) 氣相磊晶法（Vapor Phase Epitaxy, VPE）

氣相磊晶成長技術是一種單晶薄膜層生長方法，廣義上是化學氣相沈積的一種特殊方式，其生長薄層的晶體結構是單晶基板的延續，是沿著單晶基板的結晶軸方向生長出一層厚度和電阻率合乎要求的單晶層。典型的代表是 Si 氣相磊晶和 GaAs 氣相磊晶。Si 氣相磊晶是以高純氫氣作?輸運和還原氣體，在化學反應後生成 Si 原子並沈積在基板上，生長出晶體取向與基板相同的 Si 單晶磊晶層，該技術已廣泛用於 Si 半導體元件和積體電路的工業化生產。GaAs 氣相磊晶通常有兩種方法：氯化物法和氫化物法，該技術工藝設備簡單、生長的 GaAs 純度高、電學特性好，已廣泛的應用於二極體、場效應電晶體等微波元件中。其特點有 ❶ 磊晶生長溫度高，生長時間長，因而可以製造較厚的磊晶層；❷ 在磊晶過程中可以任意改變雜質的濃度和導電類型。目前在氣相磊晶中又可分成物理氣相沉積（Physical Vapor Deposition, PVD）和化學氣相沉積（Chemical Vapor Deposition, CVD）兩種技術，前者主要是藉由物理現象，即利用熱蒸發或離子撞擊的方式，使蒸發源產生的原子或分子氣體沉積於基板上而形成薄膜；而後者則是以化學反應的方式來進行薄膜沉積，將化學氣體注入反應室內，在維持一定高溫的基板表面上，藉由熱分解與化學反應進行磊晶薄膜成長。因此半導體、導體或介電材料（Dielectrics）都可藉由 CVD 法來進行配製，在結晶性（Crystallinity）和理想配比（Stoichiometry）等與材質相關的一些性質，都比 PVD 法好很多。圖 1-40 主要說明 CVD 成長機制，成長過程可分為質量傳輸製程、中間氣相形成、表面反應、吸附和脫附等機制。

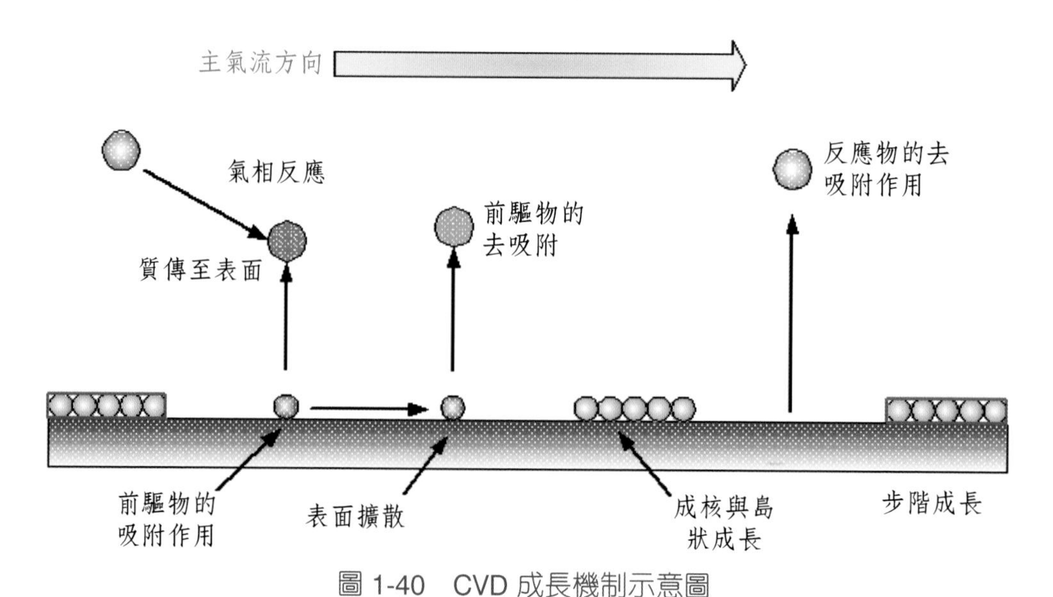

圖 1-40　CVD 成長機制示意圖

(1) 氫化物氣相磊晶技術（Hydride Vapor Phase Epitaxy, HVPE）

氫化物氣相磊晶是能實現比例可控的一種磊晶法，早先應用在砷化鎵（GaAs）材料的成長，在氮化鎵單晶厚膜的應用上，由於 Ga 與 NH3 無法直接形成 GaN，所以該方法是利用氯化氫氣體（HCl）與液態鎵金屬（Ga）反應生成氯化鎵（GaCl），當它流到下游，GaCl 再與氨氣（NH3）反應生成氮化鎵，再沈積到基板上，圖 1-41 為 HVPE 沉積 GaN 示意圖。

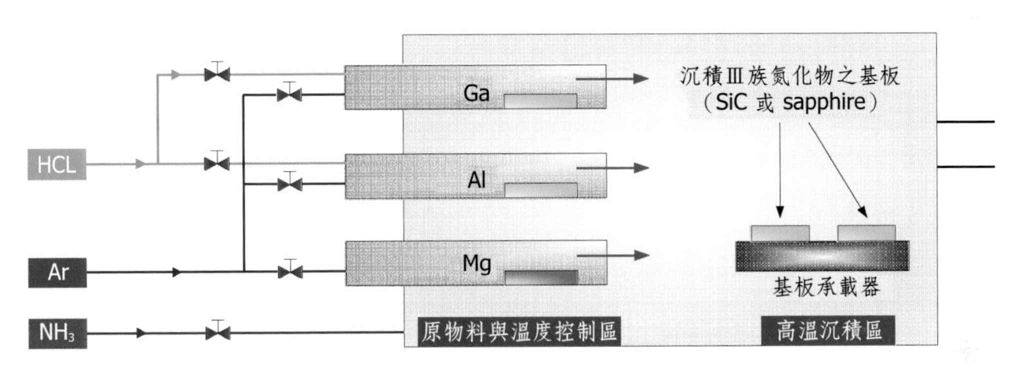

圖 1-41　HVPE 系統沉積 GaN 示意圖

資料來源：oxfordplasma.de

其主要反應式如下：

$$2HCl(g) + 2Ga(melt) \rightarrow 2GaCl(g) + H_2(g) \quad (1.1)$$

$$GaCl(g) + NH_3(g) \rightarrow GaN(s) + HCl(g) + H_2(g) \quad (1.2)$$

在 HVPE 成長 GaN 中，此技術具有擁有極高的成長速率（～100 μm/hr），易沉積形成厚膜，且長晶的品質良好，從而減低來自基板的熱失配和晶格失配對材料性質的影響。並且和基板分離的 GaN 薄膜有可能成為體單晶 GaN 晶片的替代品，對於成長獨立式基板是最適合的一種長晶方式。另外，也可以在 HCl 氣流中同時蒸發摻雜物 Mg 實現 P 型雜質摻雜。該項磊晶技術目前主要有兩項應用：其一用來製作氮化鎵基材料和同質磊晶用的基板材料；另一項應用是做所謂 ELOG（epitaxial lateral overgrowth GaN）基板。HVPE 的缺點是很難精確控制膜厚，反應氣體對設備具有腐蝕性，影響 GaN 材料純度的進一步提高。此外，另一缺點為表面平整度不佳，容易長成六角形結構的小丘（grain），但是此一情況可藉由研磨拋光來獲得平整度較高的表面。

(C) 有機金屬化學氣相沉積（Metal-Organic Chemical Vapor Deposition, MOCVD）

MOCVD 是在基板上成長半導體薄膜的一種方法，目前常用來製作 AlInGaP LED 和 GaN LED 的磊晶主流技術。MOCVD 系統的組件可大致分為：反應腔、氣體控制及混合系統、反應源及廢氣處理系統，如圖 1-42 所示。MOCVD 成長薄膜時，主要將載流氣體通過有機金屬

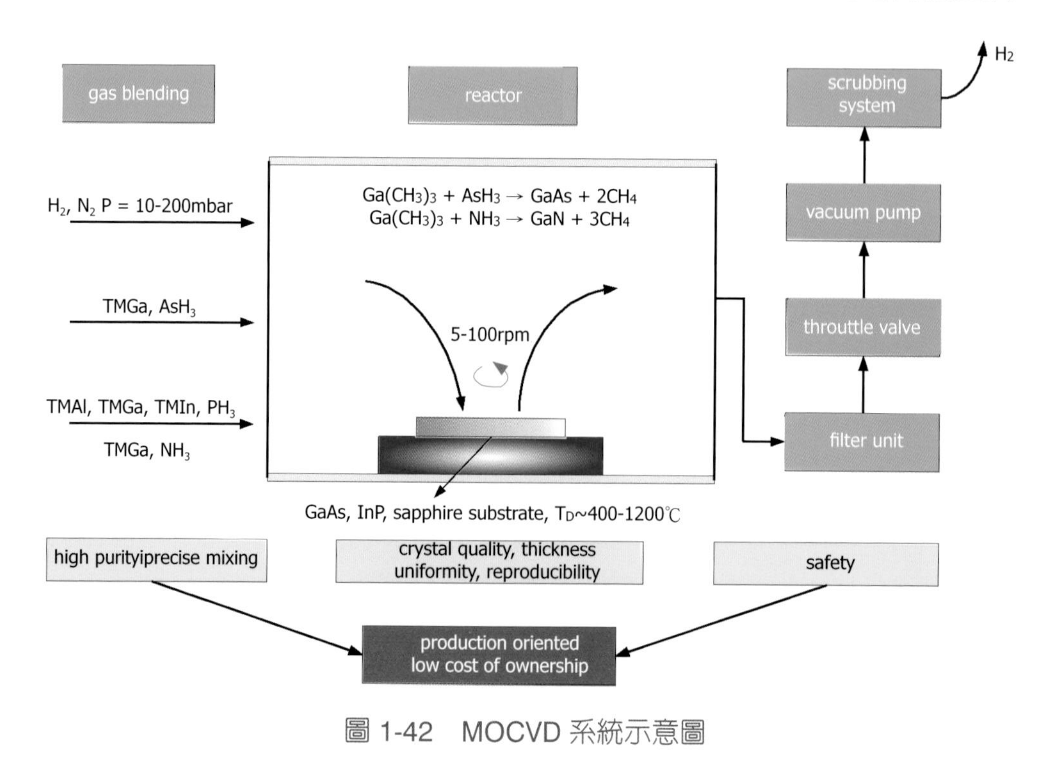

圖 1-42　MOCVD 系統示意圖

反應源的容器時，將反應源的飽和蒸氣帶至反應腔中與其它反應氣體混合，然後在被加熱的基板上面發生化學反應促成薄膜的成長。一般而言，載流氣體通常是氫氣，但是也有些特殊情況下採用氮氣，例如成長氮化銦鎵（InGaN）薄膜時。Ⅲ族的 TMGa（$(CH_3)_3Ga$，三甲基鎵）、TMIn（$(CH_3)_3In$，三甲基銦）、TMAl（$(CH_3)_3Al$，三甲基鋁）等，與Ⅴ族特殊氣體，如 AsH_3（arsine）砷化氫、PH_3（phosphine）磷化氫、NH_3 等，通過特殊載體氣流送到高溫的基板上，常用的基板為砷化鎵（GaAs）、磷化鎵（GaP）、磷化銦（InP）、矽（Si）、碳化矽（SiC）及藍寶石（Sapphire, Al_2O_3）等。在 Reactor 反應器內的高溫下，這些材料發生化學反應，並使反應物沉積在基板上，而得到磊晶片上形成一層半導體結晶膜，這樣就能做成半導體發光材料，如發光二極體（LED）、雷射二極體（Laser diode）、太陽能電池及微電子元件的製作。

以四元或藍光化合物為例，其基本反應化學式如下：

$$\text{四元 } TMGa(g) + AsH_3(g) \rightarrow GaAs(s) + CH_4(g) \quad (1.3)$$

$$\text{藍光 } TMGa(g) + NH_3(g) \rightarrow GaN(s) + CH_4(g) + N_2(g) + H_2(g) \quad (1.4)$$

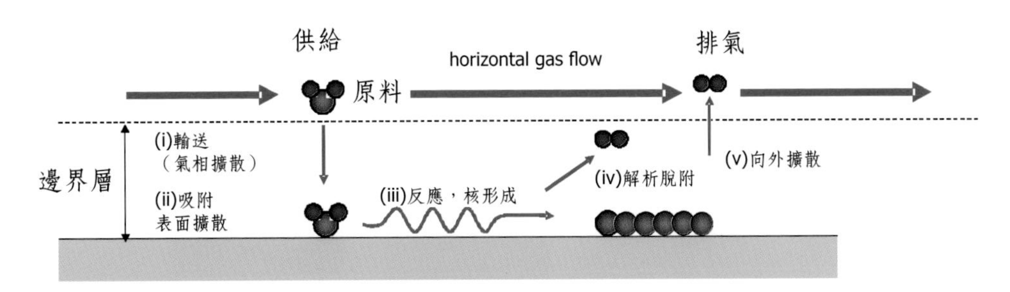

圖 1-43　MOCVD 之原理與反應過程

圖 1-43 為說明 MOCVD 原理與反應過程：

❶ 反應氣體或反應元素因熱裂解由邊界層（boundary layer）向基板表面輸送氣相擴散，入射原子衝撞基板，一部分被反射，其他吸附於基板上。

❷ 基板表面吸附表面擴散，吸附原子於基板表面上擴散，產生原子間之二次衝撞而形成團簇（cluster，原子集合體），或只在表面上停留某段時間後，再度蒸發解析脫離。

❸ 表面反應，核形成團簇反覆與表面擴散原子衝撞或以單原子再釋出，而當原子數超過某一臨界值後開始成長，與鄰接之團簇聚合而成連續膜，大多為三維團簇，但以二維團簇方式成長情形也有。

❹ 反應生成物之蒸發解析脫離。

❺ 脫離之反應生成物向外擴散（out diffusion）（氣相擴散）。

就發光二極體而言，如圖 1-44 為氮化鎵系 LED（GaN-based LED）晶圓磊晶流程圖。

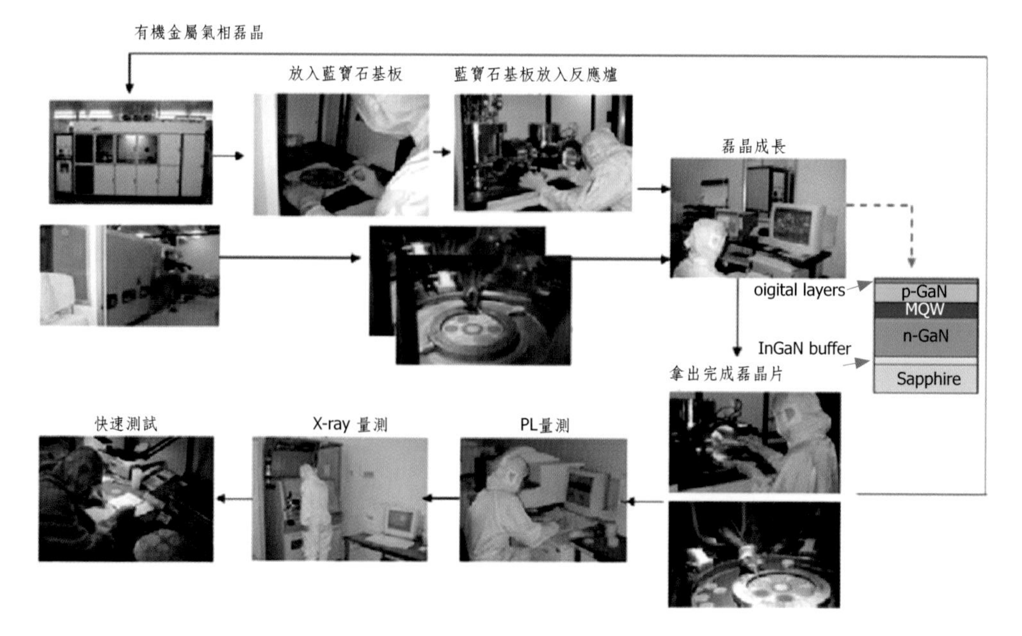

圖 1-44　GaN-based LED 晶圓磊晶流程圖

(D) 磊晶方法比較

表 1-10 各種磊晶方法之比較

磊晶方法	特色	優點	缺點	應用
LPE	以熔融態的液體材料直接和基板接觸而沉積薄膜。	操作簡單，磊晶成長速度快，具量產能力。	磊晶膜厚控制度差，磊晶平整度差。	傳統LED
VPE	以氣體或電漿材料傳輸至基板促使晶格表面粒子凝結或解離。	磊晶成長速度快，量產能力尚可。	磊晶膜厚與平整度控制不易。	傳統LED
MOCVD	將有機金屬以氣體型式擴散至基板促使晶格表面粒子凝結。	磊晶純度高，磊晶膜厚控制佳，磊晶平整度佳。	成本高，原料取得不易。	高亮度LED

1.2.4 LED 晶粒製程

LED 晶粒製程意指是將磊晶片（Epitaxy wafer）加工成晶粒（Chip）之流程，如圖 1-45 所示。晶粒製程可分為電極製作的前段製程，以及把磊晶片分割為獨立晶粒的後段製程兩部分：❶ 前段製程（Chip on wafer，厚片）為黃光、蝕刻、蒸鍍、合金 ❷ 後段製程（Bare chip, 裸晶）為研磨、切割、點測、分類、PI。圖 1-44 說明此流程示意圖；圖 1-46 為完整的 LED 晶粒製程流程。

磊晶片

晶粒製程

晶粒

圖 1-45 LED 晶粒製程

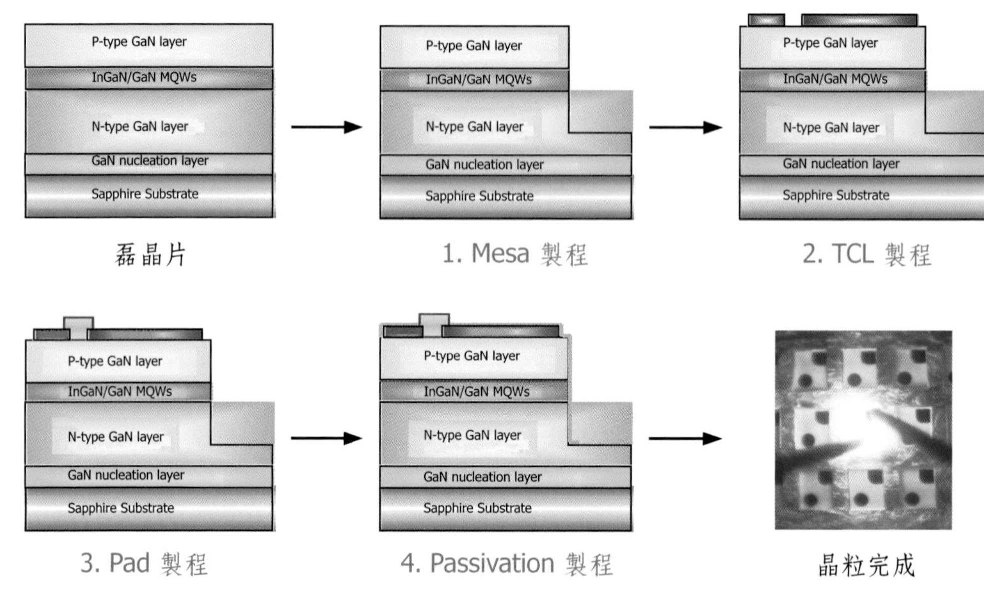

圖 1-46　LED 晶粒前段製程流程圖

(A) 前段製程

圖 1-44 主要說明前段製程流程示意圖，其說明如下：

❶ Mesa（平台）製程：由於 Sapphire 不導電，故必須利用 ICP 蝕刻來暴露出 n-GaN，此為 Mesa 製程。

❷ TCL（透明導電層）製程：為了使 LED 電流均勻擴散（Spreading），避免電流擁塞（Crowding）而造成電壓偏高，影響發光面積，故加入透明導電層。早期用 Ni/Au，目前用 ITO，後者亮度較高約 40%，而且電壓無明顯差異。

❸ Pad（電極）製程：提供打線之接點，分為 P 電極及 N 電極。早期為 Al（鋁）電極，目前為 Au（金）電極。

❹ Passivation（保護層）製程：主要目的為 (1) 增加晶粒亮度；(2) 保護晶粒免受水氣侵蝕。目前以 SiO_2（二氧化矽）為主流。

(B) 後段製程

圖 1-47 主要說明後段製程流程示意圖，其說明如下：

❶ 研磨製程：將晶片背面（藍寶石基板）磨薄以利後續切割作業。早期用鑽石研磨粉，目前用鑽石砂輪。

❷ 切割製程：將整片晶片切割成單一個別晶粒。早期用鑽石切割刀，目前用雷射切割。

❸ 點測製程：將每顆晶粒量測其光電特性（Vf、Iv、Wd、Ir、Vr……），同時把測試結果套入後續分類之 Bin 表。

❹ 分類製程：將不同規格之晶粒分別挑出集中於同一張藍膜。

❺ PI 製程：利用人工方式將外觀不良之晶粒吸除。

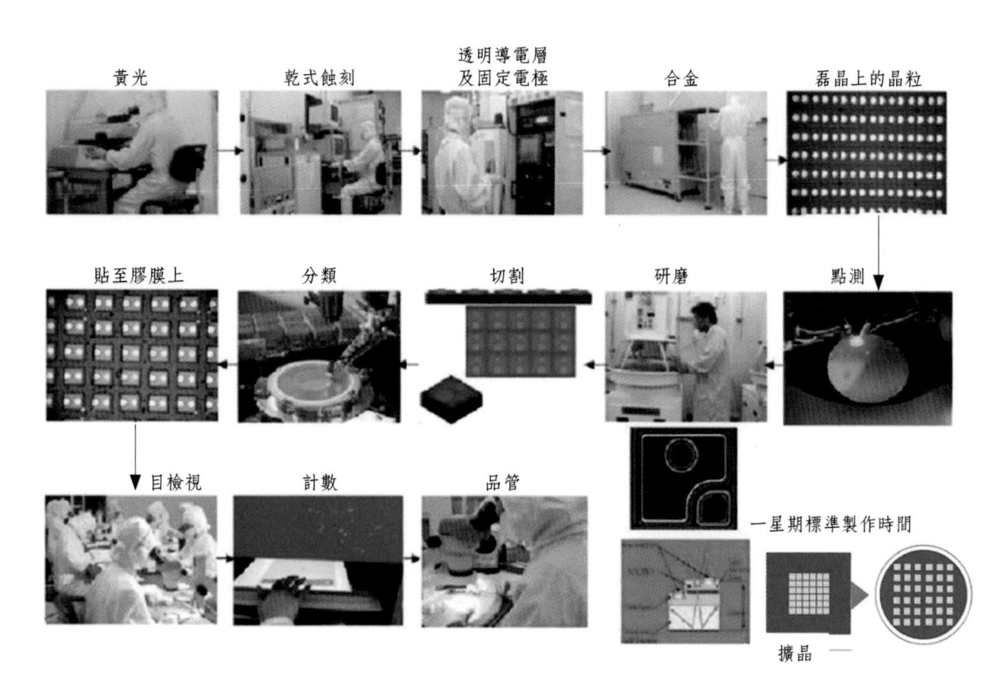

圖 1-47 完整的 LED 晶粒製程流程

1.2.5　LED 封裝

(A) 封裝目的

LED 封裝由於結構和工藝複雜，並直接影響到 LED 的使用性能和壽命，一直是近年來的研究熱點，特別是大功率白光 LED 封裝更是研究熱點中的熱點。

LED 封裝目的主要有下列幾項功能：

❶ 封裝就是把 LED 晶片用專用的塑膠殼外引線連接到 LED 晶粒的電極上，不但可以保護晶片防禦輻射，水氣，氧氣。

❷ 保護 LED 晶粒和焊接線，使可以外加電場，以免受到外力破壞。

❸ 提高 LED 晶粒的光取出效率。

❹ 改變光場分布狀態。

❺ 提高元件之可靠度，以改善／提升晶片性能。

❻ 提供 LED 晶粒良好散熱機構，以增加產品壽命。

❼ 設計各式封裝形式，以供於不同之產品應用。

❽ 供電管理，包括交流／直流轉換，以及電源控制等

(B) 封裝製程

LED 封裝製程步驟如圖 1-48 所示，依序為固晶、烘烤、焊線、封膠、後熟化、切割、測試、分類、包裝。

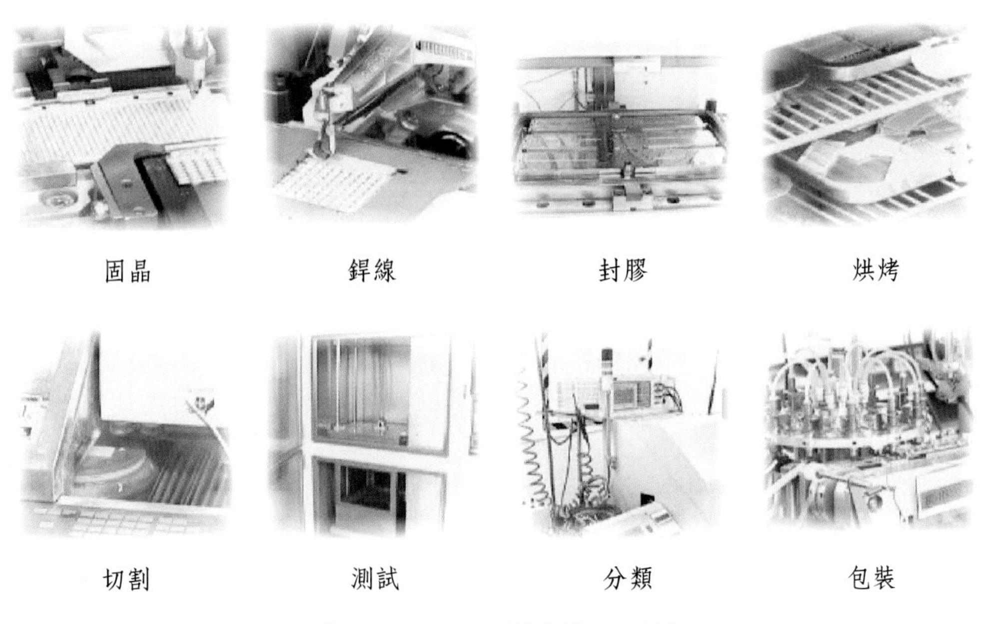

固晶 銲線 封膠 烘烤

切割 測試 分類 包裝

圖 1-48 LED 封裝製程流程圖

LED 封裝說明如下：

❶ 固晶（Die Attachment or Die Bonding）：主要目的為將晶粒（Die）固著於基板或導線架（lead-frame）上並用銀膠（epoxy）黏著固定，再進行烘烤固化。

❷ 烘烤：主要目的將固晶完成的晶粒送進烤箱烘烤，使晶粒與板材穩固的粘著，避免在打線時發生問題拔晶的現象發生。

❸ 銲線（Wire Bonding）：主要目的為導通電源，使用金（鋁/銅）線銲接於晶粒上的銲墊及基板或導線架的銲墊上，連接內外部線路，使晶片得以與外界溝通。以銲點的形狀來區分，銲線製程可以分為球型銲（Ball bond）及楔型銲（Wedge bond）。COB 通常採用鋁線（Al wire）所以為 Wedge bond。根據經驗及數據，球型銲的強度比楔型銲好，可以也比較貴。

❹ 封膠（Encapsulate）：主要目的為保護材料，將熱固性塑膠（環氧樹脂）流體擠壓進模具中，包覆晶粒及內部線路，保護其不受外界環境的侵害。

❺ 後熟化（Post-mold cure）：主要目的即在於用加溫烘烤方式，使膠體能夠固化完全並且使膠體的機械性質能夠更加良好、並達到穩定狀態、增加產品的可靠度。另外，在烘烤的過程中，全程以外力施力於產品至烘烤結束，以避免因 LED 結構的各層之熱膨脹係數（coefficient of thermal expansion, CTE）不同或因熟化度、充填不均勻所產生的翹曲情形。

❻ 切割（Die saw）：主要目的為將連體的體連接處做切除動作使元件分離成單體。

❼ 測試（Testing）：依定所設定測試規格，將產出做挑選分類的動作，並檢查背光源光電參數及出光均勻性是否良好。

❽ 可靠度（Reliability）：其目的為模擬各種環境狀況下，如高濕，極高／低溫及高壓等條件，依循電子工程設計發展聯合學會（Joint Electron Device Engineering Council, JEDEC）的國際標準，來加速封裝元件的破壞，進而推算是否符合元件使用壽命的規定。

(C) 封裝體與散熱

(1) 散熱理論

目前高功率 LED 輸入功率約有 15～20% 轉換成光，其餘 80～85% 的輸入功率則轉換成熱，若熱能無法正常排出至外界，將會導致 LED 晶粒界面溫度過高而影響發光效率及發光壽命。由於 LED 晶片面積很小（～1 mm^2），因此使高功率 LED 單位面積的發熱量（發熱密度）很高，引起熱應力的非均勻分佈、晶片發光效率和螢光粉激射效率下降；當溫度超過一定值時，元件失效率呈指數規律增加。統計資料表明，LED 元件溫度每上升 2℃，元件可靠性將下降 10%。若依照阿雷紐斯法則溫度降低 10℃則壽命延長 2 倍。因此當 LED 晶片的接面溫度 T_J（Junction Temperature）大為提升，容易造成過熱問題，主要因為 LED 有大部分的熱是由晶片背面以傳導方式傳出，與傳統光源不同（大部分的熱是由光源正面由輻射的方式傳出）。由於產生過多的熱使得 LED 面臨晶片接面溫度過高。過熱會造成 LED 波長改變，而降低發光效率及壽命，假設當 LED 的接面溫度為 25℃（典型工作溫度）時亮度為 100% ，而溫度升高至 75 ℃時亮度就減至 80% ，結果顯示，接面溫度若由 25℃上昇至 100℃時，其發光效率將會衰退 20% 到 75% 不等。很明顯的，接面溫度與發光亮度是呈反比線性的關係，溫度愈升高，LED 亮度就愈轉暗。其中以黃光的衰減最為明顯，如圖 1-49 所示。

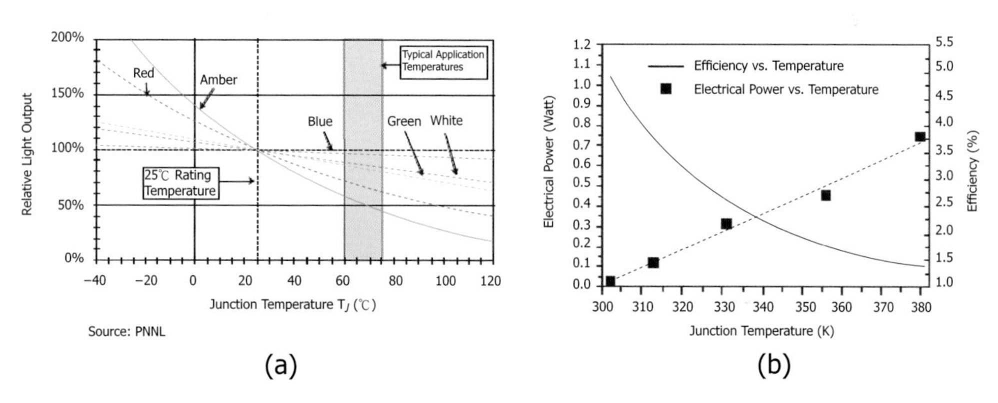

圖 1-49 (a) 各種光色 LED 之溫度與光輸出功率特性；(b) LED 溫度與電功率及效率的關係

LED 整體發熱量雖然不高，但換算成單位體積發熱量時，卻遠遠超過其他光源。熱量的傳遞路徑主要分為三種型態，分別為熱傳導傳遞（conduction heat transfer）、熱對流傳遞（convection heat transfer）、熱輻射傳遞（radiation heat transfer）。其中，傳導就是燈具散熱而需使用高導熱性材料，輻射則是指提高物體熱輻射率，至於對流意指是增加散熱面積，提升對流係數。LED 在對流設計上，可分為自然對流與強制散熱，自然對流如鰭片，散熱面積小、體積大，將提高表面積以增加散熱，但需考慮使用環境是否出現落塵堆積，導致無法排熱而燒燬。強制散熱如風扇，散熱面積大、體積小，是提高對流係數以增加散熱，目前電腦、冷氣、汽車均採強制散熱。

LED 在封裝後各部位熱流量所佔比例，其中以鋁基板（MCPCB）和電極引腳（Lead）所佔熱流比例最大，由於 LED 接面溫度較其他光源溫度低許多，故熱能無法以輻射模式與光一同射出去，所以 LED 有大約 90% 之多餘熱以熱傳導方式向外擴散，在高電流強度作用下，LED 晶片接面溫度升高，需要有良好的 LED 封裝及模組設計，來提供 LED 適當熱傳導途徑，以降低接面溫度。目前在進行高功率 LED 散熱設計時，主要是利用熱阻值評估高功率 LED 封裝散熱特性，由圖 1-50 可看出 LED 封裝發展與熱阻值的發展趨勢。

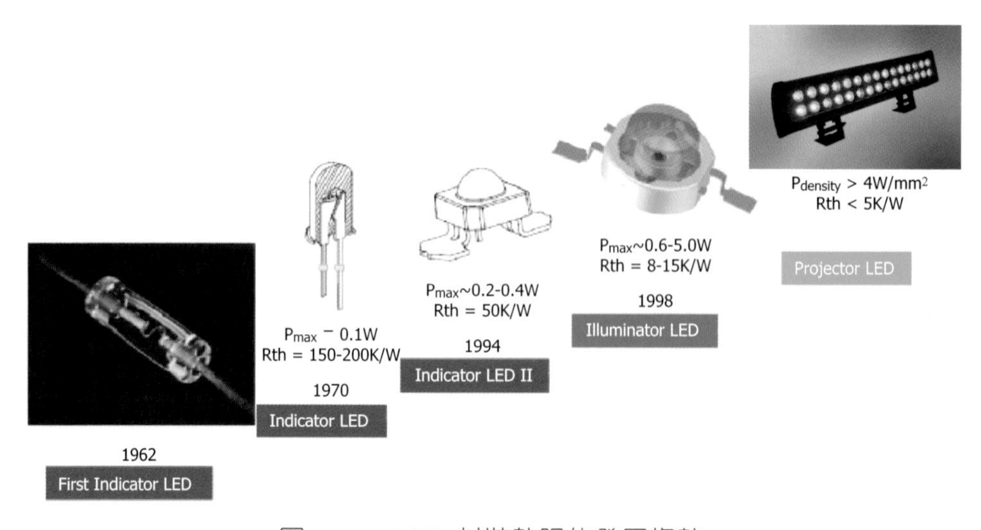

圖 1-50　LED 封裝熱阻的發展趨勢

資料來源：LUMILEDS

(2) 封裝方式

LED 封裝形式多種多樣，如圖 1-51 所示，目前按封裝形式分類主要有：

❶ 砲彈型封裝體（Lamp）：其係將發光二極體晶片先行固定於具接腳之支架上，再打線及膠體封裝，其使用係將 LED 燈的接腳插設焊固於預設電路的電路基板上，完成其 LED 燈的光源結構及製程。由於製造工藝相對簡單、成本低，有著較高的市場佔有率。

❷ 表面粘貼型封裝體（SMD）：其係將晶片先行固定到細小基板上，再進行打線的動作，接著進行膠體封裝，最後再將該封裝後的 LED 焊設於印刷電路板上，完成 SMD LED 的光源結構及製程。

❸ 食人魚型封裝體（Piranha）：食人魚 LED 為正方形的封裝型式，首先要選定食人魚 LED 的支架，並將 LED 晶片固定在支架碗中，經烘烤後把 LED 晶片兩極焊好，然後根據晶片的多少和出光角度的大小，選用相應的模粒，灌滿膠，把焊好 LED 晶片的食人魚支架對準模粒倒插在模粒中，待烘烤膠乾後，脫模即可。接著進行切割、測試和分類。食人魚是散光型的 LED，發光角度大於 120 度，發光亮度較傳統 LED 高，而且能承受大的功率。常用於車用煞車燈和方向燈。

❹ 座式封裝體（LUXEON）如圖 1-52：或稱為覆晶式封裝體（Flip-chip LED），其係完成晶片製作後，將晶片倒裝覆設於覆晶轉接板上（凸塊制程），並利用金球、銀球、錫球等焊接製程以高週波方式焊接，然後做成 Lamp 或 SMD 進行膠體封裝，最後再將成品焊設於印刷電路板上，而完成其光源結構與製程。

❺ 電路板封裝體（STAR MCPCB）：是一種 CHIP ON BORD（COB）的封裝方式，係將晶片固設於印刷電路板上，再進行打線的動作，接著進行膠體封裝，而完成其光源結構與製程。

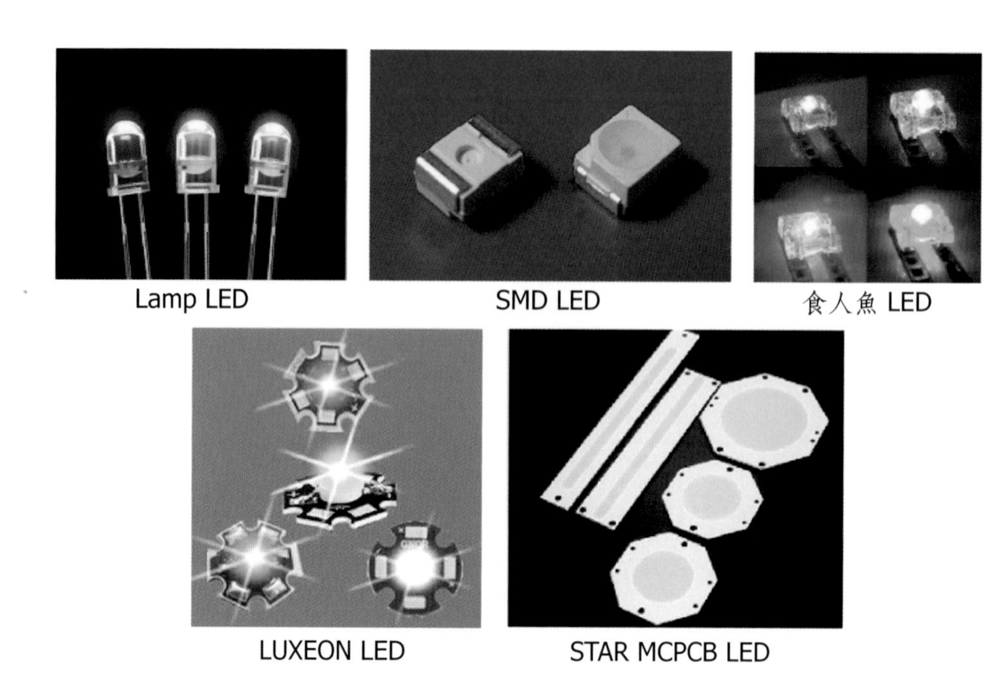

圖 1-51　LED 各種封裝型式

資料來源：網路圖片

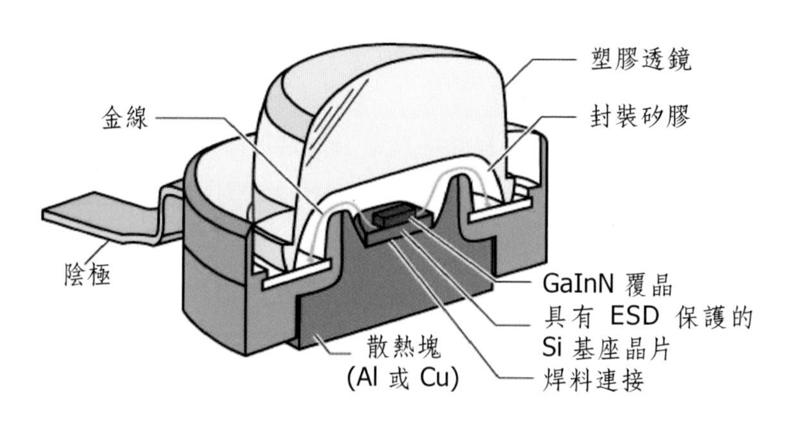

圖 1-52　LED 座式封裝型式

資料來源：lightemittingdiodes.org

(3) LED 的熱阻值

熱阻（Thermal resistance, R_{th}），是物體對熱量傳導的阻礙效果。熱阻的單位為℃/W，即物體持續傳熱功率為 1 W 時，導熱路徑兩端的溫差。發光二極體元件在操作時，溫度會隨著時間增加而上升，是影響熱傳導效率之關鍵，可用來表示元件散熱之程度，稱為熱阻值（R_{th}），其公式如下所示：

$$(R_{th})_{Junction-Reference\ point}=\frac{T_J-T_{Rdf}}{V_f*I_f}=\frac{\Delta T_{J-Rcf}}{P_D}\ (°C/W) \quad (1.5)$$

$$T_{Junction}=T_{Ref}+P_D*(R_{th})_{J\text{-}Ref} \quad (1.6)$$

其中 T_J 為接面溫度（Junction temperature）；T_{Ref} 為參考點溫度（Reference point temperature）；P_D 為消耗功率（Power dissipation），且又等於 LED 順向電壓（V_f）與順向電流（I_f）之乘積。由上式可得知，LED 熱阻越高，代表元件散熱機制越差，會影響到發光效率以及發光特性的改變。再由公式推算，可得 LED 之接面溫度。

如圖 1-53 為 Philips Lumileds 公司推出的 Luxeon K2 冷白光 LED 封裝架構，其 LED 的熱傳導途徑，主要分別由 lens、LED chip、die attach、gold wire、ball bond、silicon submount、die attach、slug、outer package 所構成，其散熱途徑由上往下傳遞，圖 1-54 表示由晶片到環境之各項熱阻示意圖。因 LED 屬冷光發光，加上透鏡（Lens）材料熱傳效果不佳，以致於大部分熱都向下傳遞至金屬片（Slug）及散熱塊（Heat sink）散出至環境，則晶片到環境之熱阻即可表示成

$$(R_{th})_{Junction\text{-}Ambient}=(R_{th})_{Junction\text{-}Slug(J\text{-}S)}+(R_{th})_{Slug\text{-}Board(S\text{-}B)}+(R_{th})_{thermal\ interface}+(R_{th})_{HSK\text{-}Ambient(B\text{-}A)} \quad (1.7)$$

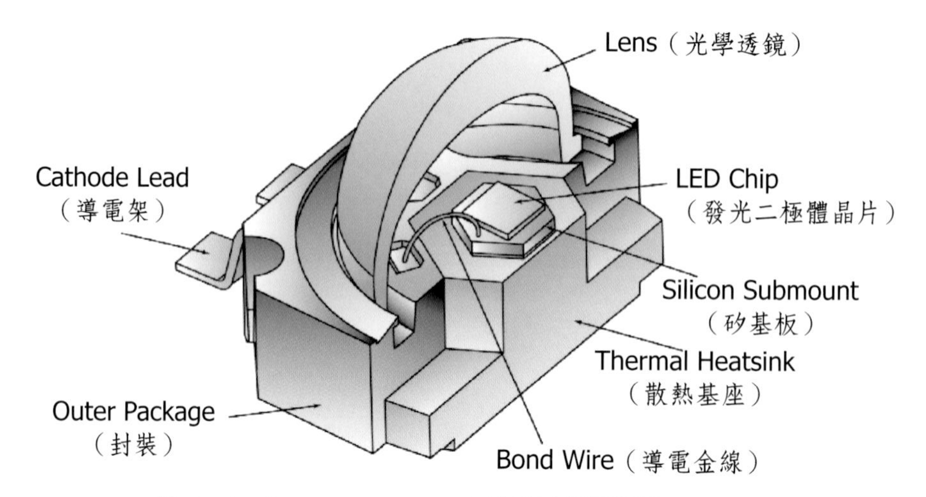

圖 1-53　Luxeon K2 LED 封裝結構示意圖

資料來源：philipslumileds.com

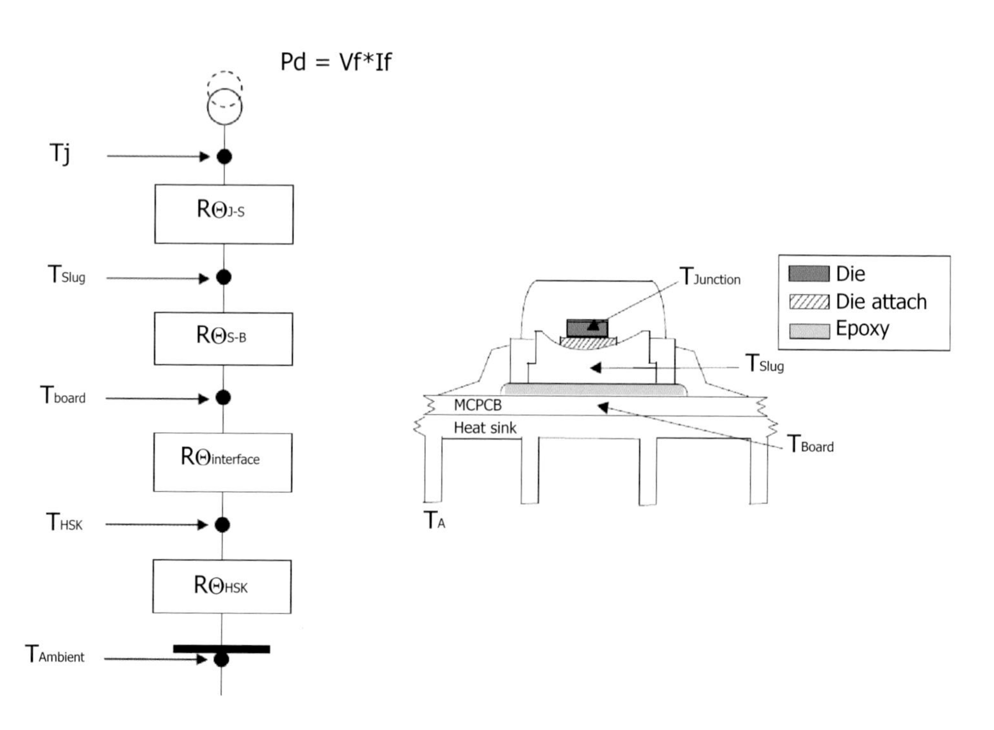

圖 1-54　LED 封裝結構之熱阻散熱途徑模組圖

資料來源：philipslumileds.com

其中，$(R_{th})_{Junction\text{-}Slug(J-S)}$ 為晶片到金屬片之熱阻；$(R_{th})_{Slug\text{-}Board(S-B)}$ 為金屬片到印刷電路板（MCPCB）之熱阻；$(R_{th})_{thermal\ interface}$ 為 MCPCB 與散熱塊（Heat sink）之間材料界面之熱阻；$(R_{th})_{HSK\text{-}Ambient(B-A)}$ 為散熱片到環境之熱阻。

早期 LED 通常用來做為狀態指示燈，在封裝散熱考量上，從來就不是問題，但近年來由於環保意識與取代傳統照明光源，在 LED 的亮度、功率皆不斷提升，並開始用於背光與電子照明等應用後，LED 的封裝散熱問題已悄然浮現。如圖 1-55 主要說明 LED 封裝技術之發展歷程，自高功率 LED 問世以來，LED 封裝方式亦隨之改變，從早期砲彈型、食人魚型、SMD 型封裝方式與 Luxeon 型封裝方式漸漸地發展至 COB 型封裝方式，其驅動電流從早期的低功率 LED 約 20 mA 提高至高功率 LED 的 0.35 至 1 A。1992 年第一顆砲彈型 LED 的封裝熱阻抗相當大，達 250～350 K/W，主要是一部分熱源往大氣方向散熱，而其餘熱源僅能透過導線往基板散熱。之後發展出 SMD 型封裝方式的 LED，散熱型式主要是藉由與基板貼合一起的塑膠底板來導熱，利用增加散熱面積的方式來大幅降低其熱阻值，其熱阻值降低至 75 K/W。但仍無法符

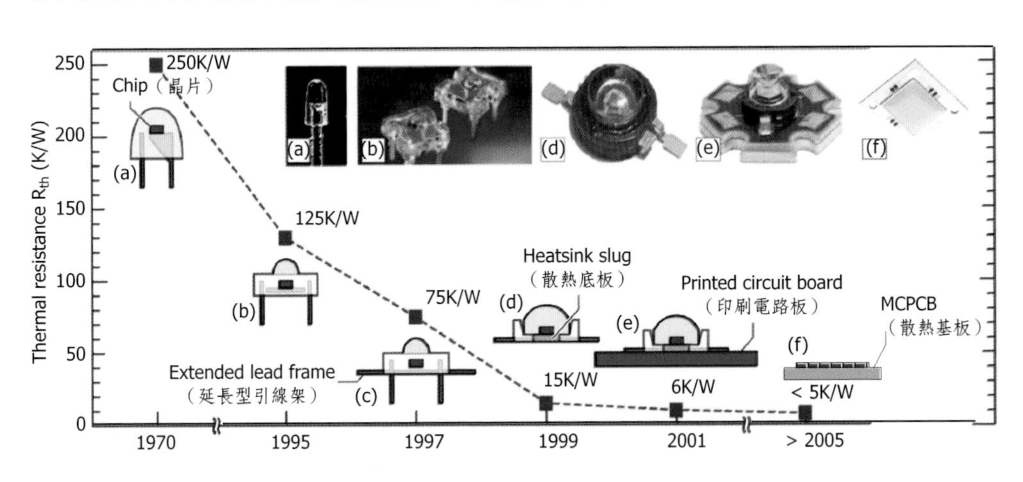

圖 1-55 LED 封裝技術之發展歷程

資料來源：lightemittingdiodes.org

合高功率 LED 的要求，因此在 1999 年，美國大廠 LumiLEDs 公司更進一步發展出 Luxeon 型封裝方式，設計散熱塊（Heat Slug）以取代低熱導係數的塑膠底板，因此可獲得較低的熱阻值（15 K/W），且可被應用於高工作電流下之場合（350～700mA 約為 1～3 瓦）。而近幾年又發展出以 PCB 印刷電路板系列來強化 LED 的散熱技術，已是到了每顆 6～10 K/W 的地步。另外，最近以 CHIP ON BORD（COB）的封裝方式應用在 LED 上，其熱阻已可降至 5 K/W 以下，由此可見，以往 LED 每消耗 1 瓦的電能，溫度就會增加 360℃，現在則是相同消耗 1 瓦電能，溫度卻只提升 5～10℃/W，顯示封裝散熱問題的重要性。

倘若不解決散熱問題，而讓 LED 的熱無法排解，進而使 LED 的工作溫度上升，造成 LED 發光亮度減弱與使用壽命衰減。由圖 1-56 所示，可知愈低的操作電流，LED 可承受更高的接面溫度；反之，操作電流愈高，接面溫度須維持在較低的水平。以 Luxeon K2 LED 為例，當 LED 的操作電流為 1.5 A 時，要維持 LED 晶粒在 6 萬小時的期望壽命下，其接面溫度需要低於 120℃；而當每顆 LED 晶粒操作在 700 mA

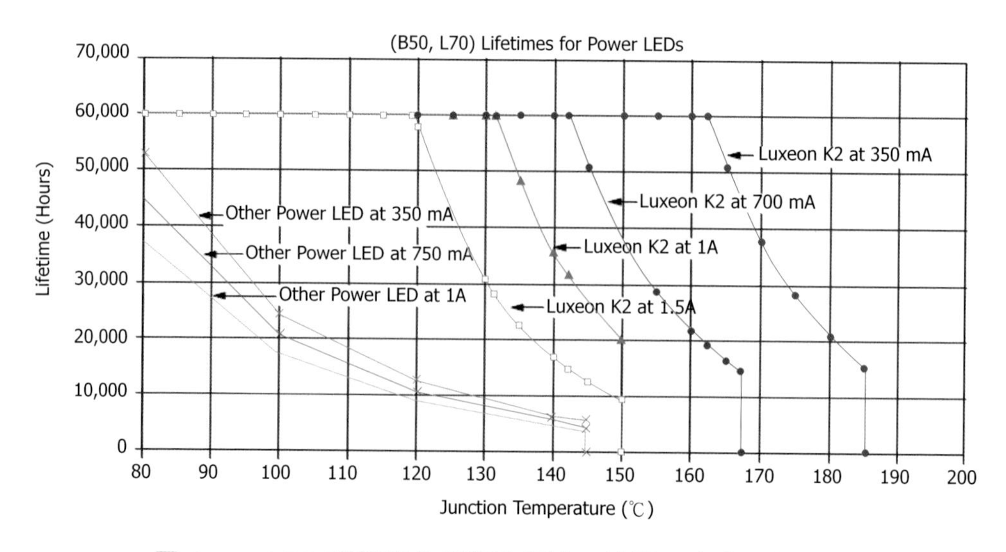

圖 1-56 LED 期望壽命與驅動電流、接面溫度之間的關係

時，在同等 6 萬小時的期望壽命上，LED 接面溫度可以提高到 142℃。但是圖 55 並未提到，即愈低的輸入電流、愈低的接面溫度，其光電轉換效率愈高、愈節能環保；因此，在目前的階段中，要使 LED 路燈顯現節能、環保的優勢，必須具備較高的光電轉換效率，目前大部分 LED 路燈製造商將其每顆 LED 晶粒的驅動電流維持在 350mA 左右。

(4) 白光 LED 封裝技術

在白光 LED 封裝技術中，螢光粉是一個非常關鍵的材料，它的性能直接影響白光 LED 的亮度、色坐標、色溫及演色性等。利用 LED 晶片配合特定螢光粉產生白光的方法工藝簡單，成本較低。目前商品化白光 LED 產品及未來的發展趨勢仍以單晶片型為主流，而開發具有良好發光特性的螢光粉是得到高亮度、高發光效率、高演色性白光 LED 的關鍵所在。

目前採用螢光粉產生白光共有四種方式：三原色紅、綠、藍三色 LED 混合多晶片型白光 LED；藍光 LED 配合黃色螢光粉；藍光 LED 配合紅色、綠色螢光粉；UV-LED 配合紅、綠、藍三色螢光粉。目前商品化的白光 LED 多屬藍光 LED 配合黃色螢光粉的單晶片型，藍光 LED 配合紅色、綠色螢光粉的白光產生方式只是在 OSRAR、Lumileds 等公司的專利上報導過，但仍未有商品化產品出現，而 UV-LED 配合三色螢光粉的方式目前也尚處於開發中，另一方面，日本住友電工亦開發出以硒化鋅（ZnSe）為材料的白光 LED，其技術是在 ZnSe 單晶基板上形成 CdZnSe 薄膜，並將藍光 GaN-based LED 導入至 ZnSe 基板，通電後使薄膜發出藍光，同時部分的藍光與基板會發生吸收藍光的反應，而發出黃光，使得藍、黃光經由光色混合而發出白光，但其發光效率較低。不同螢光粉產生白光 LED 的優缺點比較見表 1-11。

表 1-11　產生白光 LED 的方式與優缺點比較

	白光LED技術	優點	缺點
多晶片	·三原色光模式RGB ·紅綠藍三色LED	·高發光效率 ·光色可調 ·色彩飽和度最佳	·需三種晶片 ·各晶片之衰減速率與壽命不盡相同 ·成本較高
單晶片	·藍色LED+黃色螢光粉	·只需單一晶片即可發光	·發光效率低 ·演色性差 ·光色易受電流影響
	·藍色LED+紅/綠色螢光粉	·光譜為三波長分布，演色性較高、光色及色溫可調	·激發的光色仍會隨電流變化而不同，但較不明顯。
	·UV-LED+紅/綠/藍色螢光粉	·高演色性 ·光色及色溫可調 ·光色均勻不隨電流變化	·粉體混合較困難 ·高效率粉體尋找不易
ZnSe	·藍色LED+ZnSe基板	·單一晶片成本低 ·低驅動電壓（2.7V） ·不需使用螢光粉	·發光效率較GaN系低50% ·壽命短，僅8,000小時

習　題

一、選擇題

(　　) 1. 全球第一顆可見光 LED 商品，為下列何種材料製成？

(A) GaAsP　(B) InGaN　(C) GaAs　(D) Si

〔100' LED 工程師鑑定考〕

(　　) 2. 相較於白熾燈泡，下列何者不是 LED 照明光源的優點？

(A) 較省電　(B) 每瓦之流明數（lm/W）較高　(C) 演色性較佳

(D) 使用壽命較長　〔100' LED 工程師鑑定考〕

(　　) 3. 以下何者不是 LED 常用的基板長晶法？

(A) 液封式柴可拉斯基長晶法（LEC）或 CZ 法　(B) 垂直水平梯度冷

卻式長晶法（VHGF） (C) 凱氏（Kyrolopus）長晶法 （KY 法）
(D) STR 長晶法（string ribbon growth）

〔100' LED 工程師鑑定考〕

( ) 4.「LLO; Laser Lift Off」這道 LED 製程是把 Wafer 上面的什麼拿掉？
(A) Bonding Metal；接合金屬 (B) N-Metal； N 金屬電極
(C) Sapphire；藍寶石基板 (D) P-Metal； P 金屬電極。

〔100' LED 工程師鑑定考〕

( ) 5. 在藍光 LED 晶粒製程後段，需將藍寶石基板之厚度由 430μm 研磨至 90μm，其最主要目的為？
(A) 後續切割作業較為方便 (B) 減輕 LED 之重量 (C) 增加基板之透光度 (D) 增加 LED 之效能 〔100' LED 工程師鑑定考〕

( ) 6. 最先被研製出的白光 LED 商品，其原理為？
(A) 以紫外光 LED 激發紅 / 綠 / 藍三種螢光粉 (B) 組合紅 / 綠 / 藍三種 LED (C) 綠光 LED 搭配 Y_2O_2S:Eu 紅光螢光粉 (D) 藍光 LED 搭配 Ce_3^+:YAG 黃光螢光粉 〔100' LED 工程師鑑定考〕

( ) 7. 以下何者為白光 LED 元件生產過程所需原物料？
(A) 螢光粉 (B) 藍寶石基板 (C) 氨氣 (D) 以上皆是

〔100' LED 工程師鑑定考〕

( ) 8. 下列何種方式可製作白光 LED？
(A) 由紅、綠、藍 LED 合成 (B) 由藍光 LED 和黃色螢光粉 (C) 紫外光 LED + RGB 螢光粉 (D) 以上皆可

〔100' LED 工程師鑑定考〕

( ) 9. 螢光粉在材料上是屬於固態發光材料，其粉體在吸收電磁輻射而發光稱為？
(A) 黑體輻射 (B) 電激發光 (C) 光激發光 (D) 以上皆非

〔100' LED 工程師鑑定考〕

(　　) 10. 下列對螢光粉的相關論述，何者有誤？

(A) 螢光粉主要是由主體晶格（Host lattice）和和活化劑（Activator）所構成。

(B) 活化劑（Activator）吸收外部光源能量激發後，將能量傳遞到其他未受激發的活化劑，因而產生白光。

(C) 對螢光粉而言，非輻射緩解過程越少越好，才不會降低發光效益。

(D) 螢光粉在光激發光的緩解過程，可分為輻射緩解與非輻射緩解，其中輻射緩解即是將能量消耗於本身，非輻射緩解即是放射出電磁輻射。〔100' LED 工程師鑑定考〕

(　　) 11. 請問下列何種的 LED 基板的散熱效果最好？

(A) 絕緣金屬基板（Insulated Metal Substrate）　(B) FR4 環氧樹脂玻璃纖維板　(C) FR5 耐高溫玻璃纖維板　(D) 酚醛樹脂紙基板（電木板）〔100' LED 工程師鑑定考〕

(　　) 12. LED 使用高折射率的封裝材料，主要是有助於？

(A) 提高光取出效率　(B) 提高封裝材料的透光度　(C) 降低封裝材料的熱阻　(D) 降低溫度對封裝材料的影響

〔100' LED 工程師鑑定考〕

(　　) 13. LED 的發光型式是：

(A) 氣體輝光放射　(B) 固態發光輻射　(C) 熱光輻射　(D) 燃燒輻射以上何者為真？

(　　) 14. 下列何者不是 LED 常用的磊晶方法。

(A) 液相磊晶法（LPE）　(B) 氣相磊晶法（VPE）　(C) 有機金屬氣相磊晶法（MOCVD）　(D) 分子束磊晶法（MBE）

( ) 15. 下列何者不是 LED 常用的基板長晶法？
(A) 液封式柴可拉斯基長晶法（LEC）或 CZ 法 (B) 垂直水平梯度冷卻式長晶法（VHGF） (C) 凱氏（Kyrolopus）長晶法（KY 法） (D) STR 長晶法（string ribbon growth）

( ) 16. LED 發光波長與顏色的配對以下何者正確？
(A) 波長 470，發紅光 (B) 波長 530，發藍光 (C) 波長 580，發黃光 (D) 波長 630，發綠光 〔101' LED 工程師鑑定考〕

( ) 17. 紫外光 LED 的應用有哪些，其中何者為非？
(A)光樹脂硬化 (B)光觸媒空氣清淨機 (C)紙鈔辨識用 (D)光纖通訊 〔101' LED 工程師鑑定考〕

( ) 18. 下列何項不是台灣 LED 照明產業的機會（Opportunities）？
(A) 全球綠色照明潮流 (B) LED 價格仍高於傳統螢光燈 (C) LED 轉換效能不斷提升 (D) 各國政府推動促進全球產業發展
〔101' LED 工程師鑑定考〕

( ) 19. 藍光 LED 對於採用的藍寶石基板，除物理化學特性外，以下何者是主因？
(A) 表面加工容易 (B) 與 GaN 磊晶晶格接近 (C) 適合低溫製程 (D) 高導熱性 〔101' LED 工程師鑑定考〕

( ) 20. 可見光 LED 磊晶材料是？
(A) 二六族化合物半導體 (B) 三五族化合物半導體 (C) 四四族化合物半導體 (D) 元素化合物半導體 〔101' LED 工程師鑑定考〕

( ) 21. 下列何者為 LED 封裝相關技術？
(A) Flip Chip (B) COB；Chip On Board (C) WLP；Wafer Level Package (D) 以上皆是 〔101' LED 工程師鑑定考〕

(　　) 22. 未來 LED 照明市場發展的關鍵與以下何者較無關連？

(A) 成本更低　(B) 照明品質與光效更好　(C) 系統可靠度更高

(D) R.G.B色彩更飽合　〔101' LED 工程師鑑定考〕

(　　) 23. LED 光源正持續的發展中，欲達成白光光源，以下何者屬於產生白光光源的方式？

(A) 藍光 LED 混合紅色螢光粉　(B) 藍光 LED 混合黃色螢光粉

(C) 紫外光 LED 混合綠色螢光粉　(D) 紅光 LED 混合紅色螢光粉

〔101' LED 工程師鑑定考〕

(　　) 24. 試問在製作市售之垂直式 LED 結構時，何者為沒有利用到之製程技術？

(A) Laser Lift Off (LLO)（雷射剝離）　(B) Electroplating（電鍍）

(C) Laser drilling（雷射鑽孔）　(D) Laser scribe（雷射切割）

〔101' LED 工程師鑑定考〕

(　　) 25. 目前白熾燈泡正慢慢面臨淘汰的命運，下列敘述何者為非？

(A) 白熾燈為熱光源　(B) 台灣推出 585 白織燈泡落日計畫　(C) 白織燈泡所產生的二氧化碳大幅高出 LED　(D) LED 比白織燈泡的演色性高　〔101' LED 工程師鑑定考〕

(　　) 26. 1962 年，Nick Holonyk Jr. 和 Bevacqua 在應用物理期刊發表了使用以下何種材料做出第一顆發出可見光的紅光 LED？

(A) SiC　(B) ZnS　(C) GaAsP　(D) GaN

〔101' LED 工程師鑑定考〕

(　　) 27. 將現有白熾燈發光效率 15 Lm/W 替換為 LED 燈泡 60 Lm/W，節省電力百分比為？

(A) 25%　(B) 50%　(C) 75%　(D) 100%

〔101' LED 工程師鑑定考〕

( ) 28. LED 封裝的填充材料須滿足多種條件，下列何者為非？
(A) 高穿透率 (B) 與 LED 半導體較接近的折射係數 (C) 高溫穩定性 (D) 高導電性 〔101' LED 工程師鑑定考〕

( ) 29. 紫外光 LED，近年來常使用在特殊照明，而以下波段何者屬於紫外光？
(A) 1.6～2.2μm (B) 315～390nm (C) 1310～1500nm
(D) 0.55～0.75μm 〔101' LED 工程師鑑定考〕

( ) 30. LED 晶粒面積 1mm×1mm 與何尺寸最為接近？
(A) 10mil×10mil (B) 20mil×20mil (C) 30mil×30mil (D) 40mil×40mil 〔101' LED 工程師鑑定考〕

( ) 31. LED 基礎的光與電特性，主要由封裝中的哪一部份決定？
(A) 晶粒 (B) 銀膠 (C) 支架 (D) 透鏡 〔101' LED 工程師鑑定考〕

( ) 32. 請問下列光源何者之演色性（CRI）較高？
(A) 白色日光燈管 (B) 鹵素燈泡 (C) 水銀燈 (D) 白光發光二極體
〔101' LED 工程師鑑定考〕

( ) 33. 試問 LED 封裝的目的何者為非？
(A) 可以保護晶片防禦輻射，水氣，氧氣 (B) 提高LED晶粒的光取出效率 (C) 提供LED晶粒良好散熱機構，以增加產品壽命 (D) 便於包裝運送 〔101' LED 工程師鑑定考〕

( ) 34. 下列何種固晶材料的散熱效果最好？
(A) 銀膠 (B) AuSn 合金 (C) 環氧樹脂 (D) 矽膠
〔101' LED 工程師鑑定考〕

( ) 35. 請問距離某點光源 2m 處的一張 A4 紙上所偵測到的照度為 200lux，若將此 A4 紙再往後移 2m（即距離光源 4m）時，A4 紙上之照度應為？

(A) 200 lux　(B) 150 lux　(C) 100 lux　(D) 50 lux

〔101' LED 工程師鑑定考〕

(　　) 36. 以下何者對於 LED 晶粒的散熱沒有幫助？

(A) 降低封裝熱阻　(B) 提升一次光學萃取效率　(C) 提升元件光電轉換效率　(D) 使用大面積單顆晶粒　〔101' LED 工程師鑑定考〕

(　　) 37. 以波長 405nm 的光源激發螢光體，使螢光體發出 540nm 波長的光，其 Stoke 位移效率（Stoke shift）之值為？

(A) 1.33　(B) 0.75　(C) 945　(D) 135　〔101' LED 工程師鑑定考〕

(　　) 38. 以下關於 LED 散熱何者為非？

(A) 電絕緣層通常為熱不良導體層　(B) 目前 LED 被動散熱以傳導與對流為主　(C) 散熱不良之 LED 可能產生色偏之現象　(D) LED 的熱輻射負擔 25% 以上的散熱　〔101' LED 工程師鑑定考〕

(　　) 39. 人類可見光譜的波長範圍大約在？

(A) 330-650nm　(B) 750-1550nm　(C) 400-750nm　(D) 500-1000nm

〔101' LED 工程師鑑定考〕

(　　) 40. 下列何者不是 LED 封裝的目的？

(A) 提昇內部量子效率　(B) 防止濕氣由外部侵入　(C) 以機械方式支持導線　(D) 協助將內部產生的熱排出

〔101' LED 工程師鑑定考〕

(　　) 41. 下列何者方式不可能產生白光？

(A) UV晶片激發螢光粉　(B) 多色晶片混光　(C) 藍光晶片激發螢光粉　(D) 紅光晶片激發螢光粉　〔101' LED 工程師鑑定考〕

二、簡答題

1. 請簡述 LED 的未來展望，並列舉至少三項的應用。

2. 請簡述照明光源簡史。

3. 請簡述 LED 光源的優點與缺點。

4. 何謂發光二極體（Light-Emitting Diode ,LED）？

5. (A) 寫出高功率的 LED 封裝需考慮兩個重要因素。(B) 寫出 LED 封裝的作用。

6. 寫出目前三種切割晶粒的製程及其優缺點。

7. 在 LED 製程中，若要執行剝離（Lift-off）製程，要採用正光阻或負光阻？

參考資料

1. http://www.led-fr.net/henry-joseph-round.htm
2. The life and times of the LED - a 100-year history
3. N. Holonyak, Jr. and S. F. Bevaqua, Appl. Phys. Lett. 1, 82 （1962）.
4. http://www.dianziw.com/k-377.htm
5. http://baike.baidu.com/view/56137.htm
6. M. G. Craford, Proc. SPIE 5941, 1-10 （2005）.
7. http://www.leonh.com.tw/lightsource.php?page=4
8. http://www.chinaelectric.com.tw/light_01.htm
9. http://currentzh.pixnet.net/blog/post/27134887
10. http://en.wikipedia.org/wiki/Halogen_lamp
11. http://cdnet.stpi.org.tw/techroom/market/eedisplay/2009/eedisplay_09_013.htm
12. http://www.eettaiwan.com/ART_8800655758_480702_NT_93c452bc.HTM
13. http://www.digitimes.com.tw/tw/dt/n/shwnws.asp?cnlid=13&packageid=3016

&id=0000163911_AFBLL87903V9K426E9WK5&cat=2
14. http://www.moneydj.com/kmdj/wiki/wikiviewer.aspx?keyid=a07a 7129-64d4-49fc-a019-24af04978460
15. http://www.ledinside.com.tw/led_car_industry
16. http://www.taiwangreenenergy.org.tw/Domain/domain-2.aspx
17. http://tw.mag.chinayes.com/Content/20120111/8CB3E3A647CA4CB188EC12AB232B5693.shtml
18. http://www.digitimes.com.tw/tw/rpt/rpt_show.asp?cnlid=3&pro=&proname=&cat=LED&v=20120207-077&n=1
19. http://www.display-all.com/news/news_detail.php?language_page=taiwan&button=news&adtype=news_ptech&cate=tech&serial=16223&check_o=37537
20. http://www.ingdo.cn/shownews.asp?id=215
21. http://www.digitimes.com.tw/tw/rpt/rpt_show.asp?cnlid=3&pro=&proname=&cat=LED&v=20120111-020&n=1#ixzz1wGHhGGgJ
22. http://www.ledinside.com.tw/news_dalu_led_20120105
23. http://www.ledinside.com.tw/taiwan_ledlighting_20120327
24. http://www.moea.gov.tw/AD/Ad04/content/ContentDetail.aspx?menu_id=5030
25. http://www.materialsnet.com.tw/DocView.aspx?id=9373
26. http://www.ledinside.com.tw/led_substrate_201205_ledinside
27. http://www.materialsnet.com.tw/DocView.aspx?id=9373
28. http://www.digitimes.com.tw/tw/dt/n/shwnws.asp?CnlID=10&id=0000195175_GLL08L4J84Z2IZ4EZH36O
29. http://www.cradley-crystals.com/CCinit.php?id=technologyam_4
30. http://140.117.163.100/acorc/e_file/e_Letter9609.htm
31. http://www.alexandrite.net/chapters/chapter7/methods-of-producing-synthetic-alexandrite.html
32. http://blog.naver.com/PostView.nhn?blogId=lovegemstone&logNo=120104019415
33. http://www.sciencedirect.com/science/article/pii/S002202481101 0578
34. http://www.displaybank.com/_eng/research/print_contents.html?cate=column&id=4168
35. http://www.sapphiretek.com/tech/process.htm

36. http://www.sciencedirect.com/science/article/pii/S00220248110 10578
37. http://www.tungsten-molybdenum-sapphire.com/big5/Sapphire-growing-techniques.htm
38. http://www.electroiq.com/articles/sst/2011/02/high-k-semiconductor-materials-from-a-chemical-manufacturer-pers.htm
39. http://www.oxfordplasma.de/tdi.htm
40. 潘錫明，認識發光二極體，科學發展 435 期，pp. 6-11（2009）。
41. 黃振東，LED 封裝及散熱基板材料之現況與發展，工業材料雜誌 231 期，pp. 71～81（2006）。
42. 戴明吉、劉君愷、譚瑞敏、李聖良，LED 熱阻量測技術（上），工業材料雜誌 281 期，pp. 99～104（2010）。
43. http://www.digitimes.com.tw/tw/dt/n/shwnws.asp?cnlid=13&packageid=3233&id=0000167775_W25884HV6AJP5R6DRII0D
44. http://www.ledinside.com.tw/news_Hot_LED_20080919
45. http://www.led-lightspot.com/LED-COB-LED-advantage.html
46. 鄭景太，高功率 LED 熱管理技術與量測，工業材料雜誌 256 期，pp. 180-189（2008）。

Chapter2 光電半導體元件

主要內容：

1. 半導體特性基本概念
2. 能帶基本概念
3. PN接面原理
4. 發光二極體操作原理
5. 發光二極體元件結構
6. 基本驅動電路

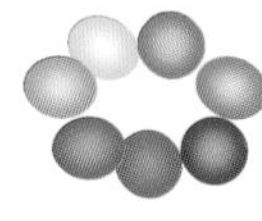

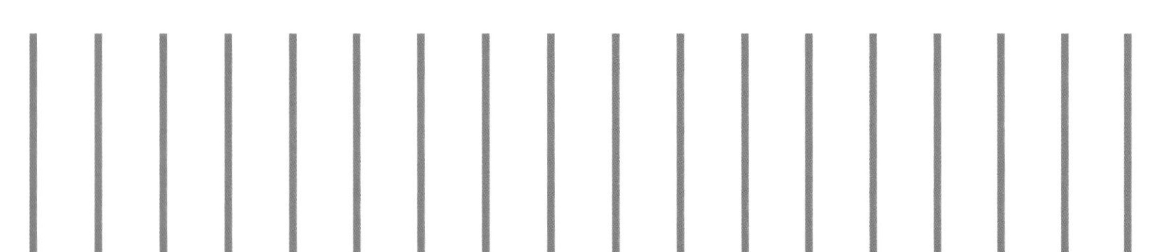

2.1　半導體特性基本概念

2.1.1　半導體的材料與種類

廣義來說，導電度介於導體與絕緣體的物質即稱為半導體。該半導體的導電度大約介於 10^{-8} 到 10^{3} S/cm 之間，其分布範圍可說是相當大，但易受溫度、雜質、磁場等條件所影響，卻也因這多變的特性，而能運用在多方面的嘗試。

在半導體材料中，大致可分別區為：由元素鍵結形成的半導體稱「元素半導體」及二種以上的元素鍵結形成的半導體稱「化合物半導體」兩類。而元素半導體由如；矽（Si）、碳（C）等固體材料組成，係屬於 4A 族元素，但因其發光效率差，多半被用來製作運算元件。

化合物半導體則就又可分為：

❶ 四一四（Ⅳ-Ⅳ）族化合物半導體，如碳化矽 SiC、矽鍺合金。

❷ 三一五（Ⅲ-Ⅴ）族化合物半導體，如氮化鎵 GaN、磷化鎵 GaP 等二元化合物、砷化鋁鎵 AlGaAs、磷化銦鎵 GaInP、氮化銦鎵 GaInN、磷砷化銦鎵 InGaAsP 等三元或四元化合物。

❸ 二一六（Ⅱ-Ⅵ）族化合物半導體，如硫化鎘 CdS、碲化鎘 CdTe、硫化鋅 ZnS 等。

❹ 四一六（Ⅳ-Ⅵ）族化合物半導體，如硫化鉛 PdS。

表 2-1　半導體相關週期表

II	III	IV	V	VI
	Al鋁	Si矽	P磷	S硫
Zn鋅	Ga鎵	Ge鍺	As砷	Se硒
Cd鎘	In銦	Sn錫	Sb銻	Te碲
Hg汞				

2.1.2 半導體的鍵結與晶格結構

(A) 晶格

半導體的特性和其組成原子間的鍵結以及晶格結構有密切的關係。而半導體材料一般皆已三度空間的周期性排列著，而若依其結晶性可分為 ❶ 單晶（single crystal）❷ 多晶（ploy-crystalline）❸ 非晶（amophous）等三類，如圖 2-1 所示。單晶在理想的整個材料中，其原子排列具有高度的排列性；而多晶則是在局部的原子或是分子級的尺寸範圍內的排列具有高度排列性：而非晶的原子排列則是幾乎毫無順序。對半導體而言，晶體在周期性排列的原子稱晶格（lattice）而通常會以一個單胞（unit cell）來代表整個晶格，將此單胞向晶格四方延伸，即可產生整個晶格。而該週期的長度 a 稱為晶格常數（lattice constant），所以晶格不但決定晶體材料性質，同時也決定了晶體的光電特性。

在元素半導體中，如矽與鍺的晶體結構是為鑽石晶格結構，此種結構也屬於面心立方結構，且同樣由兩個互相貫穿面心立方副晶格，此兩個副晶格偏移的距離為立方體體對角線的 1/4，而這兩種副晶格中的兩組原子在化學上雖然相同，但晶格結構卻並非相同。大部分的Ⅲ-Ⅴ族化合物半導體都有閃鋅晶格，如砷化鎵它與鑽石晶格的結構相似，只是兩個互相貫穿面心立方副晶格中的組成原子不同，一個是面心立方副晶格為Ⅲ族原子（Ga），另一則為Ⅴ族原子（As）。

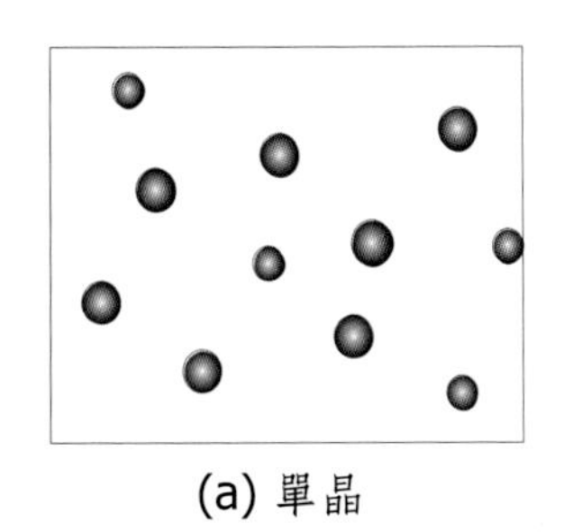

(a) 單晶

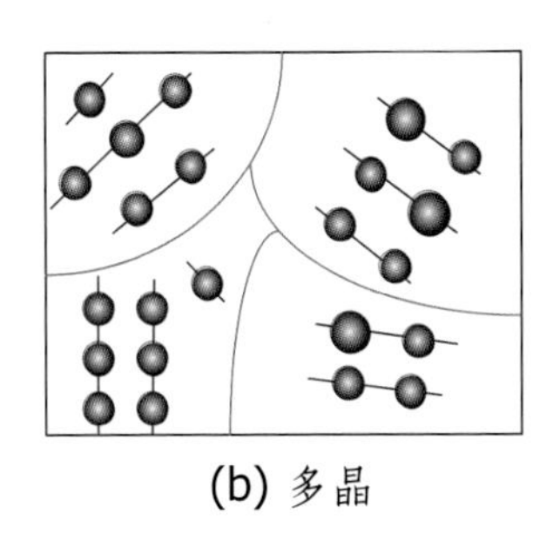

(b) 多晶

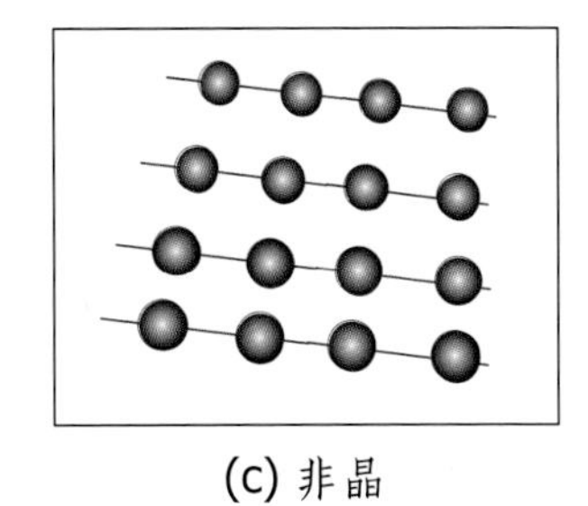

(c) 非晶

圖 2-1　固體材料中的三種材料

(B) 鍵結

在上述鑽石結構晶格中，每個原子在外圍軌道有四個電子，且與四個最鄰近的原子共用這四個價電子，這種共用電子的結構便稱為共價鍵結（covalent bonding）。每個電子對組成一個共價鍵，共價鍵結則在兩相同原子間產生，或產生於具有相似外層電子結構的不同元素之間。因為電子核對電子的吸引力使得兩原子結合在一起，使得這些電子都存在於兩原子核之間。

處於低溫時，電子被分別束縛在四面晶格中而無法傳導。但於高溫時，因為熱振動可打斷共價鍵，而受到鍵結被打斷時的影響，所產生自由電子便可參與電流的傳導。當一個自由電子產生時，原處會產生一空缺，而此空缺會由近鄰的電子所填補，而產生空缺位置的移動，如圖 2-2 說明由位置 A 到位置 B 的移動行為。而此空缺通稱為電洞（hole），通常帶正電，且與電場中的移動方向、電子相反。

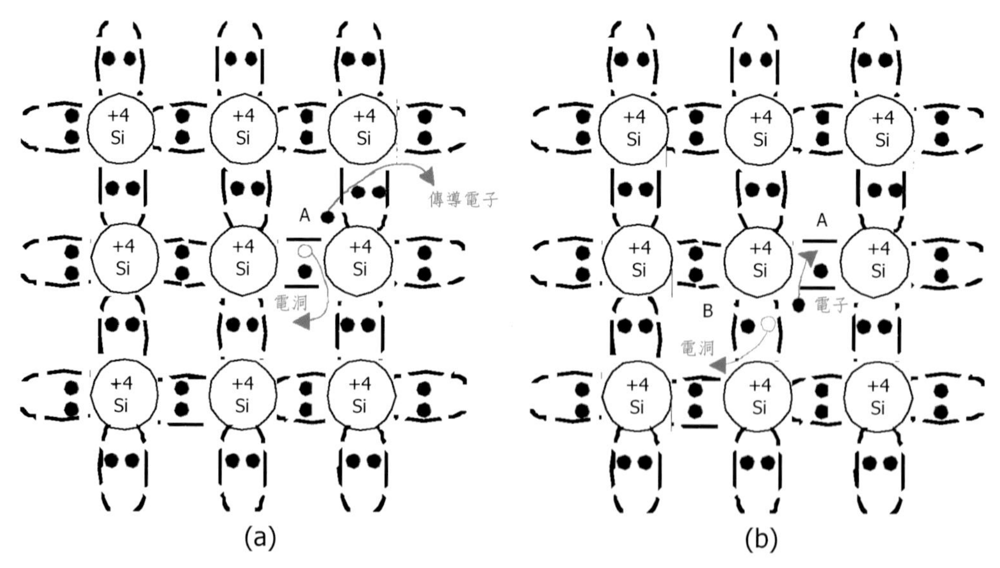

圖 2-2　(a) 在 A 位置的電子跳出共價鍵的位置形成導電電子
(b) 位置 B 的斷鍵

2.1.3 半導體中的導電載子

在半導體之中，原子間的鍵結皆為共價鍵，所有的共價鍵都是完整的，而晶格中便沒有可導電的自由電子，所以可視為絕緣體。即使是很純的半導體，例如矽，在室溫時還是有少許的導電度，而且溫度上升時，導電度也會增加。這些導電度來自於在室溫時，少部分共價鍵中的電子受到足夠的熱能後，會脫離原本的鍵結位置，進入共價鍵間的空間，而大部分的鍵結還是完整的，只要電子不回到空出的鍵結位置，電子仍可在晶格的空間中游動，因此可以導電。而這可移動的電子便稱為導電電子（conduction electron）。圖 2-2(a) 表示在 A 位置的電子吸收足夠的熱能，跳出共價鍵的位置，形成導電電子。

在圖 (a) 中可以看到，電子跳出後 A 還留下了一個空位，其他共價鍵的電子，有可能去填充此空位，如圖 2-2(b) 中之 B 位置的電子去填了 A 之空位，造成空位的位置由 A 移到 B。在沒有空位時，由於原子核的電荷和電子的電荷完全抵銷所以不帶電，成為電中性；而在空位附近由於少了個電子，等效上是帶了一個基本單位的正電。當一個空位移動時，也可當成是一個正電荷移動，且導電電子與電洞均可導電，故皆稱為載子（carriers）。

2.1.4 半導體的產生與複合

在共價鍵中的電子必須吸收足夠的能量才能跳出，進而形成電子與電洞，而所需之最小能量稱做能隙（band gap）E_g，這個過程叫做產生（Generation），所吸收的能量可以是晶格的振動能量（熱能），光子的能量（輻射），或高速粒子的能量。當能量不足時，共價鍵的電子並不吸收。能隙的大小，一般以電子伏特（eV）為單位，和共價鍵的強度有關，共價鍵強度愈強，能隙愈大，鍵愈弱則能隙愈小。表 2-2 列出了常見半導體的能隙，矽的能隙較鍺大，也就是說矽的共價鍵較鍺強，在室溫時破壞的共價鍵較少，原有的導電電子電洞濃度的矽就較鍺為低。同樣的四價元素碳（C），雖排列組合與矽皆為鑽石結構，但因共價鍵較強，能隙也較矽大，所以於室溫時幾乎沒有導電電子與電洞，故為絕緣體。

表 2-2　常見半導體在室溫的固有電子濃度及能隙

半導體種類	固有電子濃度 n_i (cm^{-3})	能隙 E_g (eV)
鍺（Ge）	2.4×10^{13}	0.67
矽（Si）	1.45×10^{10}	1.12
砷化鎵（GaAs）	1.79×10^{6}	1.42

當導電電子在晶格中碰到了電洞，兩者結合且形成填滿的共價鍵，並放出和能隙差不多的能量，放出能量的形式一般可以是熱能（晶格的振盪）或光子。這個過程稱為復合（Recombination）。

產生與復合互為逆反應，一般可用類似化學反應式的形式寫出：

共價鍵 → 產生（吸收能量）→ $e^- + h^+$

$e^- + h^+$ → 復合（放出能量）→ 共價鍵　　（2.1）

這個可逆反應的反應熱大約是能隙的能量。其中 e-代表導電電子，h+代表電洞。室溫時的導電電子和電洞濃度就是這個可逆反應到達平衡後的平衡濃度，當溫度升高時，平衡濃度也會跟著上升。一般光被吸收或產生皆是以光子為單位，一個光子的能量 E 與其頻率 v 成正比，即

$$E = hv \qquad (2.2)$$

比例常數 h 稱為普朗克常數（Plank constant），數值約為 6.626×10^{-34}

J・s = 4.136×10^{-15} eV・s。共價鍵中的電子可以吸收一個能量較能隙大的光子，產生一電子電洞對；一個導電電子也可和一個電洞復合放出一個能量和能隙相當之光子。產生和復合過程中，吸收或放出兩個或兩個以上能量低於能隙的光子的機率是相當的低。

2.1.5　半導體的摻雜

純半導體的導電性並不好，除了做特殊偵測器外，較少其他用途。而半導體可以利用加入特殊雜質（impurities）的方式，調整它的導電載子種類及濃度，這個過程稱做摻雜（doping）。例如四價的矽晶體中，如果少數的矽原子以五價的元素例如砷（As）取代，晶格結構並不受影響，砷原子依然以 sp^3 和周圍的四個矽原子鍵結，結果多出一個價電子，圖 2-3(a) 是砷附近鍵結情形的平面簡化圖，這個多出的價電子在室溫很容易游離形成導電電子，這種能夠提供導電電子的雜質稱做施體（donor）。失去電子的施體附近帶正電，如同一正離子。當施體的濃度 ND 遠超過固有電子濃度 ni，半導體中的導電電子濃度 n 就由 N_D 來決定，即

$$n = N_D \tag{2.3}$$

由於電子濃度的大量增加，電洞容易被電子復合，電洞濃度 p 會大量減小。這時半導體的導電度主要是由導電電子所貢獻，一般稱此種半導體為 n 型半導體（n-type semiconductor），導電電子稱為多數載子（majority carrier），而電洞則稱為少數載子（minority carrier）。假如矽中的摻雜原子改為三價元素，例如硼，那麼硼和矽形成共價鍵時就少了一個電子，那也就是多了一個空位，當其他共鍵電子移到這個空位，便形成一個能夠導電的帶正電電洞，這時「失去」電洞的硼附近則帶負

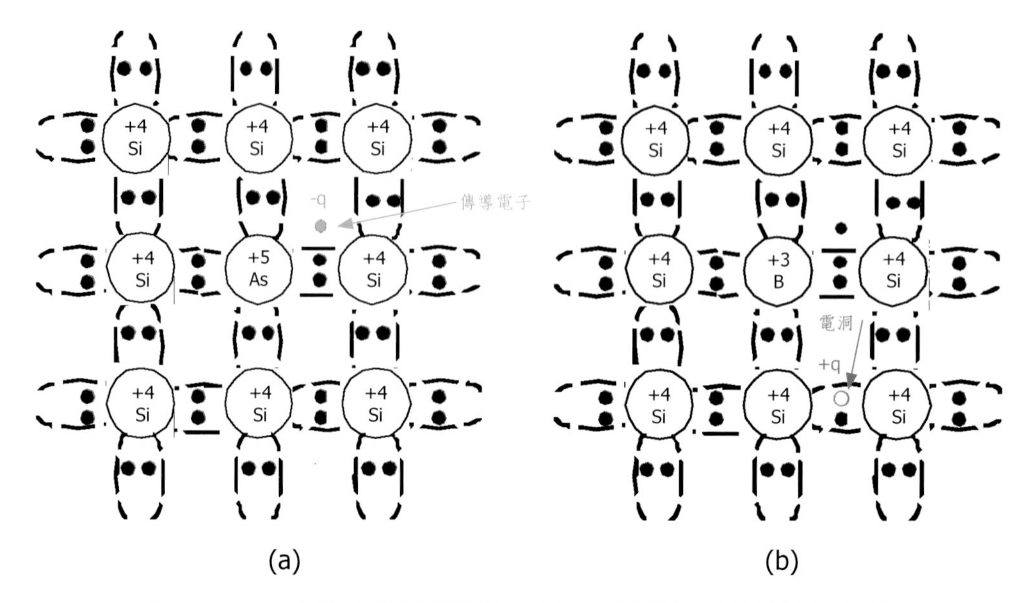

圖 2-3　(a) 施體雜質平面簡化圖與 (b) 受體雜質的鍵結示意圖

電，如同一負離子。圖 2-3(b) 是硼附近鍵結情形的平面簡化圖，這種能夠提供電洞的雜質稱做受子（acceptor）。當受子的濃度 NA 遠超過固有電洞濃度 pi，半導體中的電洞濃度 p 就由 NA 來決定，即

$$p = N_A \tag{2.4}$$

而這種半導體則稱為 p 型半導體（p-type semiconductor），多數載子為電洞，少數載子為電子。

(A) 雙性元素：Si 的摻雜

一般而言，半導體的能帶間隙皆介於絕緣體與導體之間。於室溫下，價電能帶裡的少數價電子可被激發到上層的導電能帶，且帶有微弱的導電特性。但半導體材料可利用摻雜其他的元素的方式，來大幅改變導電粒子的個數。因此半導體材料的導電特性可以藉由調整摻雜源的個數來掌控，而這樣的可摻雜性也是金屬或絕緣體材料所沒有的特殊的特

性。

所以可利用摻雜（doping）某些元素來改變它的導電性，再依據導電性可分為 N 型和 P 型兩種基本的半導體型態：

(1) n 型半導體：在純矽（Si）中摻入帶五個價電子的元素如磷（P）原子在純淨的矽晶體中摻入五價元素（如磷），使之取代晶格中矽原子的位置，就形成了 N 型半導體。n 型半導體的自由電子濃度 nn 主要由摻入的 P 原子濃度 N_D 所決定

$$n_n = N_D + n_i \cong N_D \tag{2.5}$$

熱平衡時，半導體內的自由電子濃度與電洞濃度的乘積不受影響，故

$$n_n \cdot p_n = n_i \cdot n_i \Rightarrow p_n = \frac{n_i^2}{N_D} \tag{2.6}$$

n 型半導體內，通常 $p_n << N_D$，所以稱自由電子為多數載子（majority carrier）而電洞為少數載子（minority carrier）。

(2) p 型半導體：在純矽中摻入帶三個價電子的元素如硼（B）原子

p 型半導體的導電性主要由摻入的 B 原子濃度 N_A 所決定，且自由電子濃度與電洞濃度的乘積不受摻入原子所影響，因此

$$p_p = N_A + n_i \cong N_A \quad n_p = \frac{n_i^2}{N_A} \tag{2.7}$$

在 p 型半導體內，由於 $n_p << N_A$，所以稱電洞為多數載子，而自由電子為少數載子 。若利用摻雜三價或五價原子我們可以改變 Si 的導電性在純矽半導體摻雜五價原子。

$$\rho = \frac{1}{q(N_D\mu_n + p_u\mu_p)} = \frac{1}{qN_D\mu_u} \quad (2.8)$$

在純矽半導體摻雜三價原子，則：

$$\rho = \frac{1}{q(N_A\mu_p + n_p\mu_n)} = \frac{1}{qN_A\mu_p} \quad (2.9)$$

2.2　能帶基本概念

2.2.1　原子中的電子狀態和能階

當兩相同原子彼此距離很遠時，對同一個主量子數 $n = 1$ 來說，其所允許的能階為兩個具有相同能階的原子所形成，亦稱簡併能階（doubly dege）。但當兩原子接近時，於兩原子間的交互作用，使得雙簡併能階被一分為二。當有原子形成一固體時，不同原子外層電子的軌道即會產生重疊與交互作用。而此交互作用也包括了兩原子間的吸引及排斥力，此情形與只有兩個原子時造成能階移動的情況一般。但與只有兩個能階不同的是，此時能階將分裂成 N 個分離但接近的能階，當 N 很大時，同時也會形成一連續的能帶，而此 N 個能階可延伸幾個 eV，則須視晶體內原子的間距而定。如圖 2-4 中參數 a 表示平衡狀態下晶體原子間的間距。

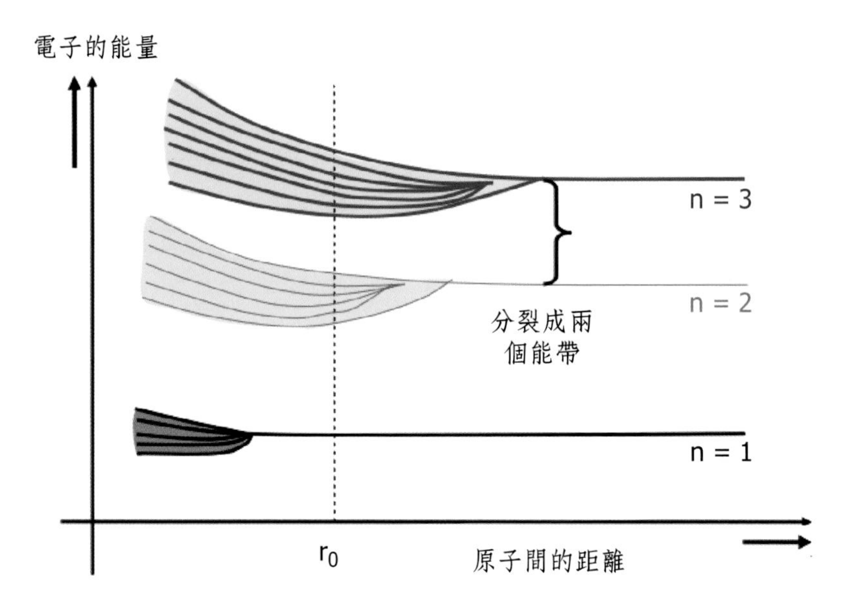

圖 2-4　一個能階分裂為可允許之能帶示意圖

2.2.2　包利不相容原理

包利不相容原理（**Plank constant**）其主要內容為：具有相同量子數的兩個電子是不可能同時存在的，也就是同一原子中的任一個電子，它在原子軌域中的 4 個量子數不可能完全相同。如以氦（He）為例，氦擁有兩個電子，而其四個量子數的排列（n,l,ml,ms）分別為（1,0,0,-1/2）和（1,0,0,+1/2），其中不相同的地方就在自旋量子數 ms，-1/2 和+1/2 代表電子在軌域中的自旋方向為逆時針旋轉和順時針旋轉，也就是同一軌域中的兩個電子，其自旋方向必然完全不相同。

根據「包利不相容原理」，即『每一軌域最多只能容納自旋方向相反的兩個電子』，或『一個原子中在同一能階上多只能有兩個電子』。該原理之所以重要的原因在於它與組成物質的三個基本粒子（電子、質子、中子）都有間接或直接的關聯性，依此原理可將組成物質的各粒子在空間中排列的情形更進一步的加以描述，也可將此原理應用在判斷物質的穩定性或元素週期表中週期性的存在等各方面。

2.2.3　能帶的形成

在半導體晶格中，電子能量與金屬狀態有些許不同的地方。因為在金屬中，單一能帶係由不同能帶相重疊所得到，而此能帶上只填滿部分的電子，但當能帶高於自由能階時，電子即不受束縛而自由移動。若為電子能量時，如圖 2-5(a) 為一簡化的矽晶體示意圖。每一矽原子與 4 個鄰近的原子相互鍵結，而每一個原子外的四個價電子也都以此形式鍵結。而在相鄰矽原子和所屬價電子相互作用下根據包利不相容原理（Plank constant），晶體中的電子能量會分裂成所謂的價電帶（valence band, VB）以及導電帶（conduction band）兩個能帶，而兩者的間隙則稱為能帶間隙（energy gap），如圖 2-5(b) 所示，在能隙中電子並不會存在。在絕對零度時，電子占據最低的能量態位，即價電帶，此時所有的鍵結都被價電子填滿，價電帶代表晶體能量高於價電帶中的能帶，而在一般情況下這些能態都是空的。

價電帶的頂端稱 E_v、底端則為 E_c，而能隙則為 $E_c - E_v = E_g$，其 E_g 代表在價電帶的電子要躍遷到導電帶所需的能量。另外，當電子位於導電帶時，它可以在晶體中自由移動，故可視導電帶中的電子為具有效質量 me 的粒子。而當電子獲的足夠的能量並足以克服能隙 E_g 而躍遷至導電帶，因此可在導電帶產生一自由電子，但價電帶也遺失一個電子而形成電洞（hole），其有效質量為 mh。

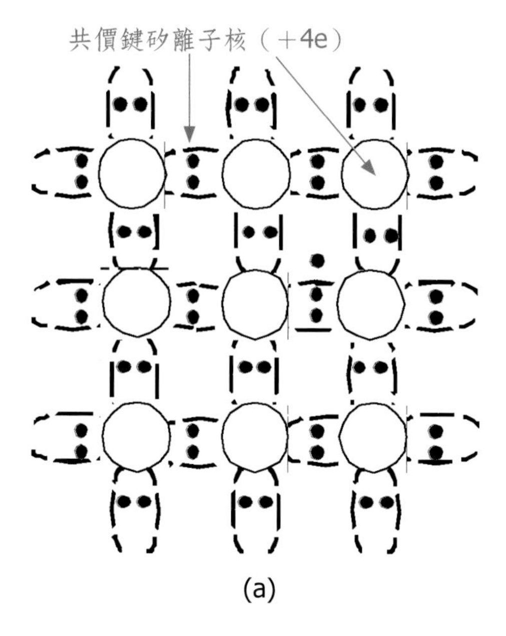

(a)

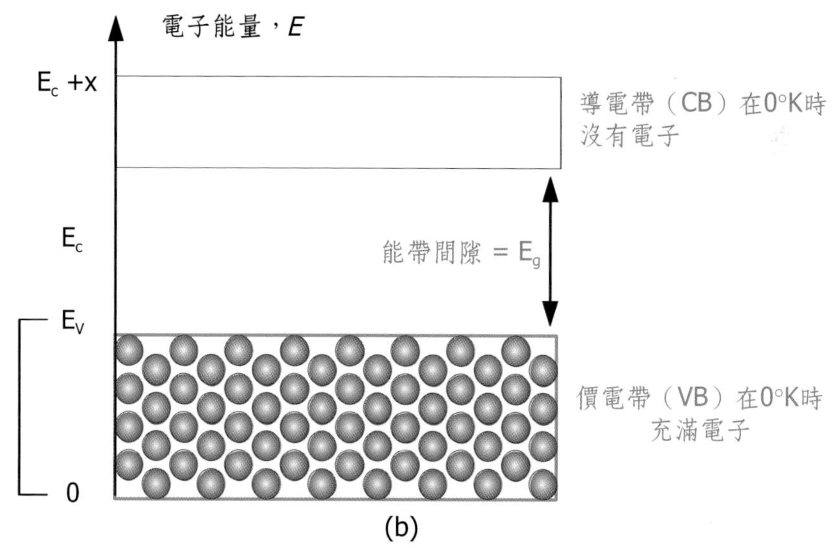

(b)

圖 2-5 (a)簡化矽晶體共價鍵之二維示意圖；(b)絕對溫度零度時，矽晶體的電子能帶示意圖

2.2.4　導體、半導體、絕緣體的能帶

根據材料的能帶結構與能隙，可區分為導體、半導體、絕緣體三種固體的能帶關係，由圖 2-6 說明。半導體的特性包括很低的電阻係數，且導電帶不是部分填滿就是與價電帶重疊，所以能隙並不存在，如圖 2-6(a) 圖所示。對導體而言，因為接近部分佔滿電子能量態位處仍有許多空乏能量態位，所以只要增加微小的外加電場，電子即可自由流動，所以導體可輕易的傳導電流。若為能隙較小，約為 1～3eV 的材料稱為半導體，如砷化鎵（GaAs）、氮化鎵（GaN）為 3.4eV。在絕對零度時，所有電子都位在價電帶，而導電帶中並無電子，因此低溫時半導體導電性並不高。但若在室溫時，有相當數量的電子可經由熱激發，且導電帶中有許多空乏態位，所以只需小量的外加電位，電子即可輕易移動，如圖 2-6(b) 能帶圖所示。

絕緣體如二氧化矽（SiO_2）能隙約為 9eV，其價電帶電子在鄰近原子間形成強鍵結。而這些鍵非常難破壞，所以在室溫時並無自由電子傳導，如圖 2-6(c) 能帶圖所示。由圖中可發現絕緣體有很大的能隙，電子

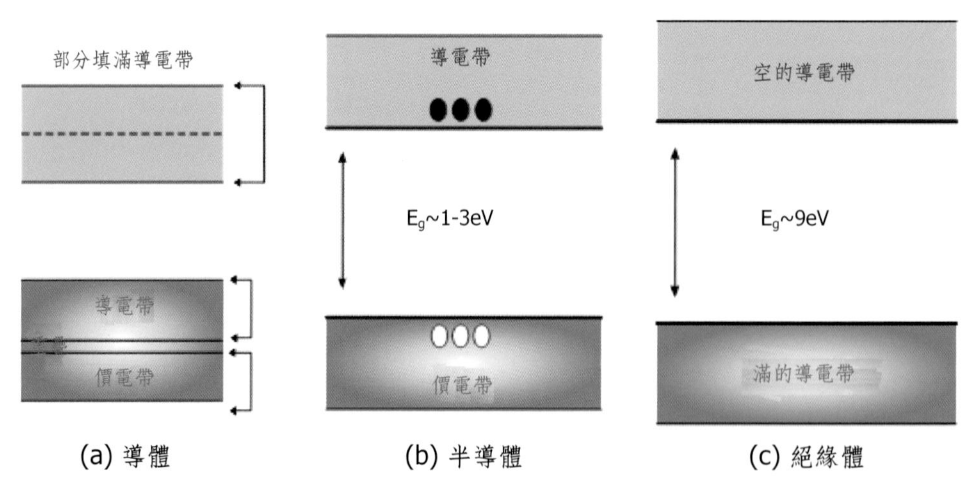

圖 2-6　三種材料的能帶表示圖

完全佔滿價電帶所有能階，而價電帶則是空的。因此外加電場能量並不足以使價電帶的電子激升到導電帶，所以電傳導係數很小，而造成很大的電阻，所以二氧化矽是絕緣體，無法傳遞電流。

2.2.5 本質半導體的導電機構

由電子在晶體的薛丁格波動方程式可以得出晶體的能帶構造，如果晶體內週期性的電位能已知便可求出電子在晶體內能量變化情形，詳細能帶構造可由數值方法得出，圖 2-7 中導電帶的能帶邊緣為 C_1，價電帶的帶邊緣為 V_1。

C_1 與 V_1 影響電子與光子的活動。如砷化鎵（GaAs）半導體受到光的照射，當其光子的能量大於能隙（Band Gap）E_g 時，即

$$h\nu \geq E_g \tag{2.10}$$

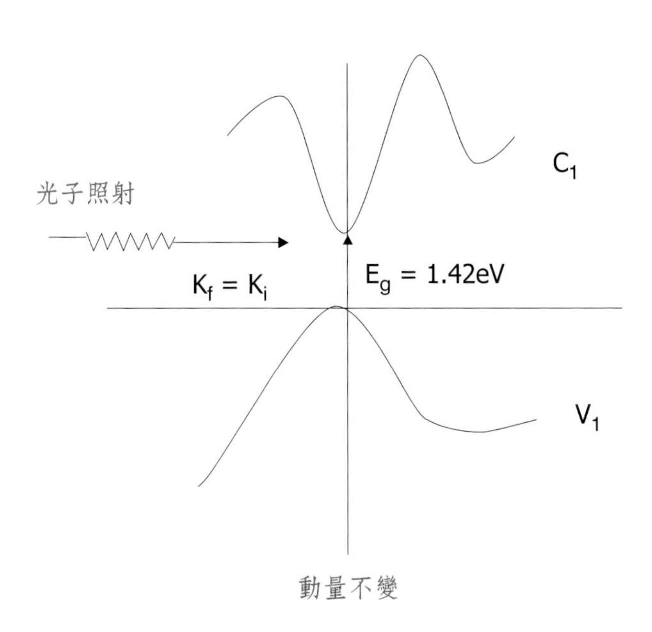

圖 2-7 直接半導體（GaAs）半導體受激發後的電子轉移現象

則光子的能量會被吸收，促使價電子被激發到 C_1，而在 V_1 處留下電洞，產生電子電洞對。整個光的吸收過程中電子的波動向量 K 沒有改變，當半導體吸收光子能量後，電子的動量並沒有改變，只是電子由低能帶 V_1 轉移至高能帶 C_1，期間並無第三者介入，這種轉移過程稱為直接轉移（Direct Transition），這種半導體稱為直接半導體。

2.3　p-n 接面原理

2.3.1　半導體物理特性

導電性主要決定於原子最外圍能自由活動的電子，稱為自由電子（free electron）。電流是電子的流動，它的大小當然是由能自由活動的電子所決定，那些因鍵結而被束縛的電子自然無法貢獻電流。

矽元素是最常用的半導體材料。絕對零度時的矽元素，所有電子皆為共價鍵所束縛而無法自由活動，故導電性為零，此時它是一個絕緣體。當溫度高於絕對零度時，部分鍵結電子會吸收熱能掙脫共價鍵的束縛而成為自由電子，在原來的共價鍵上留下一個空洞。對純半導體（intrinsic semiconductor）而言，自由電子的濃度（n）等於電洞濃度（p）

$$n = p = n_i \qquad (2.11)$$

由半導體物理可知

$$n_i^2 = BT^3 e^{-E_g/kT} \text{（個／cm}^3\text{）} \qquad (2.12)$$

在常溫下，平均每 $3.3*10^{12}$ 個矽原子才產生一顆自由電子，可見非常少的鍵結電子能夠成為自由電子。半導體由於自由電子數目並不多，可利用人為方法改變它們的數目而變化導電性，故可塑性極高，有機會成為很有用的電子材料。導體和絕緣體用途遠不如半導體。半導體的導電性介於導體與絕緣體之間，所以是製作電阻的良好材料。

$$I_p = qpA\mu_p E \tag{2.13}$$

當有外加電場 E 時，半導體內的自由電子受到電場吸引，會往正電位方向移動而形成電流。電子移動的速度稱為漂移速度，並與 E 成正比：

$$v_{drift} = \mu_n E \tag{2.14}$$

n 為電子的移動率（mobility）。

$$I_n = qnA \cdot v_{drift} = qnA\mu_n E \tag{2.15}$$

電子移動便形成電流，方向與電子移動方向相反。同理電洞受到電場吸引也會移動而形成電流，行為雖與電子相似，但移動的方向卻是相反。

若加在半導體兩端的電壓為 V 而其長度為 L，由 $I = I_n + I_p = q(n\mu_n + p\mu_p)AE$

$$V = E \cdot L$$

可得電阻係數

$$\rho = \frac{1}{q(n\mu_n + p\mu_p)} \tag{2.16}$$

可定義電阻為

$$R = \rho \cdot \frac{L}{A} \tag{2.17}$$

2.3.2　理想二極體

將 p 型材料和 n 型材料結合在一起，即成為具有陽極與陰極的二極體，而一般皆稱為二極體。在理想的二極體時，外加一順向偏壓，其順向電阻 R_f 為零，使二極體兩端程線短路狀態，因此順向壓降 $V_f = 0$。即：

$$R_f = V_f / V_f = 0 / V_f = 0\ \Omega \tag{2.18}$$

當外加逆向偏壓時，其逆向電阻 R_r 趨近於無窮大，使二極體兩端呈現開路狀態，因此逆向電流 I_r 趨近於零。即：

$$R_r = V_r / I_r = \infty \tag{2.19}$$

理想二極體、特性曲線如圖 2-8 所示。在一般電路分析時通常將二極體視為理想元件。

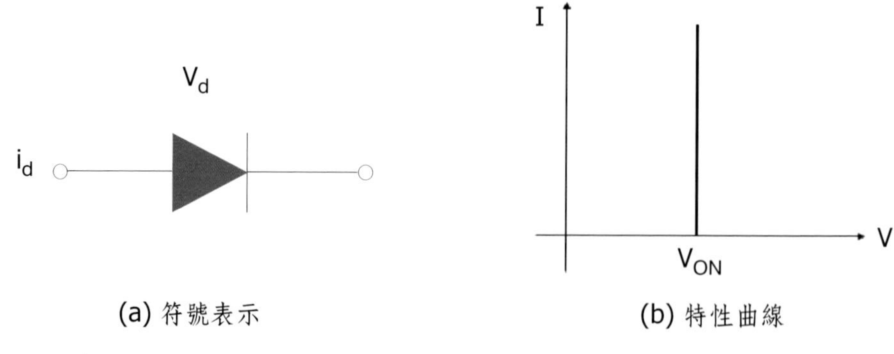

圖 2-8　理想二極體

2.3.3 實際二極體

基本上實際二極體有下列幾項特性：

(A) 順向特性：

在二極體兩端接上順向偏壓時，當 V_d =0，i_d =0，然後隨著 V_d 的增加，i_d 就做指數增加，當 V_d 增加至某一點時，只要 V_d 增加一點點 i_d 就會迅速的上升，這個轉態的電壓值即稱為膝點電壓（knee voltage）。這個值就是 p-n 接面上存在的障壁電勢，對於鍺二極體而言，大約為 0.3V，若為矽二極體則為 0.7V。其順向電壓－電流特性曲線如圖 2-9 中的第一象限所示。

(B) 逆向特性：

當二極體接上逆向偏壓時，只有少數載子通過 p-n 接面，在低值的逆向偏壓時，逆向電流 I_s 甚少，可忽略不計。但若將逆向偏壓逐漸增加到達一數值時，電流即會急速增加，故稱為逆向崩潰狀態。逆向偏壓的電壓－電流特性曲線如圖 2-9 所示第三象限所示。

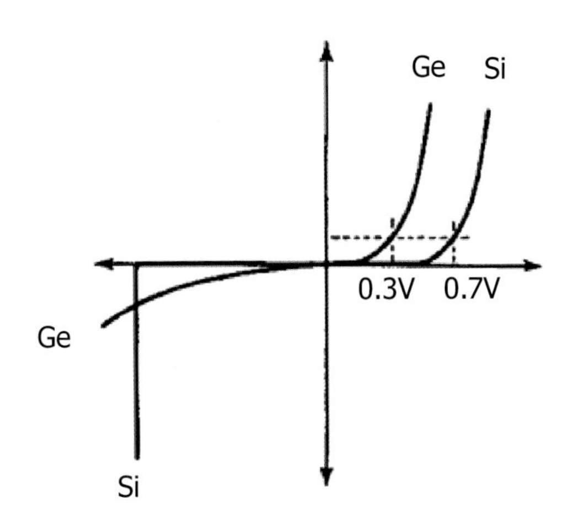

圖 2-9 矽與鍺二極體之曲線示意圖

2.3.4　p-n 二極體開路特性與崩潰現象

(A) 開路特性

p-n 接面在形成時，空間中的載子分布並不均勻，在 p 型半導體中的電洞會向 n 型半導體中擴散，在 n 型半導體中的電子會向 p 型半導體中擴散，如圖 2-10(a) 所示。由於帶電載子的移動，原本每個位置都保持電中性的特性便被破壞，n 型半導體中會生帶正電的離子區，p 型半導體則會生帶負電的離子區。當點子和電洞到達熱平衡時，電場所造成的飄移剛好抵消由濃度梯度所造成的擴散電流。

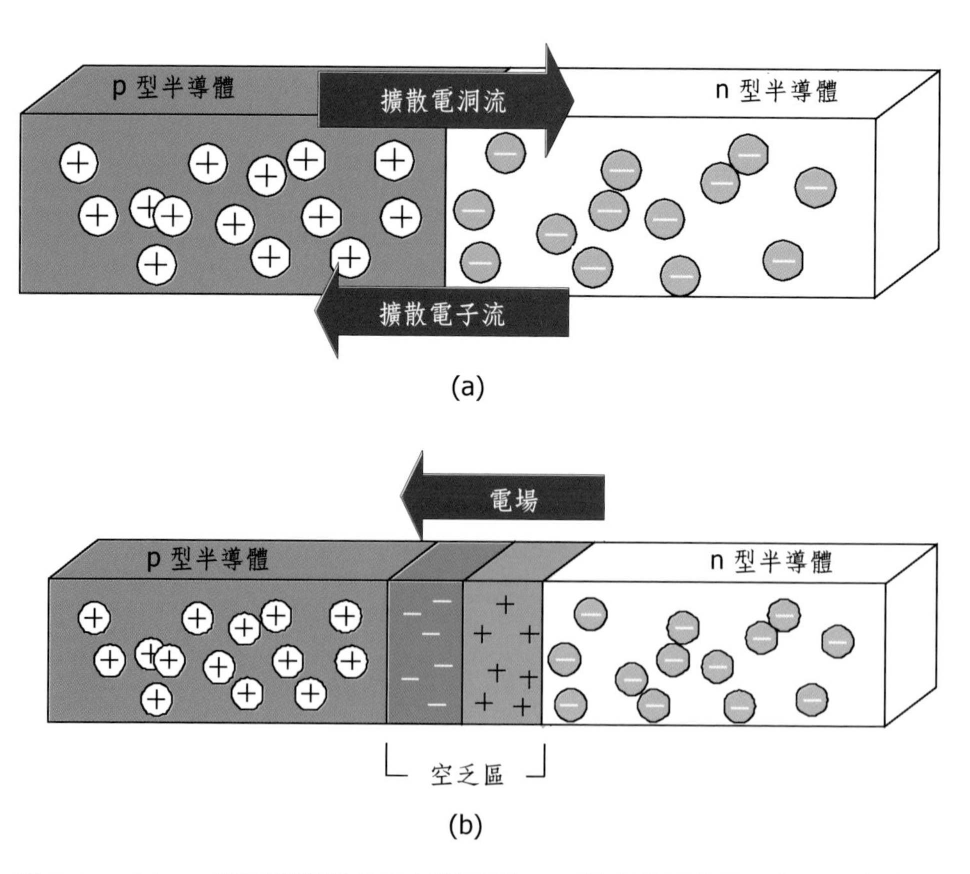

圖 2-10　(a)p-n 型接面電場分布之離子區；(b)對應各區的電子與電洞濃度分布的示意圖

p-n 接面二極體之各區的電子與電洞濃度分布的示意圖 2-10(b) 所示。這兩個帶電的離子區會集中在接面的兩側，如此可使系統的電位能降到最低。而帶電離子在接面附近會產生一電場，導致漂移電子流（電洞流），方向都和擴散電子流（電洞流）相反。

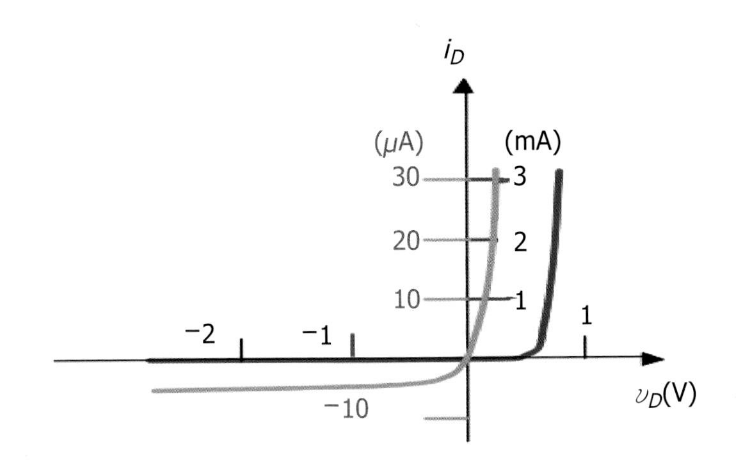

圖 2-11　傳統 p-n 接面二極體的電流電壓特性

上圖 2-11 為 p-n 二極體電流電壓的例子，圖中實線為順向偏壓夠大時才會有顯著的電流，而虛線是逆向偏壓有一很小的逆向電流。逆向偏壓夠大時，逆向電流幾乎保持不變，稱逆向飽和電流 I_s 。一般而言 p-n 接面二極體的電流一電壓特性可用下式表示。

$$I = I_s\left(e^{V/nV_T} - 1\right) \tag{2.20}$$

其中 $V_T = kT/q$，k 為波茲曼常數，T 為接面的絕對溫度，q 為基本電荷大小。 n 為理想因子（ideality factor），和二極體的種類及品質有關，通常介於 1 和 2 之間。

(B) 崩潰

p-n 接面反向偏壓時展現一小但與電壓無關的飽和電流，直到達到臨界反向偏壓，發生反向崩潰（reverse breakdown）。到達臨界反向偏壓 Vbr 時，反向電流將會急劇增加，即使加大電壓，也無法使電壓值變大。臨界崩潰電壓的存在，使大部分二極體反向特性出現一個直角。反向崩潰發生的機制有二，每一種機制在其過渡區中都需要臨界電場。第一種機制稱為當二極體在反向偏壓時，只有一極小的、由少數載子所構成的飽和電流在流動，若外加電壓持續增加，將有足夠的能量足以供給少數載子，並讓這些載子與原子相碰撞，進而打破共價鍵而產生新的電子與電洞，此現象稱為衝擊離化（impact ionization），這些新產生的電子一電洞對，如圖 2-12(a)(b)(c) 所示，如此的循環，促使反向飽和電流迅速增加，而導致載子倍增的結果稱之為累積崩潰或雪崩崩潰（avalanche breakdown）。

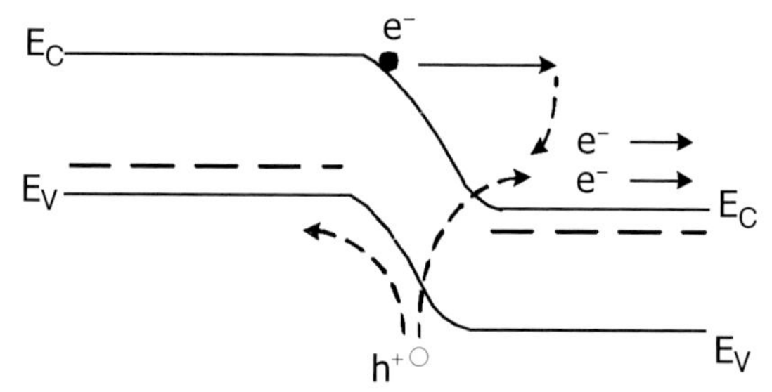

(a) 反向偏壓 p-n 接面的能帶圖顯示在主要的空乏區中的電子增加動能，並且衝撞游離產生次要的電子一電洞對

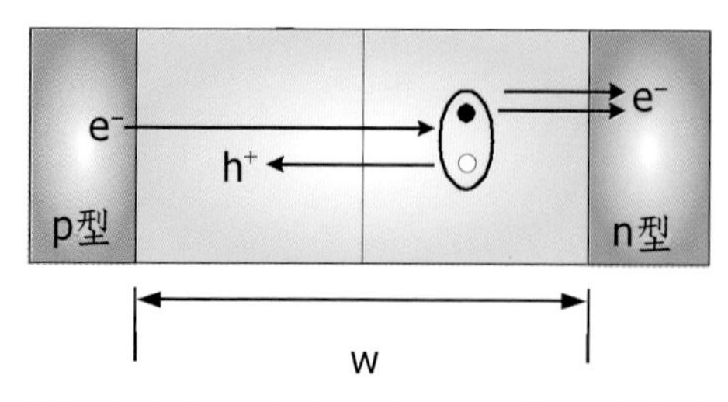

(b) 接面空乏區中一個入射電子碰撞產生的單一游離

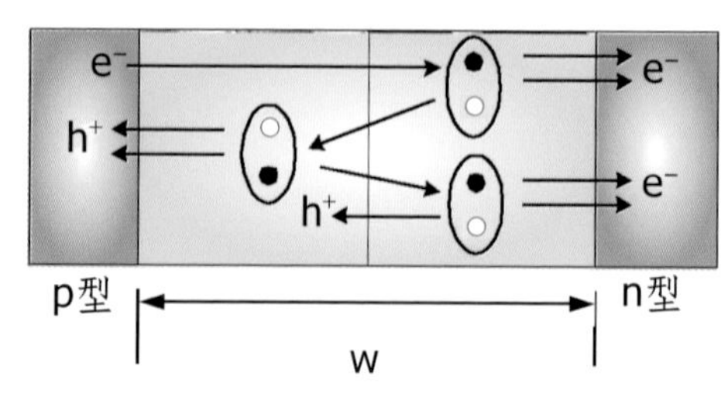

(c) 主要、次要以及第三個碰撞

圖 2-12　衝撞游離產生電子電洞對

假設沒有復合發生，那麼在撞擊多次之後，離開空乏區達到 n 型的總電子數為：

$$n_{out} = n_{in}\,(1 + t^2 + t^3 + ...) \quad (2.21)$$

因此，電子倍增因子為：

$$M_n = n_{out} / n_{in} = 1 + t^2 + t^3 + ... = 1 / 1 - t \quad (2.22)$$

而累增崩潰是定義在 M_n 趨近於無限大時，所以崩潰條件為：

$$a_n = 1 \quad (2.23)$$

若當一個大量摻雜的接面反向偏壓時，能帶即會發生交錯現象。也因大量摻雜的影響，使得空乏區寬度減小，在反向偏壓時還會變得更小。所以很容易產生電子的穿透現象（tunneling），此第二種機制稱為稽納崩潰（Zener effect），如圖 2-13 所示。

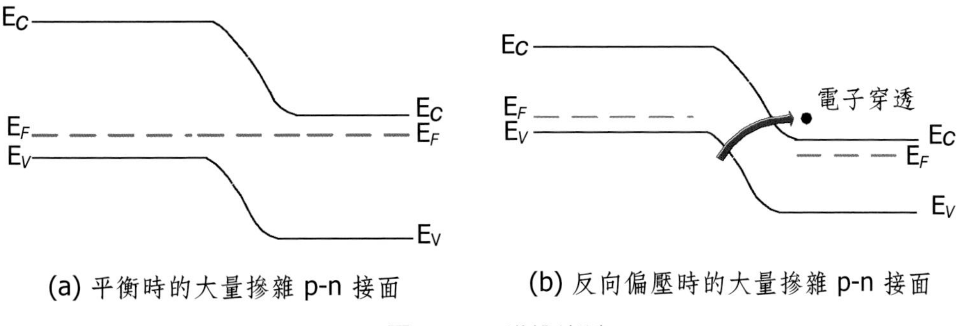

(a) 平衡時的大量摻雜 p-n 接面　　(b) 反向偏壓時的大量摻雜 p-n 接面

圖 2-13　稽納崩潰

2.3.5　發光二極體

LED 是一種 p-n 接面，屬於半導體元件，材料使用 III-V 族元素，如：氮化鎵（GaN）、磷化鎵（GaP）、砷化鎵（GaAs）等。發光原理是由於光子在固體內的相互作用-自發放射（spontaneous emission）把電能轉換為光；也就是對化合物半導體施加電流，透過電子與電洞的結合，過剩的能量會以光的形式釋出，達成發光的效果。 其發光現象不是藉加熱或放電發光，而是屬於冷性發光，它能發射在紫外線、可見光以及紅外線區域內的自發輻射光。

LED 的優勢在於壽命長達十萬小時以上、無須暖燈時間（idling time）、反應速度很快（約在 10^{-9} 秒）體積小、用電省、污染低、適合量產，具高可靠度，容易配合應用上的需要製成極小或陣列式的元件，所以發光二極體的適用範圍頗為廣泛。

2.4　發光二極體操作原理

2.4.1　基本原理

發光二極體在結構係由一 p-n 接面二極體，由直接能隙半導體材料所組成。因其電子、電洞對的復合作用，而放射出光子，也可稱為輻射復合，也因此放出光子的能量近似於能隙能量 $h\nu \approx E_g$ 。圖 2-14 為未加偏壓的 p-n$^+$ 元件接面能帶圖，其中 n 側相較於 p 側為重摻雜，故空乏區多分布落於 p 側，而由於在不外加偏壓下的費米能階必須維持平衡，因此在 n 側 E_C 到 p 側的 E_C 會有一位能障 eV_0，且 $\Delta E_C = eV_0$。在 n 側傳導電子的高濃度驅使自由電子從 n 側擴散 p 側，但淨電子擴散則會被位障 eV_0 所阻擋。

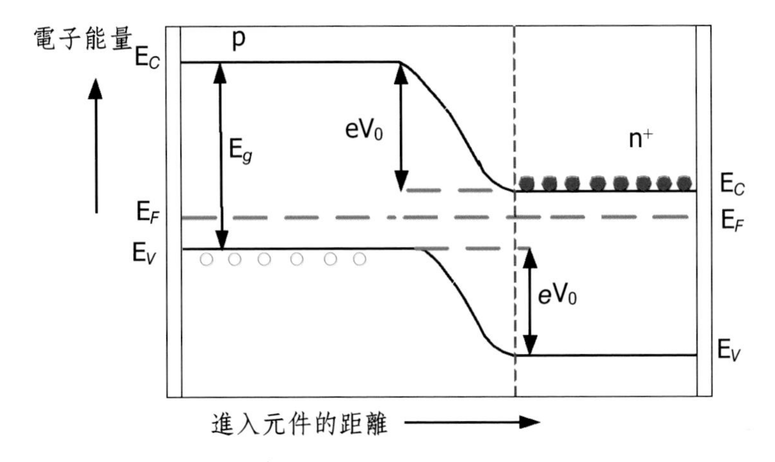

圖 2-14　pn^+ 接面在無外加偏壓下的能帶示意圖

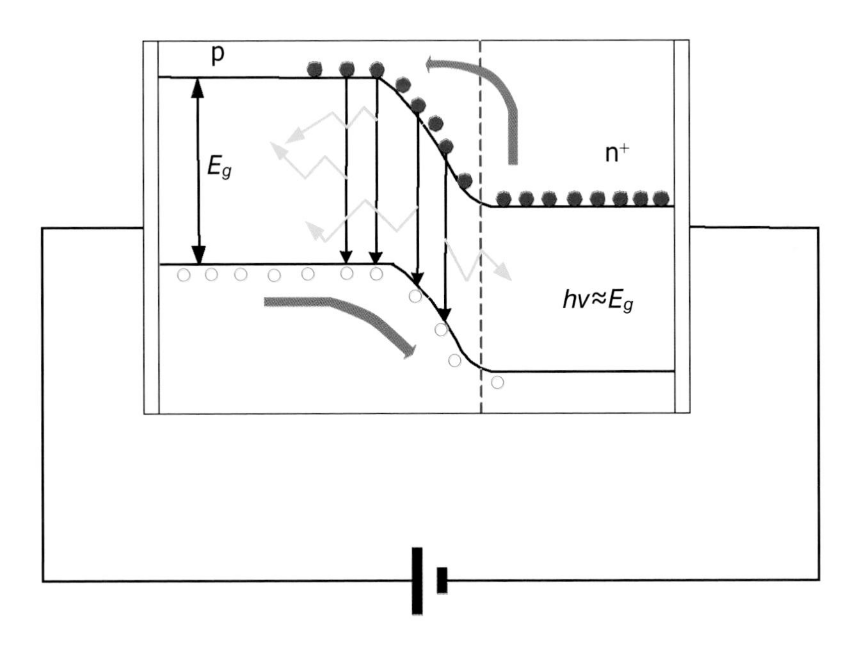

圖 2-15　外加順向偏壓下，內建電位減少 V，因此允許電子擴散到 p 側

因為電阻的主要部分位於空乏區，故只需另加一順向偏壓 V，其電壓降會跨於空乏區，因此內建電位 V_0 會被減為 V_0-V，而 n^+ 的電子擴散即會注入到 p 側，如圖 2-15 所示。在 p-n^+ 的結構中因為 p 側會從

n^+ 側的電洞注入會比 n^+ 側到 p 側的電子注入小很多，因此注入電子在空乏區和中性 p 側處復合導致光子自發放射，而此復合區皆稱為主動區（active region）。而因復合而產生的光輻射現象，是因少數的載子注入所產生的，故稱此為電激螢光，若所發散出的光子為隨意方向，則稱為自發輻射。

2.4.2　電子轉移機制

發光二極體的能階中，所有可能會發生的電子轉移如圖 2-16 所示。

由圖中可得知電子的轉移機制大致可分為三項：

(A) 帶間轉移過程

1. 本質放射（Intrinsic Emission），從 E_c 到 E_v 的轉移。
2. 熱載子放射（Hot Carrier Emission），從導電帶深處到 E_v 或從 E_c 到價電帶深處的轉移。

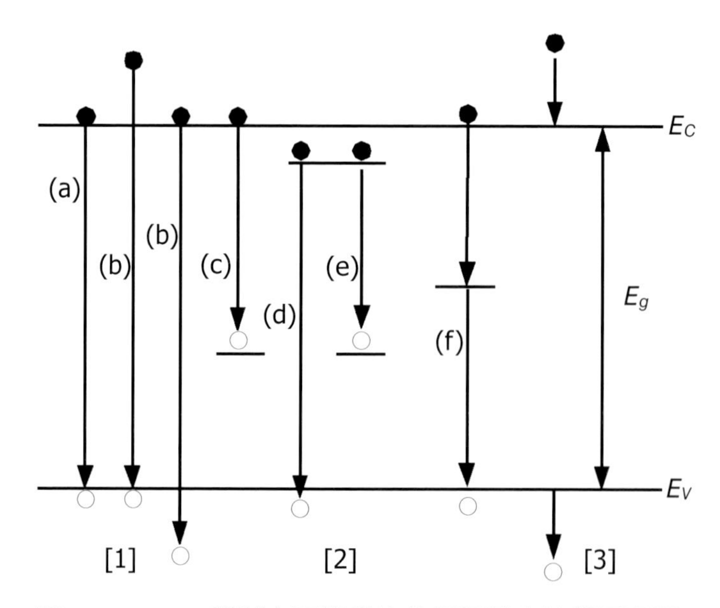

圖 2-16　LED 能階內可能發生的電子基本轉移示意圖

(B) 與雜質或物理缺陷有關的轉移

1. 從導電帶邊緣 E_c 到受體能階 E_A 的轉移。
2. 從施體能階 E_D 到價電帶邊緣 E_v 的轉移。
3. 從施體能階 E_D 到受體能階 E_A 的轉移。
4. 從導電帶邊緣 E_c 的電子，經過缺陷中心的幫助，然後到價電帶邊緣 E_v 的轉移。

(C) 帶內轉移

從導電帶或價電帶的高能階電子轉移到同一能帶的較低能階。而以上的轉移是上一章節所提吸收過程的逆過程。但在半導體內，不是所有的轉移都會同時發生，也不是所有的過程都會輻射光能。良好的發光材料是會發生光的輻射轉移過程，而主宰了所有可能發生的電子轉移過程。

2.4.3 注入機制

於上述電子轉移過程中，首要條件是必須有電子在高能階將電子從低能階移到高能階，但必須要經過激發（Excitation）過程。把價電帶電子游離到導電帶的衝擊游離法（Impact Ionizatoin），是逆向偏壓的 p-n 接面空間電荷區內大量價電子被游離到導電帶，或者由載子的穿透效應形成激發狀態，或靠注入載子，即在順向偏壓的 p-n 接面將電子注入 P 側，將電洞注入 N 側，便形成電子放射的過程。

如要使 LED 具有良好的發光效率則必須有越多的電子電洞對直接復合，因為若經過第三者的缺陷中心復合，往往只發出熱量而不會發出光。圖 2-17(a) 因無外加電壓，所以費米能階在 N 側（EFN）與 P 側（EFP）都維持固定，圖 2-17(b) 外加電壓後，其空間電荷區變窄，而且形成的位能障壁降低，N 側與 P 側的費米能階也不再相同，此時

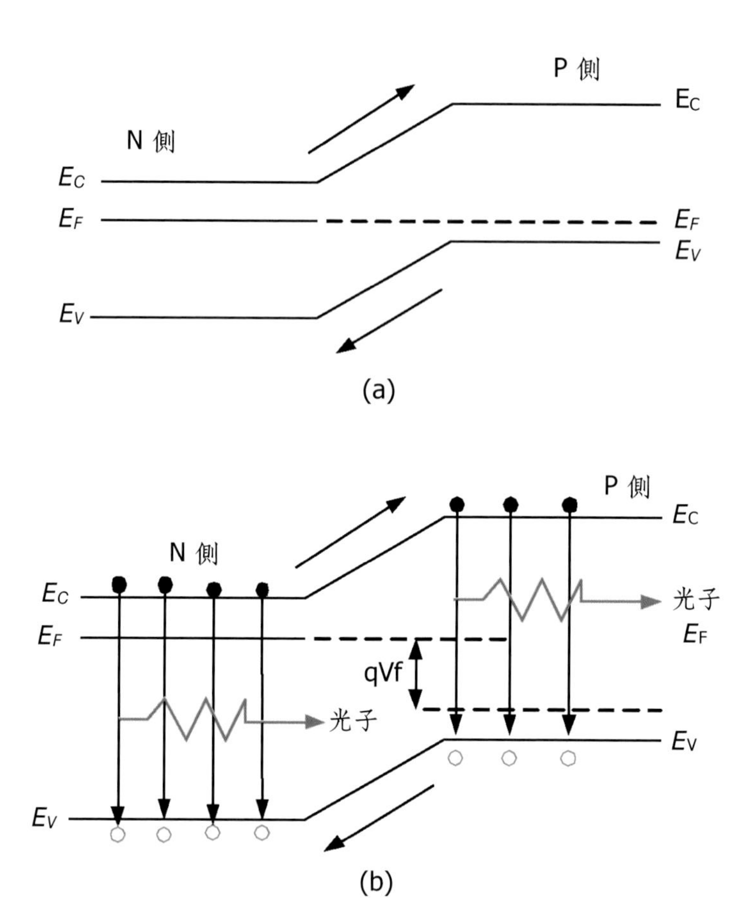

圖 2-17　(a) LED 在熱平衡下的能階示意圖 (b) LED 在順向偏壓時的能階示意圖

$$E_{FN} - E_{FP} = qV_f \quad (2.24)$$

由於 LED 的順向偏壓，空間電荷區的位能障壁降低，因此 P 側與 N 側的主要載子分別大量注入 N 側與 P 側，使得兩側的少數載子大量的增加，因為少數載子的增加（而多數載子不虞匱乏），使得兩側能直接進行復合的電子電洞對大量的增加，而放出足夠的光子。而所發出的光子波長為何，顏色為何則要看可發光的電子轉移過程中能量變化多少而

定，當釋放的能量完全轉為光子的能量時，即

$$hv = \Delta E = E_i - E_f \quad (2.25)$$

而對光波段而言 $\lambda v = c$ 所以 $\lambda = 1.24/\Delta E$。

E_i 為復合前的能階，E_f 為復合後的電子能階。如果 LED 是由直接半導體所製成，那麼發光即直接復合的結果，則 $\Delta E = E_c - E_v = E_g$，故可依不同比例來調整化合半導體得到各種顏色波段的發光。

2.4.4 發光效率與量子效率

假設 LED 的價電帶電子被激發到導電帶後，可能經過陷阱中心（Trapping Center）然後再與電洞復合，在復合時只放出熱而不發出光（Non-radiative Recombination）。也可能經過發光中心（Luminescent Center），在與價電帶電洞復合輻射光能（Radiative Recombination），LED 的量子效率是發光的復合率與總復合率的比，即

$$\eta_Q \equiv R_r / R \equiv \tau_{nr} / \tau_{nr} + \tau_r \quad (2.26)$$

由上述可知，若要使發光復合率上升，須先提高量子效率，τ_r 須變小，即可降低不發光的復合率。而圖 2-18 中 LED 的發光效率（Luminescent Efficiency）定義為：

$$\eta l = B_r\, n\, P_1 / g_E \times 100\ (\%) \quad (2.27)$$

故可在（2-26）式及（2-27）式中發現這兩者定義雖不同但意義卻很相似。也就是 LED 的量子效率很高時，發光的效率必然很好，而在熱平衡時電荷產生率 g_E 和總和復合率則為相等。

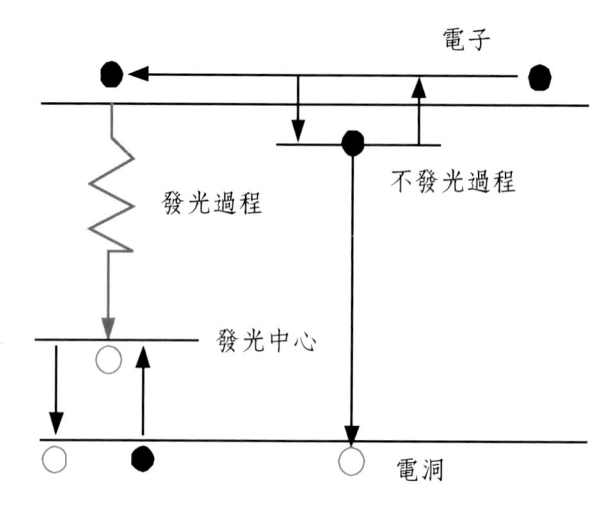

圖 2-18　LED 發光與不發光的複合過程

(A) 量子效率

LED 外部量子效率（External Quantum Efficiency, EQE, ηeqe）一般都會等於內部量子效率（Internal Quantum Efficiency, IQE, ηiqe）及光萃取效率（Light Extraction Efficiency, LEE, ηext）的乘積，如下式所示：

$$\eta_{eqe} = \eta_{iqe} \cdot \eta_{extraction} \tag{2.28}$$

其中 η_{eqe} 為每秒從 LED 元件發出光子數與每秒注入 LED 電子數之比；η_{iqe} 為每秒從發光層發出的光子數與每秒注入 LED 的電子數之比；η_{ext} 為每 8 秒從 LED 元件發出的光子數與每秒從發光層發出的光子數之比。然而，若以能量觀點細分來看，如下式所示

$$\varphi\ (\text{flux}) = \eta_{iqe} \cdot \eta_{ext} \cdot \eta_{v} \cdot \eta_{pkg} \cdot P \tag{2.29}$$

而 φ(flux) 輸出光功率；η_v 為電光轉換效率，即輸入的電功率與輸出光功率之比。η_{pkg} 為封裝效率，在研究中我們將此項合併於光萃取效

率中。最後，P 為輸入的電功率。若 φ(flux) 與 P 之比，稱為能量效率（Power Efficiency, Wall-plug Efficiency）。因此，也可從能量的觀點來推算 LED 內部量子效率。對於內部量子效率而言，元件材料的特性對電光轉換效率影響很大，例如同質接面（homo-junction）結構裡，半導體內沒有很大的能障讓電子電洞流動，使得非放射性複合的電子電洞對增加，發光效率因為熱而減低。而雙異質接面（double hetero-junction）有很大的能障使導帶與價帶電子電洞對非放射性複合率減低，因此提高發光效率。

2.4.5 輻射光譜

半導體發光二極體發光的物理機制可能是電子電洞對的自發性復合輻射或是光子的受激輻射，但發光二極體的光學特性皆多由自發性輻射決定，而下圖 2-19 則說明電子電洞對的復合過程。

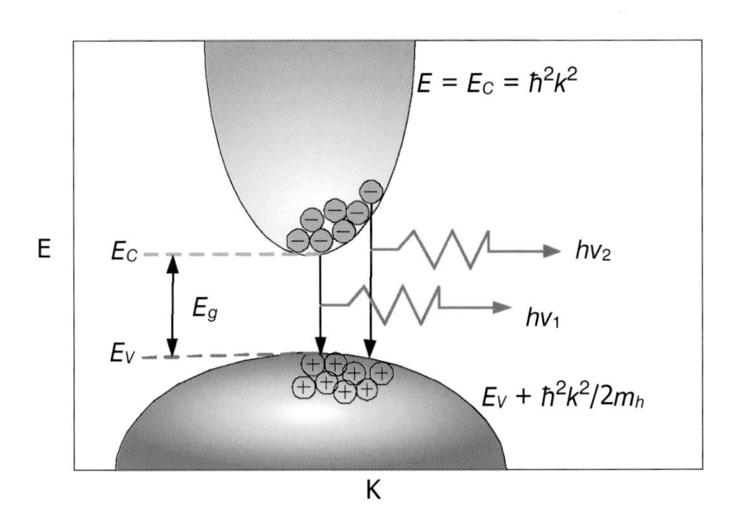

圖 2-19 電子與電洞能帶複合示意圖

若假設傳導帶與價電帶都具有拋物線關係時：

$$E = E_C + \hbar^2 k^2 / 2m_e \text{（電子）}$$

$$E = E_v + \hbar^2 k^2 / 2m_h \text{（電洞）}$$

m_e 和 m_h 分別為電子和電洞的有效質量，E_C 和 E_v 則為傳導帶和價電帶的下緣及上緣。如果熱能 k_BT 遠小於材料能隙的話，根據能量守恆定理，載子復合產生的光子能量應為電子能量 E_e 與電洞能量 E_h 之差值，且光子能量幾乎等於能隙 E_g；

$$h_v = E_e - E_h \approx E_g \quad (2.30)$$

因此可藉挑選適當的能隙半導體材料即可獲得特定的 LED 的輻射波長。如砷化鎵的能隙為 1.42eV，所以砷化鎵的 LED 輻射波長極為 870nm。

比較電子的動量和光子的動量，其中電子的動量可表示為

$$p = m \cdot v = \sqrt{2m \cdot \frac{1}{2m} \cdot v^2} = \sqrt{2m} \cdot k_BT \quad (2.31)$$

此外，能量為 E_g 的光子動量可由德布羅格力關係式得知：

$$P = \hbar K = \frac{hv}{c} = \frac{E_g}{c} \quad (2.32)$$

從上式中的計算可知載子動量比光子動量大許多，因此對直接復合而言，從導帶躍遷至價帶的電子動能幾乎沒有多大改變，也就是說電子僅

會與相同動量的電洞進行復合。利用上述電子和電洞動量須相同之條件，光子能量可改寫為：

$$\sqrt{E-E_g}\,h_y = E_c = \frac{\hbar^2K^2}{2m} - E_v + \frac{\hbar^2k^2}{2m_h} = E_g + \frac{h^2k^2}{2m_r}$$

其中，m_r 為縮減質量，可表示為：

$$\frac{1}{m_r} = \frac{1}{m_e} = \frac{1}{m_h} \qquad (2.33)$$

還可推導出能態密度

$$\rho(E)\frac{1}{2\pi^2}\left(\frac{2m_r}{h^2}\right)^{\frac{3}{2}}\sqrt{E-E_g} \qquad (2.34)$$

如果載子在能帶上的分布以波茲曼為根據分布，則

$$F_B(E) = e^{-E/(k_BT)} \qquad (2.35)$$

因此發光強度 I(E) 正比於（2-25）和（2-26）式的乘機成正比關係

$$I(E)\sqrt{E-E_g}\,e^{-E/(K_BT)} \qquad (2.36)$$

所以可知光強度最大值發生於

$$E = E_g + 1/2\ \mathrm{kT} \qquad (2.37)$$

而由圖中的輻射譜線可知半高寬為

$$\Delta E = 1.8K_BT \tag{2.38}$$

2.5 發光二極體元件結構

2.5.1 傳統平面表面出光 LED 元件結構

傳統 LED 元件結構製程方式多以磊晶方式成長為主，將摻雜的半導體層以磊晶方式生長在一合適的基板上，成為 p-n 接面的結構。而這樣平面出光的結構多以先磊晶方式先成長 n 層，再生長 p 層所組成。一般 LED 光源皆由 p 層表面所發散出，所以該層厚度不能太厚，約為幾個微米大小，以使光子不被 p 側再次吸收。而為使主要復合位置發生在 p 側，則須在 n 側加上些重摻雜 n^+，而往 n 側發出的光則會因基板厚度以及結構來決定會被 n 側吸收或是由基板界面反射回到表面，傳統平面表面出光 LED 元件結構可如圖 2-20(a) 此種結構背面電極可產生半導體-空氣界面的反射。而 (b) 則為擴散接面式的 LED 所示，該結構是由擴散受體到磊晶成長的 n^+ 層以形成 p 側。

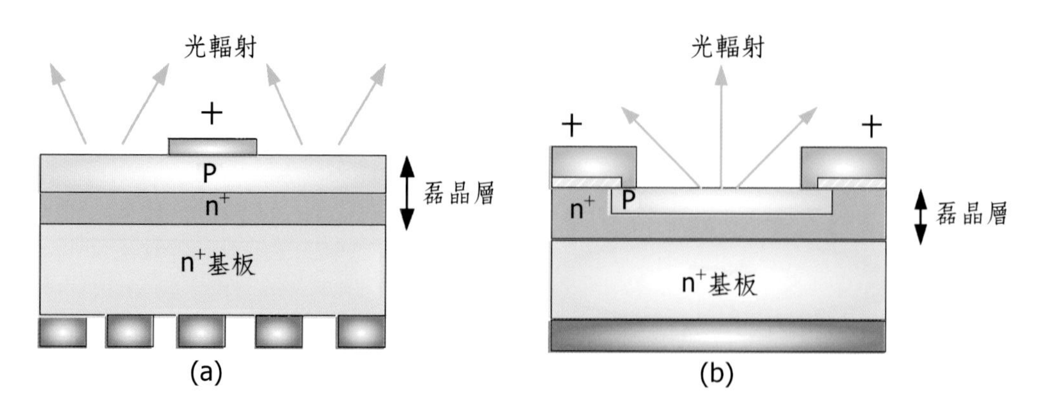

圖 2-20　(a) 傳統平面出光型 LED 結構圖；(b) 擴散接面式的 LED 結構圖

(A) 晶格匹配

在半導體元件中，皆由兩層或以上的半導體材料堆積在半導體基板上堆疊而成。堆疊在基板上即稱為磊晶層，而倘若磊晶層與基板之間的晶格常數相同或接近時，則稱為晶格匹配（lattice-match）。反之，晶格常數不匹配的情形則稱為晶格差配（lattice-mismatch），而此晶格差配也會造成 LED 間有晶格應力存在，進而產生晶格缺陷，使得電子-電洞對的非輻射復合機率大為增加。因此，在晶格匹配的基板上來生長磊晶層即可降低晶格上的缺陷，如圖 2-21(a)(b)(c) 說明磊晶層與基板接合的幾種情形。

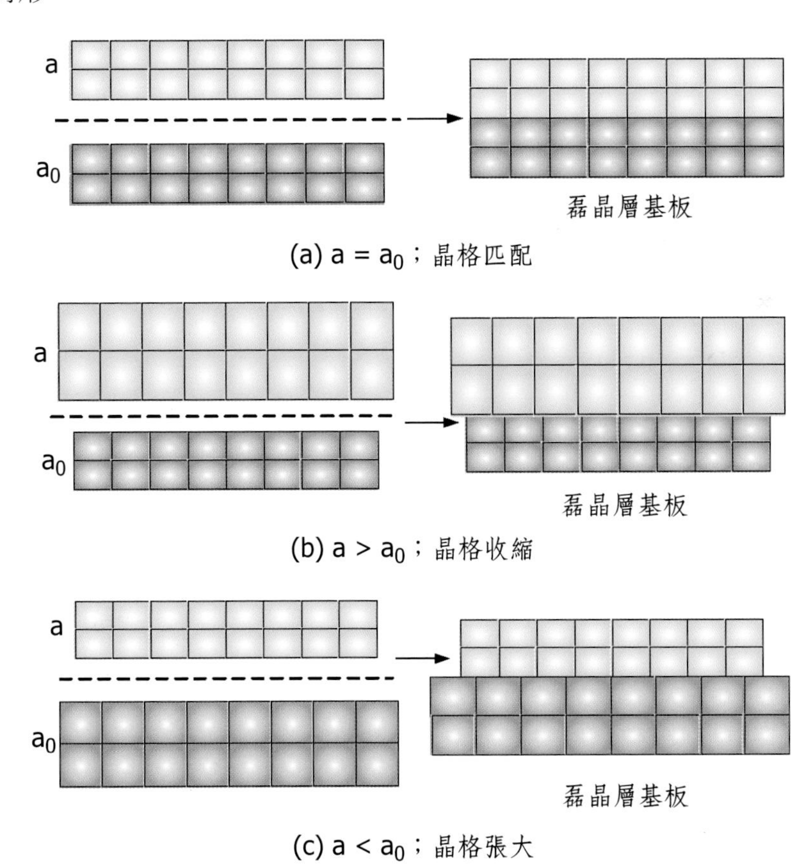

圖 2-21　磊晶層與基板接合之三種情形

2.5.2　基板

對於製作 LED 晶片來說，上一節有提到在磊晶層與晶格匹配的基板之間選擇是個要點，應當採用哪種合適的基底需要根據製程設備及 LED 元件的要求進行選擇。因此，一般基板的考量會以基板晶格係數、熱膨脹係數與基板上磊晶層材料相似度高者為優先，因為關係著產品良率問題。兩者相似度越低，容易形成磊晶層彎曲或破裂，使後段製程不易切割或曝光。

而氮化鎵 LED 目前仍多以藍寶石做為基板的選擇，但它與氮化鎵薄膜之間的晶格不匹配度卻有 16% 之多，所以藍寶石基板並非唯一的選擇。若以磊晶角度而言，使用相同材料來做為基板最能有效降低磊晶缺陷，但目前氮化鎵基板價格不斐，因此目前已有許多研究紛紛指向在矽基板上進行氮化鎵磊晶，不過兩者晶格常數也相差頗大，尚有許多磊晶方面的問題。下表 2-3 顯示為氮化鎵材料於各式基板上的晶格結構以及晶格常數。

表 2-3　常用氮化鎵磊晶生長基板

基板材料	晶格結構	晶格常數
GaN	wurtzite	a = 3.189；c = 5.185
Al_2O_3	rhombohedral	a = 4.758；c = 12.991
GaAs	zincblende	a = 5.653
SiC	wurtzite	a = 3.08；c = 15.12
Si	Diamond cubic	a = 5.43

(A) 散熱基板

早期 LED 功率不高，封裝方式簡易且發熱量有限，所以散熱的問題並不明顯，但近年隨著 LED 材料技術的不斷更新，從早期單晶片的炮彈型封裝逐漸發展成扁平化、大面積式的多晶片封裝模組；其工作電流由早期 20mA 左右的低功率 LED，進展到目前單顆 LED 的輸入功率高達 1W 以上，甚至到 3W、5W 的種種跡象顯示，封裝技術也須隨之改變。原因在於 LED 所散發的熱，對晶粒構成嚴重的問題，當晶粒介面溫度升高時，深層能階的表面復合與載子溢出異質結構位障的機率提升，影響發光的強度，且不同材質的膨脹係數不同，會有熱應力累積使產品可靠性降低，使用年限也會降低。

目前 LED 散熱方法大致上分為輻射、對流、傳導三種方法。

❶ 輻射：直接通過電磁波幅射而發散熱量，傳導速度取決於熱源的絕對溫度，溫度越高輻射越強。

❷ 對流：常見的方法就是用風扇將熱排出,或是利用流體熱氣學,自然的將熱排到大氣中。

❸ 傳導：藉由其散熱物與空氣之接觸來達到降溫方法（如鋁片、銅片、散熱膏……等）。然而散熱基板的使用無疑也是一種方式，主要係利用 LED 散熱基板材料本身具有較佳的熱傳導性，將熱源從 LED 晶粒導出。而散熱基板可分為兩種：

(1) 系統電路板

基板種類：硬式印刷電路板、金屬芯印刷電路板、直接銅接合基板

圖 2-22　硬式印刷電路板

資料來源：網路圖片見參考資料

(2) LED 晶粒基板

基板種類：陶瓷基板、薄膜陶瓷基板

圖 2-23　陶瓷基板

資料來源：網路圖片見參考資料

隨著 LED 亮度與效能的持續發展，系統電路板能將 LED 晶片所產生的熱有效散熱，但 LED 晶粒所產生的熱能卻無法有效的從晶粒傳導至系統電路板。而 LED 晶粒基板正是作為 LED 晶粒與系統電路板之間熱能導出的媒介，目前正藉由打線、共晶或覆晶的製程與 LED 晶粒結合來達到提升 LED 的發光效率。在此發展趨勢下，對散熱基板本身的線路對位精確度要求極為講究，且需具有高散熱效果、金屬線路附著性佳、尺寸小等特色，因此利用黃光微影製程製作薄膜陶瓷散熱基板，將成為促進 LED 不斷往高功率提升的重要推手之一。

2.5.3　同質結構元件

所謂同質結構元件即為 p 與 n 層的組成皆為同一種材料的半導體。而同質接面的載子分布是依據載子本身的擴散係數所決定。如果在無外加電場的中性半導體中注入載子，那麼這個載子只會藉由擴散作用而移動，但若注入相反電性的半導體材料中，而該少數載子最終則會與多數載子結合而消失，如電子注入電洞型半導體體材料中，那麼這少數載子在結合前擴散的平均距離就稱為擴散長度。下圖 2-24(a)(b) 為在無偏壓與順向偏壓的 p-n 同質接面載子結構分布之情形。如圖 2-24(b) 所示少數載子分布的距離相當長，而且擴散到鄰近地區之後濃度還會下降，所以同質接面的載子復合效率一般都不算高。

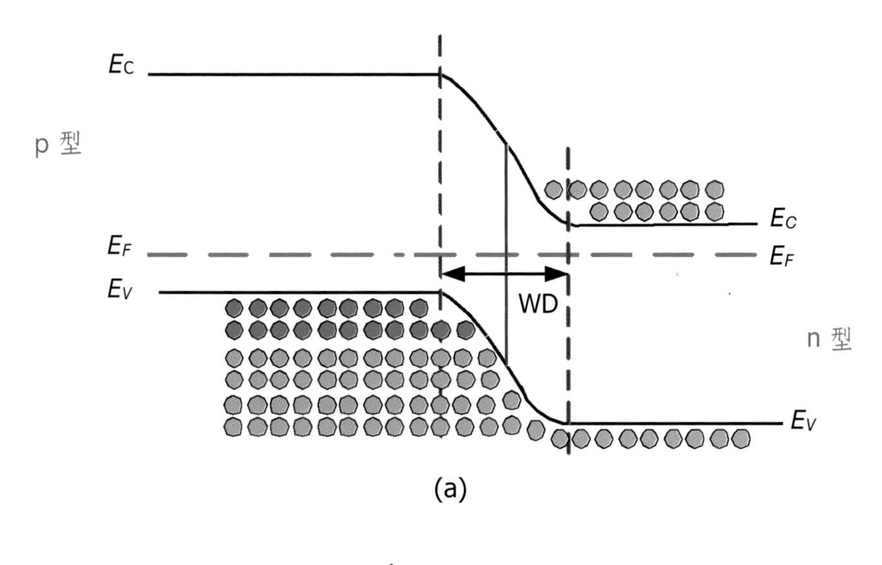

(a)

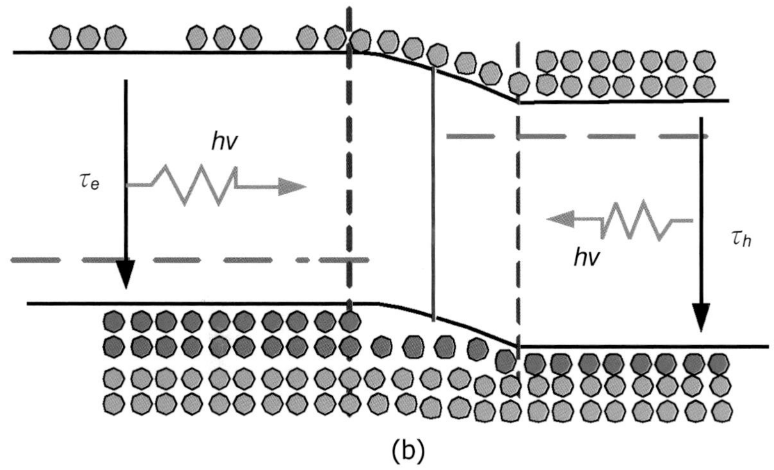

(b)

圖 2-24 (a)、(b)無偏壓和順向偏壓的 p-n 同質接面載子結構分布示意圖

2.5.4　異質結構元件

有鑒於同質結構的缺點，故高效率的 LED 在設計上都採用異質接面居多。而異質結構元件為兩種不相同之能隙的半導體材料，而能隙較小的材料為主動區（active region），能隙較大的則為能障區（barrier region）。若結構中擁有或包含兩個位障層的稱為雙異質結構。圖 2-25 為異質接面對於載子分布的影響。當載子注入雙異質主動區後，因位能障的作用而被侷限在主動區裡，因此載子再結合的厚度範圍由主動區的厚度決定，這對載子的複合有很大的影響。一般而言，載子的擴散長度範圍約為 1～20μm，而雙異質主動區卻僅有 0.01～1μm 的厚度，由此可知雙異質結構主動區的載子濃度遠大於在同質接面的狀況，因此一般皆採用雙異質結構來製作高功率 LED。

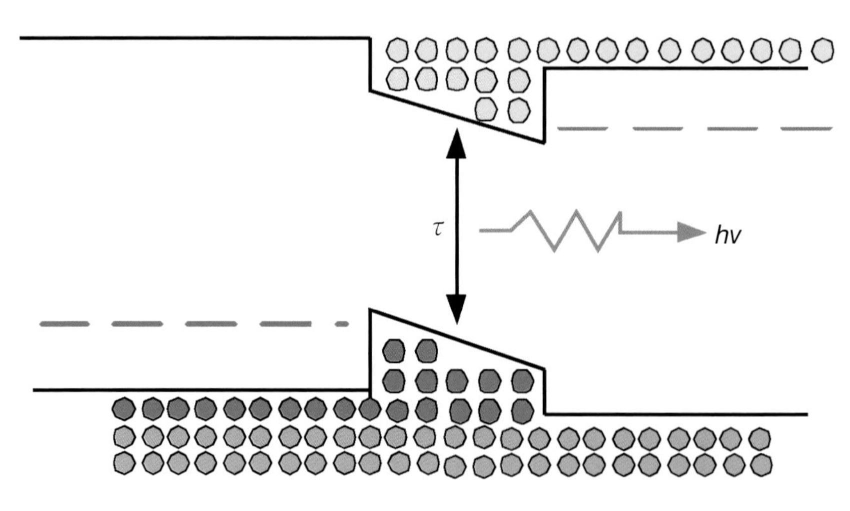

圖 2-25　異質接面對於載子分布示意圖

由於異質結構係由兩種不同能階所組成，需特別注意到異質接面之間所產生的電阻。若異質結構兩側均為 n-type 的不同材料，此時能隙較大的載子會藉由擴散至能隙較小的材料，佔據在較低的傳導帶上。由於電子的轉移，因此產生靜電偶極矩，也就是大能隙材料帶正電、小能隙材料帶負電。圖 2-26(a) 為電荷轉移後導致能帶彎曲的情形。而之後電子若要在兩材料間移動，只有熱穿隧或熱輻射的方式來克服此位障，因此對高功率元件來說往往會降低 LED 的發光效率。

為解決異質接面所產生的能帶不連續現象，較可為的做法便是在異質接面處採用拋物線漸變式的結構設計，如圖 2-26(b) 所示。在漸變區域內的額外電阻被完全消除，而此設計對於所有的異質結構皆有效。一般來說，半導體異質結構中的載子傳輸時，應盡量避免產生多餘的熱而導致降低特性。

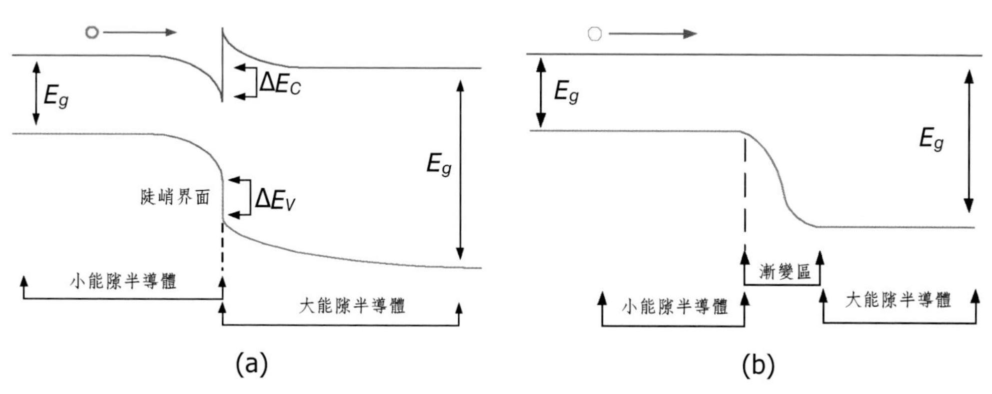

圖 2-26 (a) 電荷轉移後導致能帶彎曲示意圖；(b) 拋物線漸變式的結構設計

(A) 雙異質結構

在理想結構中，載子都會被位障層侷限在主動區中提高載子濃度，藉此提高輻射復合的機率增加出光強度。而侷限載子的位能障大小遠大於環境溫度所能提供的熱量（KT）。但仍因為主動區內的自由載子仍依循 Fermi-Dirac 分布，所以在一定的機率下仍有些高能量電子會掙脫束縛形成漏電流，而脫離主動區達到能障層如圖 2-27。儘管電子脫離主動區達到能障層，但載子濃度都不高，因此區域的輻射效率很低。若要減少漏電流的產生，則必須選擇位能階遠大於熱能的材料，才能侷限住載

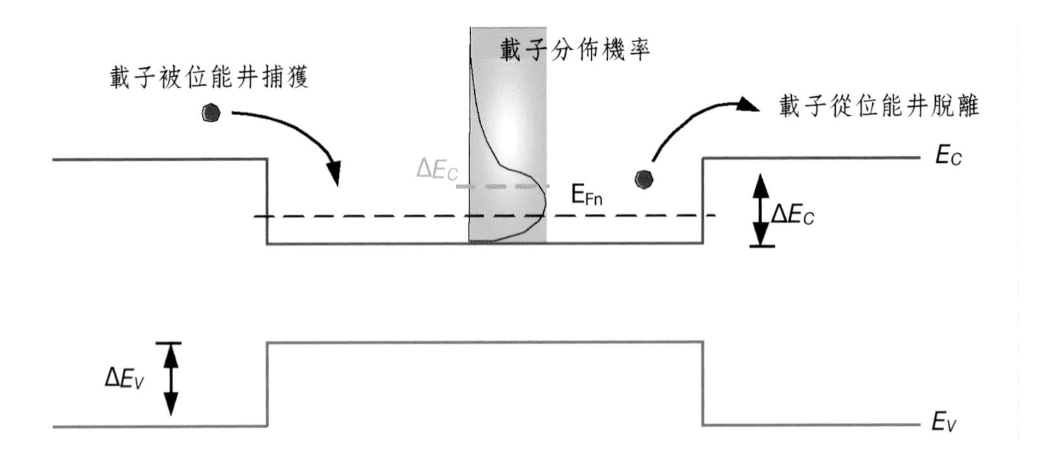

圖 2-27　雙異質結構中的載子能量示意圖

子，如 AlGaN/GaN 接面有很大的位能障，所以漏電流低。相對的，若接面能障不夠大，漏電流也會變大。

還有在高注入電流密度的情況下，載子也會脫離主動區至能障層。這種情形即稱為載子溢流（overflow of carriers），當自由載子增加時，主動區的載子濃度也不會增加，而使得光強度呈現飽和。圖 2-28 為雙異質結構示意圖。

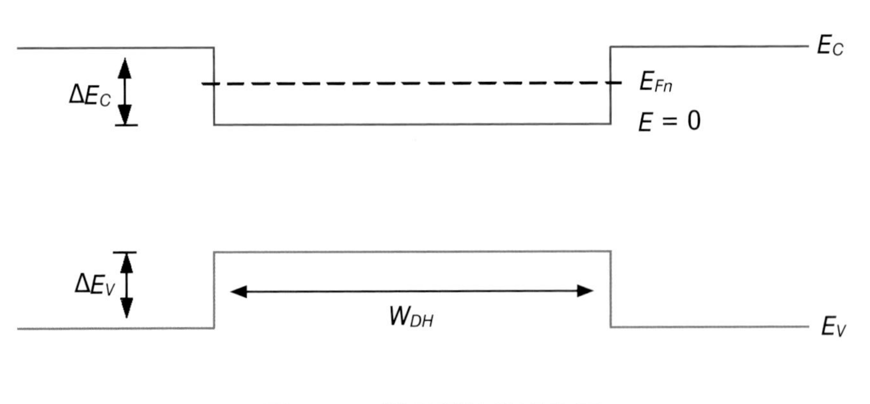

圖 2-28　雙異質結構示意圖

在雙異質結構內的載子溢流，雖載子溢流發生在主動區體積較小的結構中會較為嚴重，如單量子井（single-quantum-well）或量子點（quantum dot）等，為避免這問題，目前載子溢流也可用多量子井（multiple-quantum-well）結構或增大電極接觸面積來加以改善。

2.5.5 封裝後成品

封裝技術對於高功率的 LED 封裝而言，最重要的考量因素就是散熱和出光效果。由於半導體材料的折射率與空氣相差很多，所以出光效果對於外部封裝而言，大多採用環氧樹脂或是矽膠當作與空氣間的媒介，除了能夠減少內部大量的全反射以及保護晶片外，還可提高光取出效率。一般封裝製程會使用不同硬度的膠材來保護晶片，較靠近晶片的會使用硬度係數較低的膠材，靠近空氣端的界面則會使用硬度係數較高的膠材以保護 LED 內部。

至於散熱方面，如果不能有效的將晶片產生的熱散出，並維持晶片內部的溫度在允許範圍內，將會縮短 LED 的使用年限。而目前研究成果中，於散熱材料裡，尤以銀與銅兩者的散熱性最佳，而銀的導熱率又比銅好，但是成本高於銅許多，因此銅是目前的重要散熱材料。LED 封裝的分類是根據晶片材料、發光亮度、發光顏色、尺寸大小來分類。主要可以分成炮彈型封裝、表面黏貼型封裝（Surface Mount Device,SMD）及功率型封裝（High Power LED）。最終的目的還是要保護封裝內部的晶片與電路之連結，再者必須能抵抗低波長、或是紫外光破壞，還要有一定的硬度來抵抗外力與耐熱性。目前主要的發光二極體依其後段封裝結構與製程的不同，大致可區分為下列幾項：

(A) 炮彈型 LED

炮彈型 LED 封裝是指在與導線架一體成形的杯中將 LED 晶片固定於具接腳之支架上，接著打線以及膠體封裝，將 LED 燈的接腳插設於預設電路的電路基板上，完成 LED 燈的光源結構及製程。膠體則是選擇可抑制高溫熱變形、提高耐候性的環氧樹脂。但環氧樹脂對短波長的光以及高溫卻非常脆弱，因此對於紫外光或大電流發熱量大 LED 的使用上，將隨時間的延長而不斷老化，降低其出光效率。

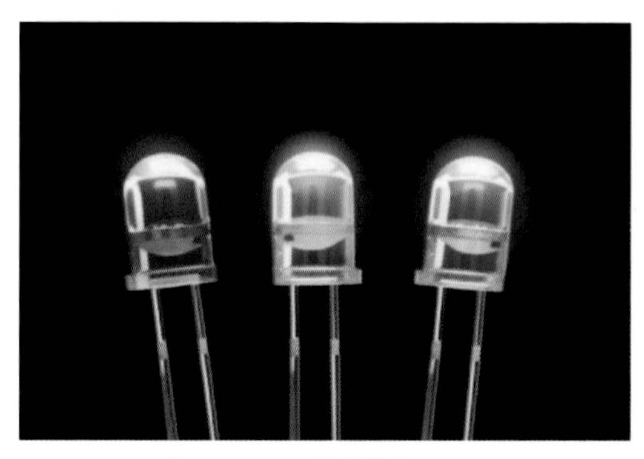

圖 2-29　炮彈型 LED

(B) 表面黏貼型 LED

表面黏貼型封裝之填充樹酯，大多也是採用抑制高溫熱變形、提高耐候性的環氧樹脂。方法為先將晶片固定到細小基板上後進行打線動作，在膠體封裝，最後將該封裝後的 LED 焊於印刷電路板上。

圖 2-30　表面黏貼型 LED

(C) 功率型 LED 封裝

功率型 LED 封裝基本上是以高驅動電流來區分。主要是採用較輕 PCB 板和反射層材料，將 AlGaInN 材料的晶片焊接在有銲料凸點的矽載子上，用金線連接晶片正負極至各自的接腳，再將環氧樹脂透鏡封裝上去，內部填充硬度較軟的矽膠，在 −400℃～120℃ 範圍內，不會因為熱脹冷縮將金線撐斷，內部框架也不會氧化，環氧樹脂透鏡也不會變黃，使得光取出效率提升許多。

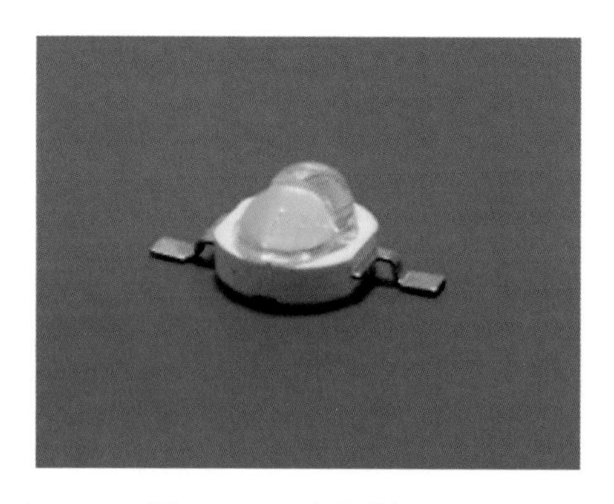

圖 2-31　功率型 LED

資料來源：網路圖片見參考文獻

2.5.6　螢光粉

(A) LED 螢光粉發光機制

螢光粉是藉由吸收電子線、紫外線、X 射線、電場等的能量後，將一部分能量以較佳的效率轉成可見光輸出的物質。螢光粉具有吸收 LED 發出的藍光再將之轉換成黃光或是紅光的光輸出功能。一般的螢光粉是屬於無機化合物，呈 1μm 至數十微米的粉末顆粒狀，為使其具有螢光粉性質，通常會在母體化合物 A 中添加活化劑的元素 B，所以通常會用 A：B 來表示螢光粉的種類。

螢光粉的發光現象，其實可用光子的概念來說明。當光子照射到諸多物質上時，一部分被物質吸收後，會轉換成波長更長的光子或是熱輸出，而螢光粉通常是位於可見光範圍且輸出效率較高的物質，再利用螢光粉的激發光譜和發光光譜就可大約知道其發光特性。而發光光譜就是利用光譜儀將來自螢光粉的發光加以分光，再依各波長所繪出的一種分布圖。而激發光譜則是某種波長光照射到螢光粉上時，將其發光量的波長分布繪圖。

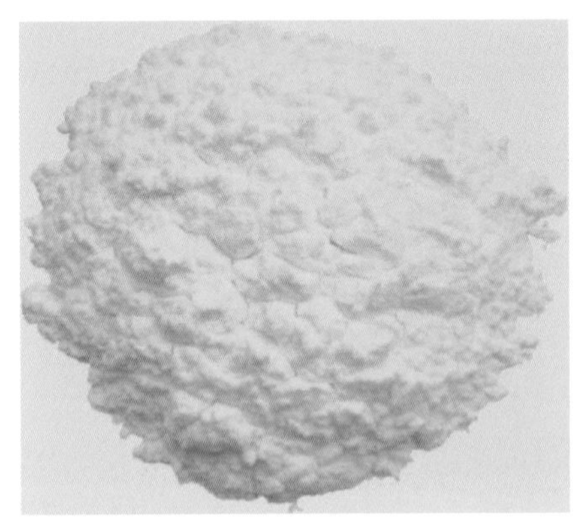

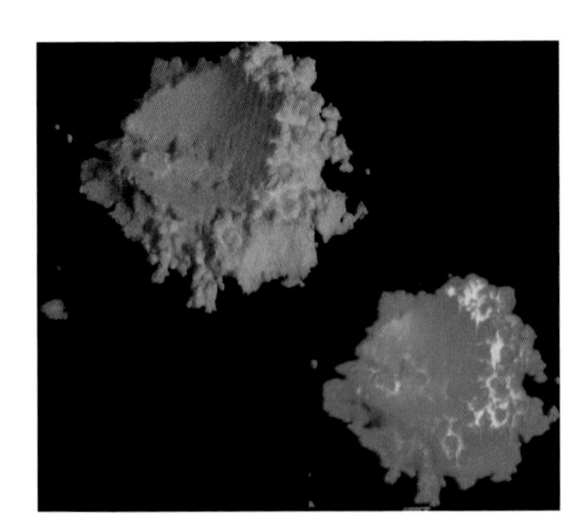

圖 2-32　螢光粉末

資料來源：網路圖片見參考文獻

如下圖 2-33 為使用組態模型來說明螢光粉的發光機制。圖中縱軸為原子能量，橫軸為螢光粉晶體中活化劑與相鄰原子距離的組態座標。如藍色光子被吸收後，螢光粉中的活化劑原子中的電子會從基態曲線的 A 點向激發態曲線 B 點垂直跳躍，再以晶格震動或熱的形勢向周圍釋放能量，從 B 點轉移到 C 點，接著從 C 點向基態曲線的 D 點垂直躍遷過程中將光子釋放。由於發光光了能量比吸收光子小的多，所以發光波長也比吸收波長的藍光長，因此可以發出綠色、紅色等波長的光。

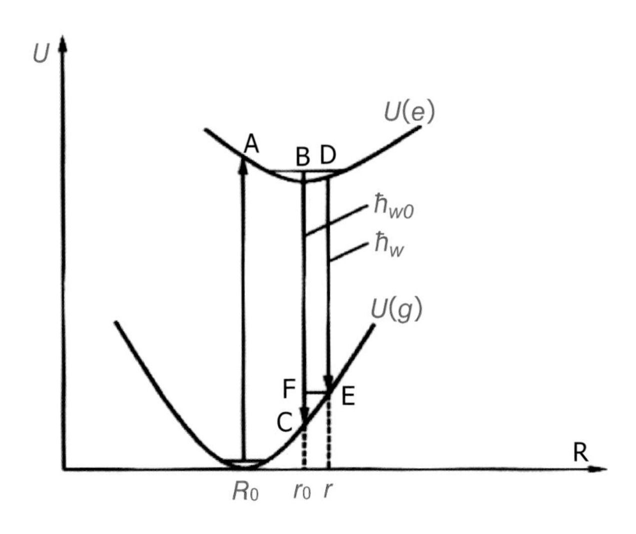

圖 2-33　螢光粉的發光機制

如前所述，螢光粉係由母體化合物 A 中添加活化劑的元素 B 所構成。為了得到高效率螢光粉，適當的母體化合物 A 的選擇變成非常重要，目前一般皆使用氧化物作為 LED 螢光粉母體，最熟悉的螢光粉是在釔鋁石榴石（Yttrium aluminium garnet, YAG，化學式為 $Y_3Al_2O_{12}$）母體中添加活化劑鈰（Ce）的 YAG：Ce 螢光粉。圖 2-34 中的激發光譜表示螢光粉的發光強度如何隨機發光波長而變化，在 550nm 左右發光尖峰的色系列寬發光帶。由上述激發與發光光譜可知利用 460nm 附近之藍光照射 YAG 螢光粉後即可得到黃光。一般熱門實用的照明用白光 LED，是用波長 445～475 nm 的高亮度藍光 LED 激發 YAG 黃色螢光粉，利用藍光與黃光是互補色光的原理，混光成為高亮度白光，而製作出白光發光二極體。另外還有利用波長 430～350nm 的紫外光，激發紅、綠、藍三色螢光粉來產生白光 LED 的方法。但 YAG：Ce 螢光粉激發白光的色溫較高，高色溫導致演色性不佳，還有著隨溫度上升而發光效率不斷下降的缺陷，在 30℃至 190℃之間，發光效率下降達 38%，換句話說，溫度上升 10℃，發光效率即下降 2.5%。

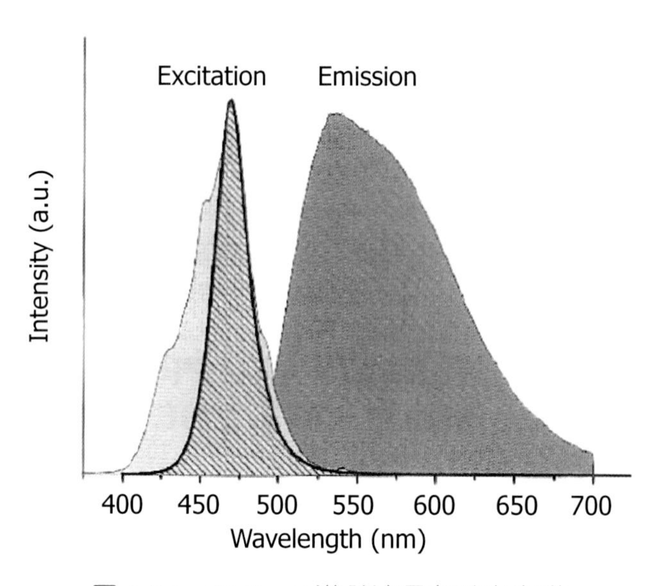

圖 2-34　YAG：C 激發波長與發光光譜

除此之外，目前常用的氧化物螢光粉還有矽酸鍶、矽酸鋇$(Sr, Ba)_2SiO_4$ 中添加活化劑銪（Eu）的$(Sr, Ba)_2SiO_4$：Eu 螢光粉。藉著調整螢光粉中的 Sr，Ba 就可以將綠色改變至橙色的發光色。

近來也有矽氧化物螢光粉的出現。雖然這種螢光粉具有很高的發光亮度，但散熱一直是很大的問題。其材料為氧化物，在高溫時容易發生淬變，產生色差。因此，具有較強共價結構的氮化物與氮氧化物，因其熱穩定性較佳，所以成為目 前發展的潛力新星。這類氮化物及氮氧化物的共價性高，所以晶體結構較為剛 硬， 使得量子轉換率在高溫時仍然可以維持一定的效率，所以在高溫下仍能具有較 佳的穩定性。因為電子雲膨脹效應以及晶格場能階分裂較大，使光譜呈現紅位移，因此目前有紅黃光之氮化物材料，例如 $M_2Si_5N_8$。而氮氧化物可衍生出許多不同的顏色，例如：$MSi_2N_2O_2$ 是綠色螢光材料；C a-αSiAlON 則是橘黃光的螢光材料。但是氧化物螢光粉於生產時，要經過熱壓等高壓處理，比一般螢光粉的生產過程要複雜的多，因此在成本上仍是一個重要的考量。

(B) 螢光粉塗布結構

為了追求高顏色均勻性與高輸出流明等特性，傳統的螢光粉塗布方式（Uniform Distribution），如圖 2-35(a) 所示。但以現階段 LED 的高功率而言，此技術已無法達成此要求，因此許多業者陸續發展出新

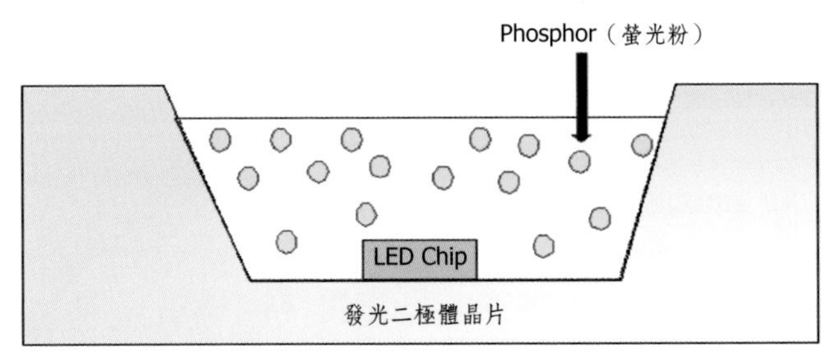

(a) Uniform Distribution（傳統螢光粉塗布）

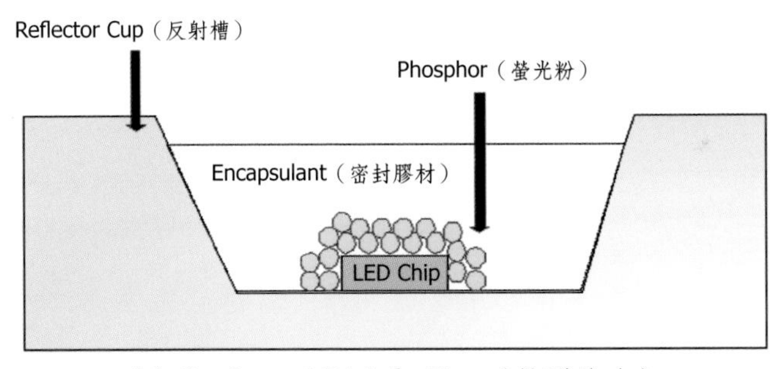

(b) Conformal Distribution（敷型塗布）

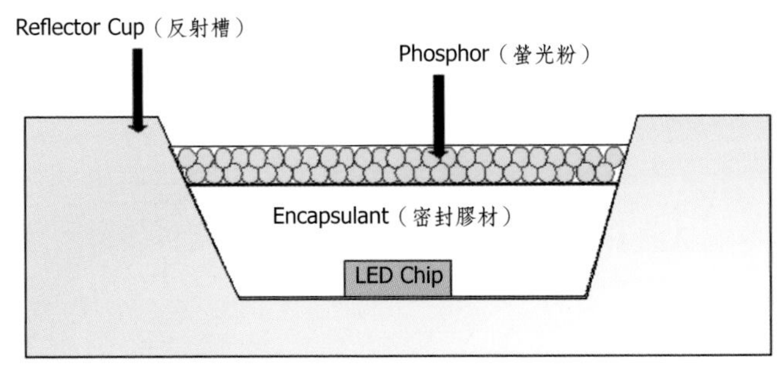

(c) Remote Phosphor（隔層型塗布）

圖 2-35　三種螢光粉塗布結構示意圖

的螢光粉塗布技術，如敷型塗布（Conformal Distribution）與 Remote Phosphor 等兩種方式，如圖 2-35(b)(c) 所示；敷型塗布方式較著重於改善白光 LED 顏色的均勻性，而 Remote Phosphor 塗布方式則著重於增進白光 LED 的光輸出。

2.6　基本電路驅動

2.6.1　LED 驅動電路設計基本考量

LED 實際上是一個電流驅動的低電壓單向導電元件，所以 LED 驅動電路應具有直流控制、高效率、PWM 調光、過壓保護、小型尺寸以及簡單易用等特點。

而在供電的電源變換器在設計上須注意下列事項：

❶ LED 是單向導電元件，所以必須採用直流電流或單向脈衝電流來供給 LED。

❷ LED 為具有 P-N 接面結構的半導體元件，且擁有能障電位，便形成導通截止電壓（2.5v），而加入的電壓值須超過這截止電壓，LED 才會導通。

❸ LED 的電流與電壓是非線性的，流過 LED 的電流在數值上等於供電電源的電洞勢與 LED 的能障電位相減後在除上回路的總電阻。因此流過 LED 的電流與兩端電壓不成正比。

❹ LED 的接面溫度係數為負數，所以當溫度升高時該能障電位即會降低。所以 LED 不能直接採用電壓源供電，否則隨溫度升高時，電流也會越趨越大，最後燒毀元件。

此外，LED 也和其它光源一般，所承受之電功率也有限，倘若電功率超過一定數值，那麼 LED 就有可能會損壞，且 LED 能障電位具有負溫度係數，因此 LED 不能並聯使用。

2.6.2 驅動電路設計種類

目前驅動電路的種類大致可分為三類：

(A) 定電壓驅動方式

此方式為給 LED 施加固定電壓，以確保獲得所需順向電流的供電方式，該方法也稱限流電阻式，優點是電路簡單且製作成本低。但在使用時須考慮到 LED 順向電壓 V_F 的偏差及本身發熱所引起的順向電壓、電流改變，進而影響亮度的表現，電阻 R 所產生的熱損失同時也是個問題所在。

如圖 2-36 中的電阻 R 稱為限流電阻，主要係用來限制 LED 的順向電流。因為 LED 並不存在如白熾燈般的電阻作用，故需外部電流加以限制。電阻值可利用其特性曲線對通過的順向電流 I_F 查出對應的順向電壓 V_F 數值，再代入 $E = I_FR + V_F$ 的關係而求出。

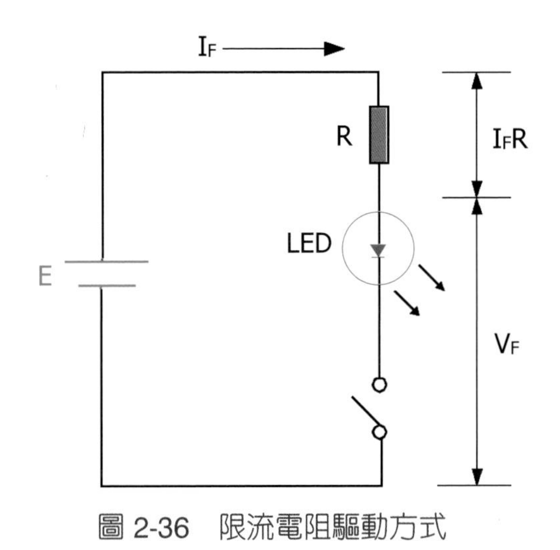

圖 2-36　限流電阻驅動方式

(B) 定電流驅動方式

利用定電流驅動電路，使 LED 的順向電流 I_F 保持一定的方式。該電路的製作方式稍嫌繁雜，但優點為可抑制熱損失，提高驅動效率。以下為定電流電路的實例。

表 2-4　定電流與驅動電路

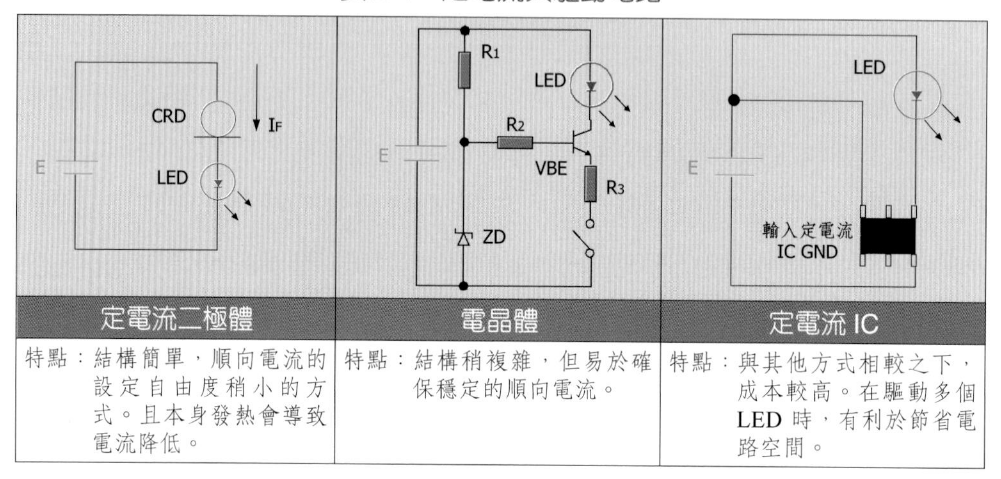

定電流二極體	電晶體	定電流 IC
特點：結構簡單，順向電流的設定自由度稍小的方式。且本身發熱會導致電流降低。	特點：結構稍複雜，但易於確保穩定的順向電流。	特點：與其他方式相較之下，成本較高。在驅動多個 LED 時，有利於節省電路空間。

(C) 工作週期控制方式

該方式為控制亮度的一種，LED 雖可由順向電流調整亮度，但因順向電流的細微變化會導致亮度也跟著改變，若以固定順向電流使工作中的 LED 高速開關變化，即可藉此控制人所視的亮度。而工作週期指的是相對於開關周期（亮燈時間 + 熄燈時間）點亮時間所佔的比率。主要是控制電路來調控工作週期以改變亮度。

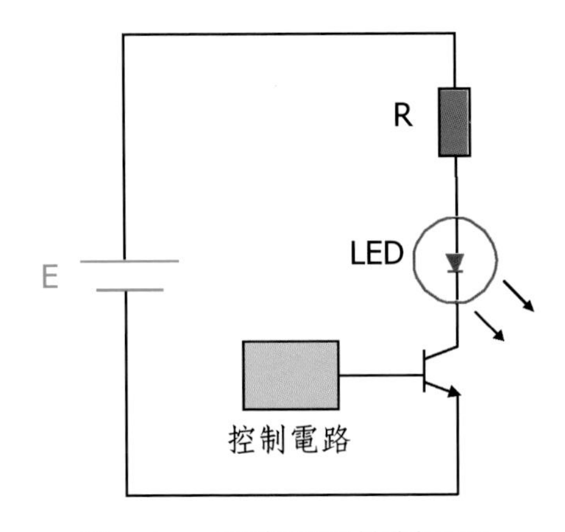

圖 2-37 工作週期控制電路

2.6.3 AC/DC Converters

目前有三種方式可以由交流電獲的驅動用的直流電：

❶ 利用變壓器轉換電壓並整流：

優點為電路簡單、便宜、無雜訊；但負載變化大、效率低。

❷ 使用串聯調壓器：

優點為輸出電壓穩定、負載變化小；但體積大、效率低、價格昂貴。

❸ 使用轉換電源：

優點為體積小、效率高、價格便宜；但電路複雜有雜訊。

2.6.4 各式 LED 驅動電路

目前在一般的 LED 照明市場上，存在非隔離設計和隔離型驅動電源之分：

(A)隔離型

驅動電路經由隔離轉換時，由於變壓器互感的關係無法做全功率轉換，因此轉換效果會比較差，且交換損失也相對較大。優點為可操作在跨昇壓與降壓的範圍內，常見的隔離型驅動電路如：返馳式（Flyback Converter）、順向式（Forward Converter）、半橋式（Half-Bridge Converter）、全橋式（Full-Bridge Converter）等。

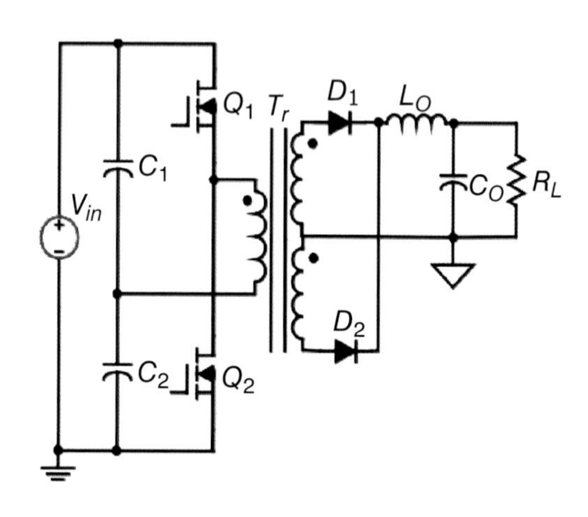

圖 2-38　半橋式（Half-Bridge Converter）

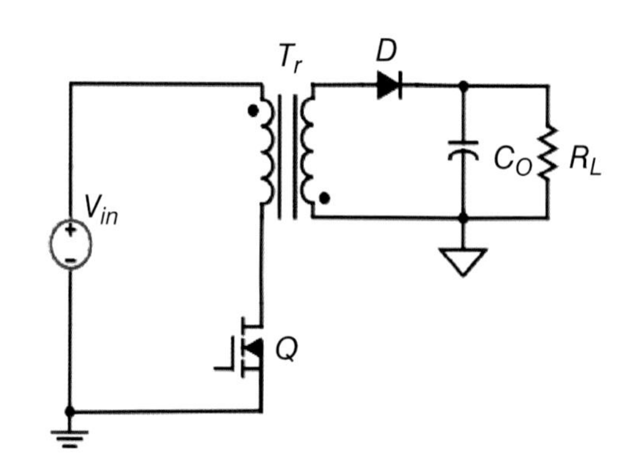

圖 2-39　返馳式（Flyback Converter）

(B) 非隔離型

由於藉由開關電路切換後，經電感儲能再轉由輸出側出光，因此效率一般都很好。這種交換結構在兩側電壓越接近效率越高，而常見的非隔離型驅動電路如圖 2-40 所示：昇壓型（Boost Converter）、降壓型（Buck Converter）、昇降壓型（Buck-Boost Converter）等。

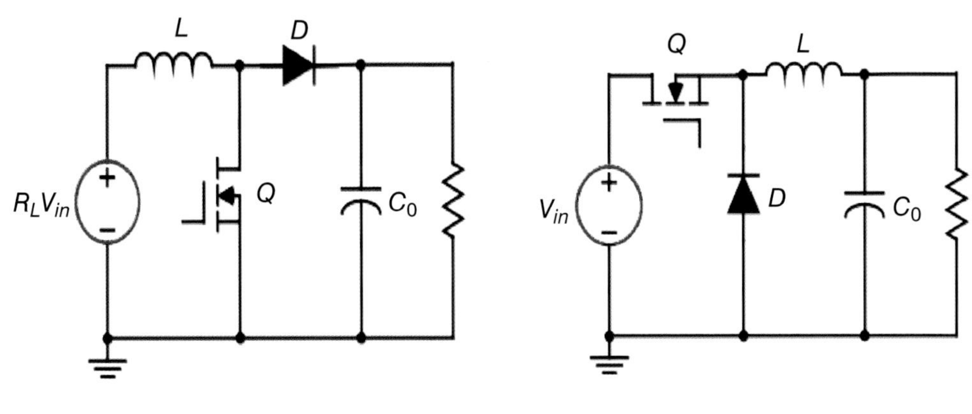

昇壓型（Boost Converter）　　降壓型（Buck Converter）

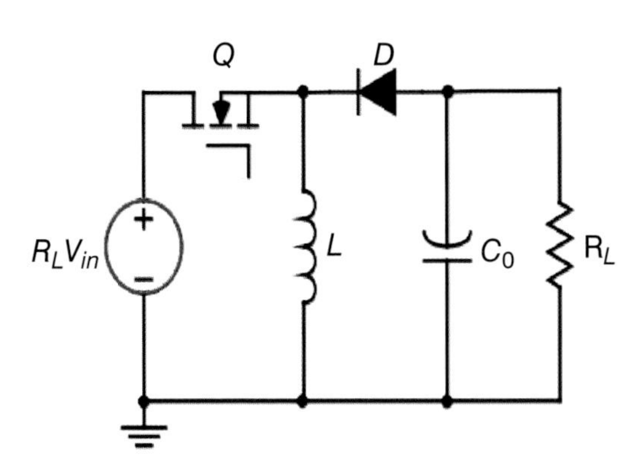

昇降壓型（Buck-Boost Converter）

圖 2-40　非隔離型驅動電路

2.6.5　LED 基本連接方式

LED 在應用時，需經常用到數十個甚至上百個 LED 組合在一起，而連接的方式也直接關係到 LED 元件的使用性以及壽命。而對基本的連接方式主要有兩個重要的功能：一是維持電流的恆定。二是保持驅動電路的低功耗，才能使 LED 保持系統效率穩定。目前應用比較廣泛的 LED 連接電路的形式主要有：串聯、並聯、串聯/並聯組合等三種。

(A) 串聯

串聯電路就是將多個 LED 的正極對負極連接成串，優點是通過每個 LED 的工作電流一樣，一般都要串加上限流電阻。缺點是這種電路需要電源提供較高的電壓。

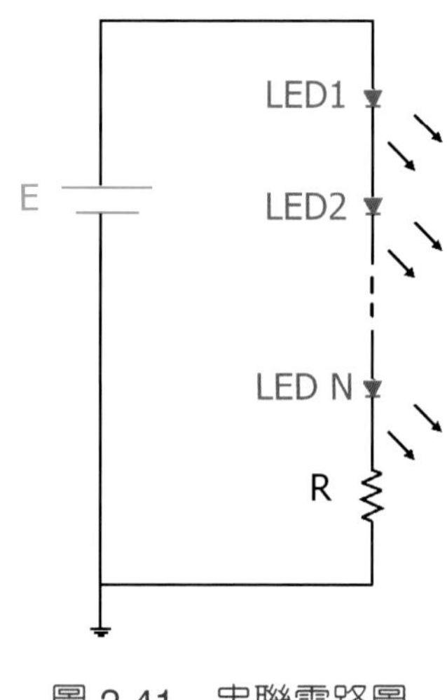

圖 2-41　串聯電路圖

(B) 並聯

並聯電路就是將多個 LED 的正極與正極、負極與負極並聯連接，它的特點是每個 LED 的工作電壓一樣，總電流為 ΣIFn，為了保證每個 LED 的工作電流 IF 一致，需要每個 LED 的正向電壓一致。不過，這種電路缺點是需要電源能提供較高的電流。

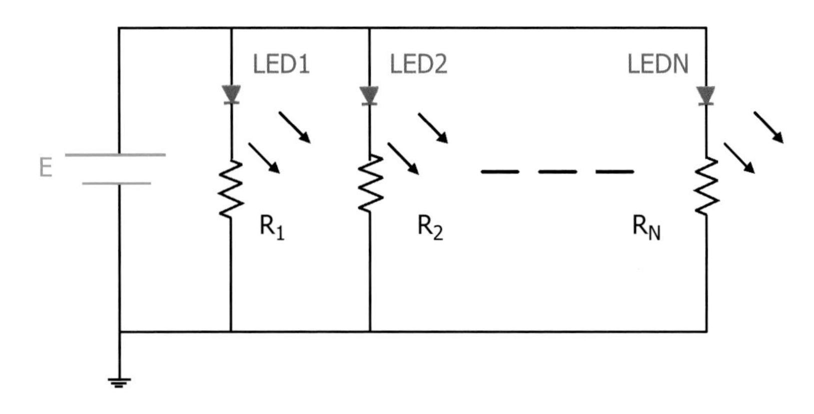

圖 2-42 並聯電路圖

(C) 串聯／並聯組合

把 LED 連接成串聯／並聯組合的形式，最大的好處是可以大幅降低因 VF 不一致造成的影響。需要注意的是我們在組成陣列形式或 LED 個數發生變化時，也應及時調整限流電阻。因為在電路中配置適當的限流電阻目的是為了能有效控制電路中的電流。當然，串聯／並聯組合電路會使輸出電流隨輸入電壓和環境溫度等因素而發生顯著的變化。

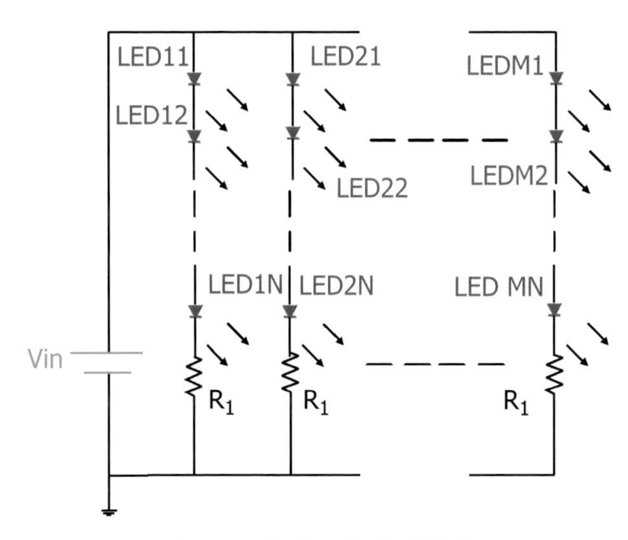

圖 2-43 串聯／並聯電路圖

習　題

一、選擇題

(　　) 1. 下列何者不是半導體材料？

(A) ZnO　(B) InP　(C) GaN　(D) HCl　〔100' LED 工程師鑑定考〕

(　　) 2. 下列何種半導體在一般情況下無法當作 LED 的發光層材料？

(A) Si　(B) GaAs　(C) GaP　(D) GaAsP　〔100' LED 工程師鑑定考〕

(　　) 3. 砷化鎵的晶體結構為？

(A) 簡單立方（simple cubic, SC）　(B) 體心立方（body centered cubic, BCC）　(C) 面心立方（face centered cubic, FCC）　(D) 閃鋅晶格（zinc blende）　〔100' LED 工程師鑑定考〕

(　　) 4. 對於半導體材料而言，下列何者不是 X-ray 繞射分析（XRD）所能提供的分析結果？

(A) 材料種類的判定　(B) 材料能隙（band gap）的判定　(C) 材料品質的比較　(D) 晶體結構的確認　〔100' LED 工程師鑑定考〕

(　　) 5. 假設有一漸變雜質濃度分布之 n 型半導體，其濃度分布由左至右逐漸增加，試判別其內建電場方向為何？

(A) 無電場　(B) 向右　(C) 向左　(D) 皆有可能

〔100' LED 工程師鑑定考〕

(　　) 6. 下列敘述，何者有誤？

(A) 在間接能隙的狀況下，電子在傳導帶與共價帶間之能量轉移時，必須伴隨著晶體動量改變的情形下才得以進行

(B) 具有間接能隙的半導體材料無法直接用來製作高效率的發光二極體

(C) 採用間接能隙半導體作為發光層或吸收層（即為主動層），其電能轉換為光能之效率比採用直接能隙半導體來得佳

(D) 以間接能隙半導體（例如：採用 GaP）作為主動層，可以將氮（N）加入 GaP，使其產生一個復合中心，而使電子和電洞在復合中心結合，以產生光子 〔100' LED 工程師鑑定考〕

( ) 7. 下列何者的能隙最大？
(A) AlN (B) GaN (C) GaAs (D) InP 〔100' LED 工程師鑑定考〕

( ) 8. pn 接面的空乏區寬度與下列何者無關？
(A) 半導體的摻雜濃度 (B) 半導體的長度 (C) 半導體的材料種類 (D) 外加電壓 〔100' LED 工程師鑑定考〕

( ) 9. 造成 pn 接面空乏區（depletion region）形成一內建電位（built-in potential）的原因是？
(A) 空間電荷 (B) 電子 (C) 電洞 (D) 少數載子
〔100' LED 工程師鑑定考〕

( ) 10. 當施加順向偏壓於一 LED 時，下列何者正確？
(A) 空乏區變寬，電流為 0，LED 不發光 (B) 空乏區變窄，電流由 p 極流入 n 極，LED 發光 (C) 空乏區變窄，電流由 n 極流入 p 極，LED 不發光 〔100' LED 工程師鑑定考〕

( ) 11. 假設市售之高功率 LED 元件為 100 lm/W，在 LED 熱效率為 90%、驅動電路效率 90%、燈具設計效率 80% 的情況下，請問整體 LED 燈具效率最佳狀況約為多少？
(A) 81 lm/W (B) 64.8 lm/W (C) 72 lm/W
〔100' LED 工程師鑑定考〕

( ) 12. LED 的外部量子效率為內部量子效率乘上下列何項？
(A) 封裝透鏡之界面反射率 (B) 螢光粉轉換效率 (C) 燈具光學效率 (D) 光萃取效率 〔100' LED 工程師鑑定考〕

( ) 13. 某公司新開發出一紅光 LED，其主波長為 609nm，在 350mA 的工作電流下，發光效率（luminous efficacy）為 168 lm/W。已知對於 609nm 的光，1W 約相當於 344 lm，估計該 LED 在 350mA 的工作電流下的 wall-plug efficiency 約為？〔100' LED 工程師鑑定考〕

(A) 49%　(B) 54%　(C) 59%　(D) 65%

(　　) 14. 下圖有四種常見的光源發光強度的角度分布圖（發光場型），請問哪一種最接近 Lambertian 光源的發光場型？

(A) 甲　(B) 乙　(C) 丙　(D) 丁

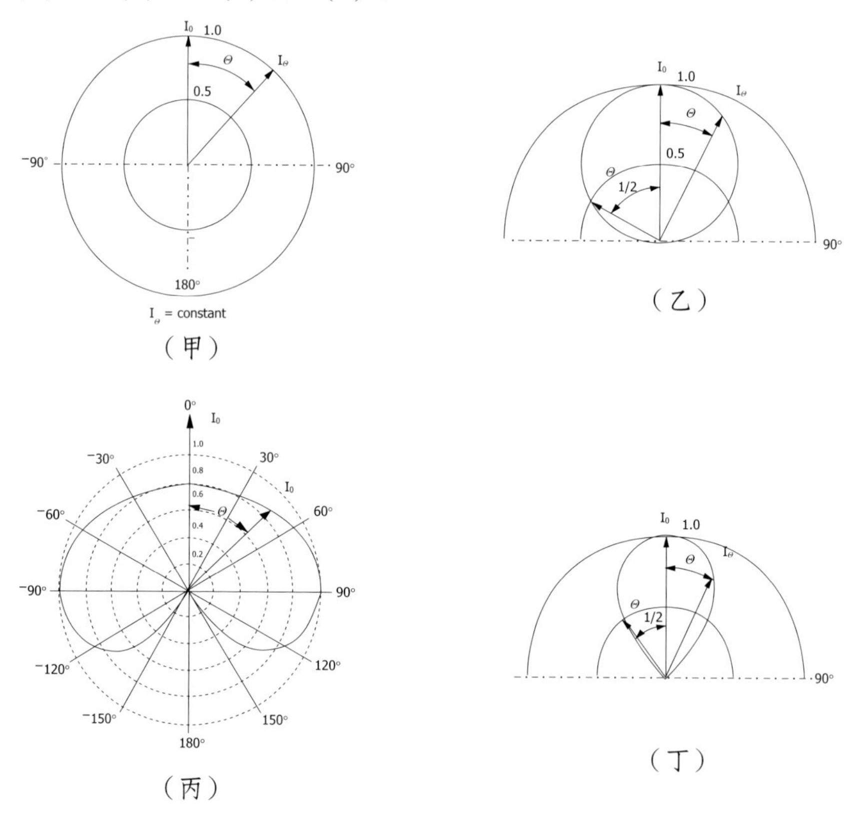

(　　) 15. 一般砲彈型封裝 LED 之發光強度的角度分布圖（發光場型），最近似上圖哪一種發光場型？

(A) 甲　(B) 乙　(C) 丙　(D) 丁。

( ) 16. 單色 LED 的光學特性是由下列何種現象所決定的？
(A) 自發輻射（Spontaneous Emission） (B) 激發輻射（Stimulated Emission） (C) 吸收作用 (D) 以上皆可

〔100' LED 工程師鑑定考〕

( ) 17. 請問下列何種基板（substrate）為目前 GaN 系列的 LED 所使用的主要基板材料？
(A) GaAs (B) InP (C) Sapphire（藍寶石） (D) Si

〔100' LED 工程師鑑定考〕

( ) 18. 請問下列何種材料為目前紅、黃光 LED 之主要製作材料？
(A) GaN (B) AlGaAs (C) SiC (D) AlGaInP

〔100' LED 工程師鑑定考〕

( ) 19. 以下哪種方法無法提升 LED 的光萃取效率？
(A) 表面粗化 (B) 倒角結構 (C) 底層增加布拉格反射鏡（DBR）或是金屬反射鏡 (D) 增加 p-型電極面積

〔100' LED 工程師鑑定考〕

( ) 20. 以下哪種方法不能有效降低氮化鎵磊晶成長產生的缺陷？
(A) 成長於圖形化藍寶石基板 (B) 成長應力釋放磊晶層 (C) 使用高溫氮化鎵緩衝層 (D) 使用晶格匹配之基板

〔100' LED 工程師鑑定考〕

( ) 21. 下列哪一種並非製作紫外光 LED 產品之材料？
(A) AlGaN (B) AlInGaN (C) AlGaAs (D) AlN

〔100' LED 工程師鑑定考〕

( ) 22. 下列關於覆晶結構（Flip-chip structure）的描述，何者有誤？
(A) 具有較高的熱阻（Thermal Resistance） (B) 具有較高的發光效

率　(C) 具有較佳的散熱效果　(D) 具有較佳的電流擴散（Current Spreading）效果　〔100' LED 工程師鑑定考〕

(　　) 23. 請問關於光子晶體（Photonic Crystal）應用於 LED 結構設計的敘述，何者有誤？
(A) 可明顯改變 LED 發光波長　(B) 有較高的光取出效率　(C) 具波長選擇性　(D) 晶粒之發光角度與一般傳統晶粒不同
〔100' LED 工程師鑑定考〕

(　　) 24. 下列何種不是目前 LED 常使用之發光層材料？
(A) GaP　(B) GaAsP　(C) SiC　(D) InGaN
〔100' LED 工程師鑑定考〕

(　　) 25. 試問 LED 接點溫度與下列敘述的特性有何關係？
(A) 封裝熱阻　(B) 消耗功率　(C) 封裝內部溫度　(D) 以上皆是
〔100' LED 工程師鑑定考〕

(　　) 26. 若我們採用螢光粉遠離晶片的封裝型式（Remote phosphor configuration）時，下列何種敘述有誤？
(A) 增加背向散射的光直接被晶片吸收的機率　(B) 可以降低熱對螢光粉的影響　(C) 較傳統封裝型式有較高的封裝效率　(D) 螢光粉的濃度與厚度會影響其封裝效率　〔100' LED 工程師鑑定考〕

(　　) 27. 兼顧絕緣與散熱條件，高功率輸出 LED 散熱封裝基板材料最佳選擇為？
(A) 陶瓷　(B) 金屬　(C) 樹脂　(D) 塑膠
〔100' LED 工程師鑑定考〕

(　　) 28. 下列常見的白光 LED 封裝結構中（剖面圖），何者的取出效率最佳？〔100' LED 工程師鑑定考〕

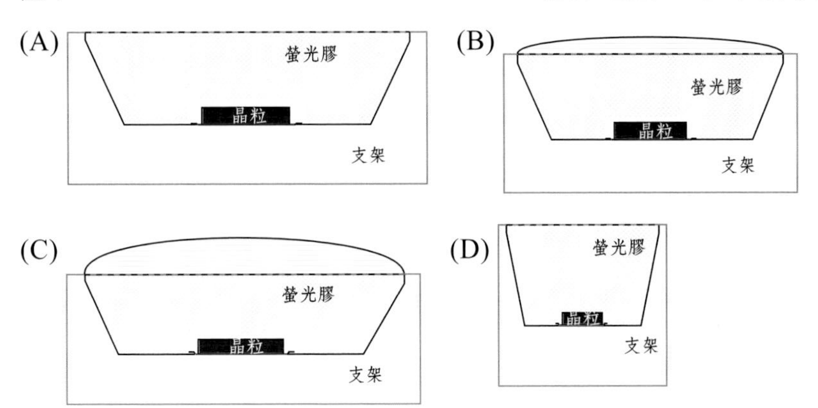

(　　) 29. 目前高功率 LED 封裝中較容易出現的散熱瓶頸為？
(A) 固晶膠　(B) 模粒之透光材料　(C) 金線　(D) 螢光粉
〔100' LED 工程師鑑定考〕

(　　) 30. LED 的驅動電壓跟下列何者特性有關？
(A) 驅動電流　(B) 環境溫度　(C) 磊晶材料　(D) 以上皆是
〔100' LED 工程師鑑定考〕

(　　) 31. 下述針對多個 LED 以並聯形式進行連接的描述何者有誤？
(A) 通過每個 LED 的電流不同　(B) 系統中某顆 LED 故障時將造成整個系統的故障　(C) 並聯形式的連接適用於低驅動電壓　(D) 通過每個 LED 的電壓相同〔100' LED 工程師鑑定考〕

(　　) 32. 為了設計 LED 穩流電路及調光電路，我們可採用脈衝寬度調變（Pulse width modulation, PWM）進行調光及混光控制。以下有關脈衝寬度調變之敘述何者為真？
(A) PWM 的工作原理，就是以定電壓的方式，改變工作週期（Duty cycle）的正脈波寬度即可改變其光通量

(B) PWM 的工作原理，就是以定電流的方式，改變工作週期（Duty cycle）的負脈波寬度即可改變其光通量
(C) PWM 的工作原理，就是以定電流的方式，改變工作頻率的負脈波寬度即可改變其光通量
(D) PWM 的工作原理，就是以定電流的方式，改變工作週期（Duty cycle）的正脈波寬度即可改變其光通量

〔100' LED 工程師鑑定考〕

(　　) 33. 下列敘述，何者正確？
(A) Thin GaN 具有最佳的封裝效率　(B) Flip-Chip 具有垂直導電結構　(C) 銀膠的固晶熱阻大於錫膏　(D) 熱阻比熱傳率更能代表散熱效能　〔101' LED 工程師鑑定考〕

(　　) 34. 有關提高白光 LED 發光效率的方法，下列何者正確？
(A) 使用銦錫氧化物（ITO）作為電流擴散層　(B) 將光輸出表面粗糙化　(C) 使用圖形化的藍寶石基板作為磊晶基板　(D) 以上皆是

〔101' LED 工程師鑑定考〕

(　　) 35. 下列關於覆晶結構（Flip-Chip structure）的描述，何者正確？
(A) 具有較高的發光效率　(B) 具有較佳的散熱效果　(C) 具有較佳的電流散佈效果　(D) 以上皆是　〔101' LED 工程師鑑定考〕

(　　) 36. 對於一顆 LED 其磊晶結構中有一發光層（多重量子井層 Multiple Quantum Well, MQW），其結構除決定發光二極體的發光效率外，還決定以下何種參數？　〔101' LED 工程師鑑定考〕
(A) 發光波長　(B) 電流方向　(C) 熱阻大小　(D) 發光偏極性

(　　) 37. 下列何種半導體材料的能隙最大？
(A) AlN　(B) GaN　(C) GaAs　(D) AlGaAs

〔101' LED 工程師鑑定考〕

(　　) 38. 由 LED 材料的能隙可決定發光波長。以 GaN 為例，其 Eg 為 3.4eV，則發射光的波長為？

(A) 550nm　(B) 365nm　(C) 910nm　(D) 700nm

〔101' LED 工程師鑑定考〕

(　　) 39. 主發光能隙 2.34eV 的 LED 發光材料，會發出以下何種色彩的光？

(A) 紅色　(B) 琥珀色　(C) 綠色　(D) 藍色

〔101' LED 工程師鑑定考〕

(　　) 40. 若要調整氮化鎵發光二極體中主要發光波長，須調整發光層材料摻雜其它元素的含量，這是由於半導體材料中何種變化所造成？

(A) 費米能階　(B) 能隙大小　(C) 電子濃度　(D) 電子遷移率

〔101' LED 工程師鑑定考〕

(　　) 41. 當紅光 LED 操作在高溫環境下時，會產生下列何者現象？

(A) 發光效率上升　(B) 內部量子效率提高　(C) 順向電壓下降

(D) 能隙（Energy Bandgap）上升　〔101' LED 工程師鑑定考〕

(　　) 42. 發光二極體最廣泛使用的雙異質結構（double heterostructure, DH）是由兩限制層包夾一作用層，請問下列哪項敘述是錯誤的？

(A) 作用層的能隙較小　(B) 限制層的折射率較小　(C) 作用層的厚度較厚　(D) 雙異質結構可以形成一波導（waveguide）結構

〔101' LED 工程師鑑定考〕

(　　) 43. 紅光 LED 導通時，元件電壓壓降約為何？

(A) 0.3V　(B) 0.7V　(C) 1.6V　(D) 5V　〔101' LED 工程師鑑定考〕

(　　) 44. LED 模組與光學量測標準中所指的『順向電壓』簡稱代號為何？

(A) IF　(B) VF　(C) VR　(D) IR　〔101' LED 工程師鑑定考〕

(　　) 45. 以下哪個選項為包利不相容原理的正確解釋？

(A) 描述粒子的行為的共軛變數，無法同時被準確的量測出來

(B) 量子力學中，粒子可以穿透薄的位勢障 (C) 粒子有類似波的特徵，而波有粒子的性質 (D) 不會有兩個電子同時佔據相同的量子狀態 〔101' LED 工程師鑑定考〕

( ) 46. LED 驅動電路設計考量需具備何者？1. 高可靠性、高效率 2. 驅動方式 3. 保護功能 4. 驅動電源壽命要與 LED 壽命相匹配。

(A) 1.2.3.4. (B) 1.2.3. (C) 2.3. (D) 2.3.4.

〔101' LED 工程師鑑定考〕

( ) 47. 所謂的 LED 之發光效率，定義為？

(A) 內部量子效率（internal quantum efficiency）與 LED 的光萃取效率（extraction efficiency）的乘積

(B)（每秒放射到自由空間的光子數）除以（每秒從主動區射出的電子數）

(C)（主動區輻射的光功率）除以（提供給 LED 的電功率）

(D)（每秒從主動區放射出的光子數）除以（每秒注入到 LED 的電子數） 〔101' LED 工程師鑑定考〕

( ) 48. 為了提升發光二極體的亮度，目前高功率發光二極體採用薄膜氮化鎵發光二極體可以得到較佳的發光效率，請問下列何者非此種結構發光二極體的優點？

(A) 不需製作透明電極 (B) 易有電流擁擠效應（current crowding）現象 (C) 使用高導熱基板，導熱性佳 (D) 垂直結構，封裝簡便

〔101' LED 工程師鑑定考〕

( ) 49. 以下何種物理電路特性會讓 LED 有較高之發光效率？

(A) 低內部量子效率 (B) 低串聯電阻 (C) 高 LED 晶片折射率

(D) 高操作溫度 〔101' LED 工程師鑑定考〕

( ) 50. 以下關於 LED 之陳述何者正確？
(A) LED 表面粗化是為了增加外部量子效率 (B) 高效率的太陽能電池可以做為高效率的 LED (C) 高效率的 LED 可以做為高效率的太陽能電池 (D) 一般藍光 LED 之輸出光譜寬度不大於 2 nm
〔101' LED 工程師鑑定考〕

( ) 51. 下列何者『不』是常用之螢光粉材質結構？
(A) YAG (B) TAG (C) Silicate (D) HCP
〔101' LED 工程師鑑定考〕

( ) 52. 若我們採用螢光粉遠離晶片的封裝型式（Remote phosphor configuration）時，下列何種敘述有誤？
(A) 增加背向散射的光直接被晶片吸收的機率 (B) 可以降低熱對螢光粉的影響 (C) 較傳統封裝型式有較高的封裝效率 (D) 螢光粉的濃度與厚度會影響其封裝效率 〔101' LED 工程師鑑定考〕

( ) 53. 隨著科技進步，1W 白光 LED 可達到多少流明（lumen）？
(A) 5000 lm (B) 1000 lm (C) 500 lm (D) 100 lm
〔101' LED 工程師鑑定考〕

( ) 54. 一般市面上使用 LED 燈電源的設定多為？
(A) 定電流 (B) 定電壓 (C) 定電阻 (D) 定電源
〔101' LED 工程師鑑定考〕

( ) 55. GaN LED 的光譜寬度大約為？
(A) 2μm (B) 2A (C) 20nm (D) 20μm
〔101' LED 工程師鑑定考〕

( ) 56. OSRAM 新開發出一紅光 LED，其主波長為 609nm，在 350mA 的工作電流下，發光效率（luminous efficacy）為 168 lm/W。波長為

609nm 的光，其 Vnumber 為 344 lm/W，估計該 LED 在 350mA 的工作電流下的 wall-plug efficiency 約為？
(A) 50%　(B) 55%　(C) 60%　(D) 65%　〔101' LED 工程師鑑定考〕

(　) 57. 激發光譜（excitation spectrum）和輻射光譜（emission spectrum）是螢光粉重要的特性，下列敘述何者正確？
(A) 激發頻譜對色溫的影響大於輻射光譜　(B) 發射光譜的不同會影響白光LED的色溫　(C) 螢光物質高能階的激發狀態回到原有的低能階狀態時，能量以聲子的形式釋放電磁波出來　(D) 螢光物質受到應力的影響使電子受激到高能階的激發狀態
〔101' LED 工程師鑑定考〕

(　) 58. 覆晶（Flip Chip）焊接方式優點為下列何者？
(A) 使用覆晶技術的電阻會降低，所以熱的產生也相對降低　(B) 適用於小功率 LED 焊接　(C) 因使用較多的金線及電極，故可提高其發光效率　(D) 這樣的接合能避免熱轉至下一層的散熱基板
〔101' LED 工程師鑑定考〕

(　) 59. 何種顏色 LED 發光強度受操作溫度之影響最大？
(A) 紅光　(B) 藍光　(C) 白光　(D) 綠光〔101' LED 工程師鑑定考〕

(　) 60. LED 封裝中使用的環氧樹脂，對 LED 配光提高出光率的原因為？
(A) 增加臨界角　(B) 減少臨界角　(C) 增加介質折射率差　(D) 不影響　〔101' LED 工程師鑑定考〕

二、填充題

1. 以 InP 晶格常數（lattice constant） aInP = 5.8688 Å 為基板，成長四元材料 $In_{1-x}Ga_xAs_yP_{1-y}$ 晶格常數為 $aIn_{1-x}Ga_xAs_yP_{1-y} = 5.8688 - 0.4176x + 0.1896y + 0.0125xy$ Å，若須滿足晶格匹配（lattice match），當 y = 0.2，x =（　　）。
〔100' LED 工程師鑑定考〕

2. 在 T= 300K 時，砷化鎵半導體中 Nd = $10^{16}cm^{-3}$、Na = 0，(A) 熱平衡的電子濃度與電洞濃度為（　　）cm^{-3}；(B) 外加電場為 10V/cm，其漂移電流密度（Jn）為（　　）A cm^{-2}；（假設砷化鎵半導體的本質載子濃度為 1.8×10^{6} cm^{-3}，電子遷移率為 8500 cm^2/V．s，電洞遷移率為 400 cm^2/V．s，$J_n = nq\mu_n E$：$q = 1.6\times10^{-19}$）〔100' LED 工程師鑑定考〕

3. 某 LED 散熱系統設計，若其熱阻為 Rth = 50℃/W，LED 使用電壓為 3.6V，電流為 0.35A，LED 散熱系統環境溫度為 47℃，此時結溫 Tj =（　　）℃。〔100' LED 工程師鑑定考〕

參考資料

1. 發光二極體之原理與製程（全華圖書，陳隆建）
2. 林昭穎，『發光二極體導光機構之研究』（2002 年 6 月）
3. 陳俊郎，『LED 封裝與在內部量子效率的評估之研究』（2007 年 6 月）
4. 半導體元件物理與製作技術（交大出版社，施敏）
5. http://ezphysics.nchu.edu.tw/prophys/electron/lecturenote/semiconI.pdf
6. me.ytit.edu.tw/machine_web/book/e-changyr3/D05.ppt
7. http://www.full-sun.com.tw/images/related/r04.pdf
8. F. Stem, J. appl.Phys. 47, 5382（1976）
9. S. M. Sze, Semiconductor Device Physics and Technology, 2nd edition, John Wiley & Sons, Inc., New York, 1981
10. 宋曉芳，『白光發光二極體發光光譜穩定性之研究』（2009 年 7 月）
11. http://www.eel.tsint.edu.tw/teacher/icdeng/ %E5%8D%8A%E5%B0%8E%E9%AB%94%E5%85 %83%E4%BB%B6%E7%89%A9%E7%90%86/chapter4.pdf
12. http://www.soujirou.info/blog/9116
13. http://www.audiophilejournal.com/what-is-an-led/
14. http://highscope.ch.ntu.edu.tw/wordpress/?p=3483

Chapter3 LED 照明應用

主要內容：

1. LED 照明產品設計與應用

2. LED 國際照明規範常識

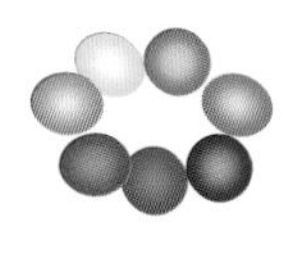

「取代傳統照明設備」係目前除了背光模組外，另一個受到矚目的發展方向。因傳統照明市場規模相當龐大，佔全球照明市場規模約 85 億美元。單以全球照明市場集中率而言，亞太區佔有 33.7%，冠居第一、北美其次約占 30.1%、西歐約占 22.3%、東歐約占 5.1%，非洲以及中東則約 4.5%。在應用產品別方面，以居家應用佔 39%為首，其次是辦公室以及醫療 18%，第三大的市場為戶外照明 12%。目前這三種應用勢成未來 LED 發展的主流。

3.1　LED 照明產品設計與應用

3.1.1　照明市場發展

雖然 LED 具有許多的優點，不過並沒有大規模的進行替換動作，主要原因乃受限於產業標準制定未完善、光形、壽命 LED 價格較高等技術問題仍尚待解決。

以成本為例，現有的照明設備成本太低，大規模的更換則成本太大，除非政府大規模介入，例如以環保的規格禁用現有照明設備，否則就算 LED 規格呈大幅躍昇，不過目前市場並無呈現爆炸性的成長，但此種狀況也許會因為環保節能的需求而逐漸改變。

再者可靠度與壽命方面，目前高功率發光二極體的輸入功率僅有 20% 會轉換成光能，剩餘 80% 則轉變成為熱能。因此須依賴有效的散熱技術把熱排出，才能有效地增加光取出效率及使用壽命。由於高功率技術的發展，使 LED 能釋放出溫度超過攝氏 100℃的高溫，而高溫不僅會加速本體及封裝材料的劣化，還會造成亮度下降以及使用壽命的縮短。因此 LED 元件本身的散熱技術必須進一步改善，以符合高功率發光二極體的散熱需求。

以目前 LED 取代傳統照明的市場趨勢來看，很難就全球來做一統合性的觀察。就區域別來看，目前則是以北美、歐洲、中國大陸及日本發展最快。美國方面是因為固態照明發展較早且也相當積極，如通過 Energy Policy Act of 2005 以促進固態照明產業的發展，此法由美國能源部（DOE）主導，聯合產業、學界和國家重點實驗室之力量，來宣示對「下一代照明計畫」（Next-generation Lighting Initiative, NGLI）的有力支持。

(A) 全球 LED 照明市場與區域市場分析

全球 LED 照明產業，受限於 LED 價格較高、產業標準未定、與光形、壽命、可靠度等技術問題尚待解決，2007 年市場規模僅 3.3 億美元，其中主要市場來源為建築照明應用，市場規模達 1.5 億美元，佔整體市場約 45%左右。未來隨著 LED 技術不斷提昇及廣泛應用領域，預計至 2012 年市場規模將達 16 億美元，2007-2012 年複合成長率達 37%，如下圖 3-1 全球 LED 照明市場分析示意圖。

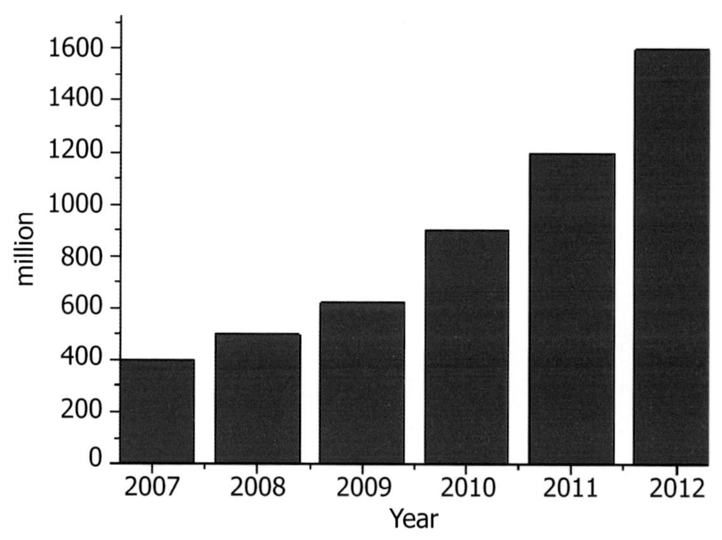

圖 3-1　全球 LED 照明市場分析示意圖

資料來源：Strategies Unlimited

就區域別來看，在 LED 照明發展目前以北美、歐洲、中國及日本發展最快，下列將針對這幾個國家發展現況做簡單介紹。

(1) 北美

美國在固態照明發展較早，在執行力上也相當確實，如通過 Energy Policy Act of 2005 以促進固態照明產業的發展，此法由美國能源部（DOE）主導，聯合產業、學界和國家重點實驗室之力量，來宣示對「下一代照明計畫」（Next-generation Lighting Initiative, NGLI）的支持。另外還針對固態照明—LED 及 OLED 技術研發，包括尋找提高 LED 效率的半導體材料、LED 燈具結構及系統改善等。2007 年美國國會同意撥出 2,450 萬美元，投入 LED 技術研發與建立 LED 照明標準，並預計於 2008 年開始將預算金額提高至 2900 萬美元，美國 DOE 也將配合積極提出推動次世代照明商品化的計畫。

除政府積極切入固態照明外，美國前五大照明廠為 Acuity、Cooper、Genlyte、Hubbell 及 Juno 亦陸續推出 LED 照明產品，目前五大照明廠僅侷限於 LED 基礎照明產品如出口指示燈、戶外景觀照明燈而已，按照這趨勢來看，未來將會有更多公司進入此市場，競爭勢必將更加激烈。

(2) 歐洲

歐洲照明廠商對於照明燈具設計屬於較前瞻，消費者對於新產品接受度亦較高，因此在 LED 照明發展較早，目前歐洲照明廠商已相繼投入 LED 基礎照明產品的發展，尤其是在建築景觀照明的應用，但是由於 LED 成本以及發光效率仍無法與傳統燈源比較，因此在 2007 年 LED 照明營收仍相當的小。

目前歐洲地區照明節能以推廣省電燈泡與螢光燈為主，但是歐洲節能意識高漲且電價也相對較高，若未來 LED 成本及發光效率優於傳統燈源時，LED 照明市場將會在歐洲快速普及，普及速度甚至超越美國。

(3) 中國

中國為全球最大照明燈具生產國，燈具製造商高達 5 千多家，但中國燈具製造商多為主要提供低階的燈具，或只能為國際燈具大廠代工。因此 LED 大廠紛紛看中中國燈具廠商低成本的生產優勢，以契約方式與數百家中國燈具廠合作，藉此進入大陸市場及控制產品品質。

而中國當局也在 2006 年提出的「十一五規劃」中，將固態照明列為國家發展重點產業，預計投入 350 萬人民幣作為固態照明研發經費，其中 LED 磊晶、晶粒、封裝以及 LED 照明應用更是發展重點，希望一舉成為全球高亮度 LED 與固態照明最大應用市場與製造大國。

(4) 日本

日本投入在白光 LED 的發展上可說是相當地積極，除了因日亞化學工業與 Sumitomo Electric 掌握的全球技術的領先地位，日本政府為防止地球溫暖化以及減少 CO_2 排放量等前提，民生部門的節約成為目前重要課題之一。日本國內照明方面所耗電力約佔全國之 20%，希望藉由省能源型之照明裝置的開發而達到上述目標，因此具有低耗電、長壽命、小型以及輕量等優點的 LED 便列為開發新省能照明實用化的目標。

為達到開發新節能照明實用化的目標，日本通商產業省基礎產業局於 1998 年 3 月正式擬定「高效率電光變換化合物半導體開發（21 世紀光計畫）」基礎計畫，是領先全球針對節能源型 LED 照明光源進行實用化之相關研究。雖然 21 世紀光計畫已於 2002 年結束，但仔細觀察日本 LED 未來的走向，不難發現產業政策的發展多轉向於建構／培養需求市場，具體作為有協助 LED 標準設立及租稅獎助 LED 使用，以擴大市場。

表 3-1　未來 LED 照明市場發展的關鍵議題

發展方向	解決方法
‧產品優勢持續強化	‧光色、光強動態控制 ‧體積小、設計獨特性 ‧光型可控制性
‧更容易、更小體積控制系統	--
‧高品質照明與高光效同時達成	--
‧降低成本，縮短投資回收時間	‧次系統成本降低重要性提升 ‧優先投資高維護與高能源成本應用場域
‧系統可靠度提升	--

3.1.2　LED 之照明應用現況

照明產業發展至今，不僅與人類的生活密切結合，且在能源耗用中佔有一定比例。以在節能減碳為前提下，尋找高效率光源一直都是各國努力的目標。直到 LED 光源的出現，大量地取代過去發光效率較低的傳統光源，並確實運用在各式各樣的產業上。一般而言，LED 照明產業可分為：❶ LED 元件、❷ LED 模組與 ❸ LED 照明應用等三類。從元件端來看，可區分為標準型、高功率、高電流以及多晶粒封裝。模組端則包括散熱管理、光學模組以及驅動模組三部分。LED 照明燈具由光源、控制系統、外部結構體所構成，以達到配置光線與保護光源體之目的，並提供光源體之電源供應。除此之外，燈具還具有防止眩光、並做為裝飾與光源指向等功能。關於照明應用在各方面的要求，可藉由下表 3-2 說明：

表 3-2 照明應用需求表

產品	室內	建築	景觀
1. 眩光效果的運用。 2. 替代性光源。 3. 資訊訊息傳遞。	1. 傳統照明環境的突破。 2. 空間情境的塑造，滿足人們對照明的個性化需求。 3. 提高環保與節能的效能。	1. 塑造建物表情的多元面貌。 2. 增添人們對環境的個性化需求。 3. 提高環保與節能的效能。	1. 環境氛圍的營造，滿足人們對照明的個性化需求。 2. 即時訊息的宣告。 3. 警戒與保全的功能整合。 4. 提高環保與節能的效能。

過去各 LED 照明燈具廠商皆強調發光效率降低、擁有更高的光輸出與更長的產品生命週期。但以現階段的技術端成長已成為必然條件，而能從消費者角度出發，進而滿足使用者照明需求的燈具產品反而炙手可熱。下表 3-3 為不同群體對 LED 照明應用場域所不同要求排名表：

表 3-3 LED 照明應用場域排名表

	對設計者提出照明需求	建築物之設計師（含照明）	提供有關照明設備採購建議之專業人士	開發／裝設照明製品廠商
第1名	大廳、玄關	大廳、玄關	戶外空間	電梯間
第2名	戶外空間	通道	室內天花板通道（高度未滿3m）	通道
第3名	洗臉台空間	戶外空間	建築物外牆	樓梯
第4名	樓梯	建築物外牆	大廳、玄關	大廳、玄關
第5名	電梯間	樓梯	樓梯	建築物外牆
第6名	通道	電梯間	通道	戶外空間
第7名	室內天花板通道（高度未滿 3m）	室內天花板通道（高度未滿 3m）	室內天花板通道（挑高或高度 3m 以上）	室內天花板通道（高度未滿 3m）
第8名	室內天花板通道（挑高或高度 3m 以上）	室內天花板通道（挑高或高度 3m 以上）	洗臉台空間	洗臉台空間
第9名	建築物外牆	洗臉台空間	電梯間	室內天花板通道（挑高或高度3m以上）

就 LED 於照明市場的應用領域依據其使用方式約可分為十二類，可參閱圖 3-2 所示：

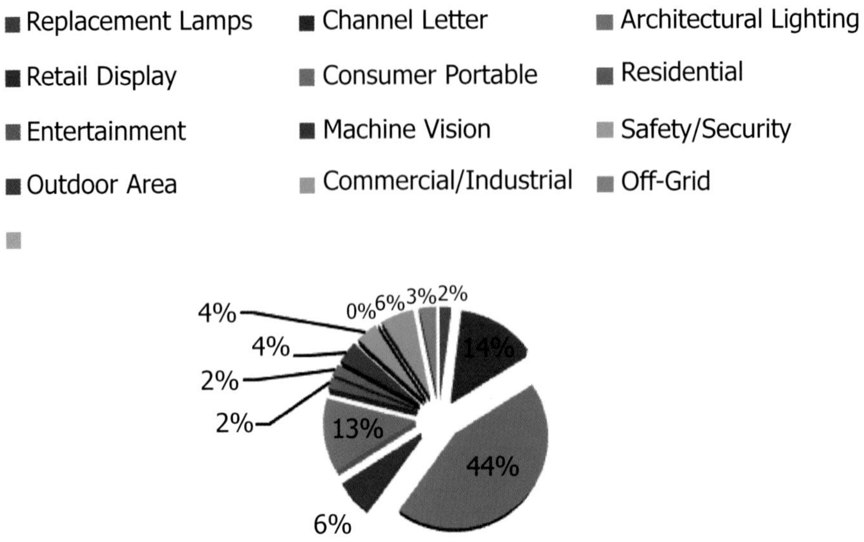

Replacement Lamps　Channel Letter　Architectural Lighting
Retail Display　Consumer Portable　Residential
Entertainment　Machine Vision　Safety/Security
Outdoor Area　Commercial/Industrial　Off-Grid

4%　0%　6%　3%　2%　4%　14%　2%　2%　13%　44%　6%

圖 3-2　2007 年 LED 照明應用分析示意圖

資料來源：Strategies Unlimited

十二類 LED 照明應用領域

❶ 替代光源產品（Replacement Lamps）

❷ 字型燈（Channel Letter）

❸ 建築照明（Architectural Lighting）

❹ 零售展示用照明（Retail Display）

❺ 消費者手持式照明（Consumer Portable）

❻ 居住用照明（Residential）

❼ 娛樂用照明（Entertainment）

❽ 機械影像／檢查（Machine Vision）

❾ 安全／保全（Safety/Security）

❿ 屋外用照明（Outdoor Area）

⓫ 商業／工業照明（Commercial/Industrial）

⓬ 離網型照明（Off-Grid）

由上述資料可知 LED 照明大多集中於建築照明（Architectural Lighting）、字型燈（Channel Letter）、消費者手持式照明（Consumer Portable）這三大項目上，但隨著 LED 照明技術的進展與廠商持續投入，未來在其他領域的應用比率也將持續地升高。下列將針對十二項應用領域作簡單介紹：

(A) 替代光源產品（Replacement Lamps）

替代光源產品係指將 LED 做成與白熾燈、燈頭的產品，讓消費者可以在不更換燈具前提下，直接進行光源替換。LED 替代光源產品是廠商為加速產品銷售與獲得市場，故以替代市場為發展主軸，開發出外型與燈頭與傳統光源相似產品，以 LED 電燈泡為代表，如圖 3-3 所示。這類產品消費者不僅可以直接替代傳統光源使用，尚可降低消費者使用障礙。不過受制於傳統光源外型與發光特性，要設計出光形與傳統光源完全一致的 LED 燈泡尚有技術上的考量。

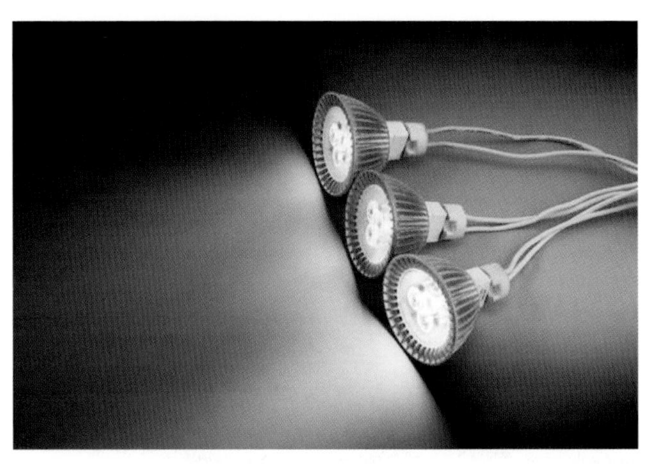

圖 3-3　LED 電燈泡 LED

資料來源：網路圖片見參考資料

(B) 字型燈 / 輪廓照明（Channel Letter / Contour）

字型燈 / 輪廓照明 2007 年營收約佔整體市場 14%，為 LED 照明第二大應用領域。絕大部分的字型燈／輪廓照明廠商都屬於小型公司且有屬地主義的現象，以美國為例，字型燈／輪廓照明廠商雖有 6 千多家，但整個美國市場僅 0.05 億美元。預計至 2012 年字型燈／輪廓照明營收將成長至 1 億美元。如圖 3-4 所示，按光色做為區分，Red、Orange、Yellow（ROY） LED 價格低於白光與藍／綠光 LED，所以光色多以 ROY 為主，佔 LED 字型燈／輪廓照明比重達 54%，其次為白光 LED 約佔 34%，藍／綠光部分則僅佔 12%。

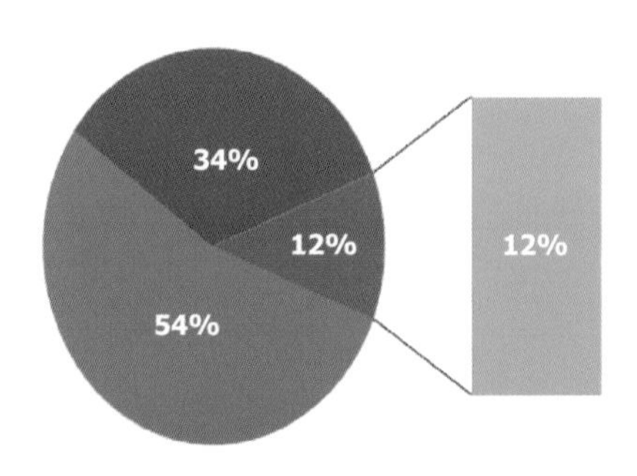

圖 3-4　三種白光 LED 價格比例圖

圖 3-5　LED 字型燈／輪廓照明燈示意圖

資料來源：網路圖片見參考資料

(C) 建築照明（Architectural Lighting）

建築照明 2007 年營收約佔整體市場 45%，是為目前 LED 照明最大應用領域，主要係因其隨著白光 LED 光通量及發光效率提升，包括庭園路燈（Path light）、探照燈（Floodlight）、階梯燈（Step lights）、陽台燈等對於 LED 使用比率快速成長，隨著 LED 光通量及發光效率提升，預計至 2012 年建築照明營收將成長至 6.8 億美元，佔整體 LED 照明營收約 42%左右。

2007 年 LED 建築照明主要應用市場為歐洲地區，佔全建築照明市場約 32%左右，主要是因為歐洲廠商對於文化資產投資的照明設備與設計價值遠高於美國。美國則因為照明設計師已逐漸開始評估 LED 建築照明燈具的可靠度，並開始使用 LED 照明燈具於零售和商業大樓的照明活動。中國對固態照明發展態度也相當積極，可從 2008 年北京奧運投入相當多資金以及 LED 照明產品看出。但礙於主要會場及活動場地的 LED 照明燈具多使用歐洲或美國廠商產品，使得中國當地廠商只能將其產品使用在其他地方。

圖 3-6　建築照明用燈示意圖

資料來源：網路圖片見參考資料

(D) 零售展示用照明（Retail Display）

零售展示用照明 2006 年營收約 0.07 億美元，雖市場不大僅佔整體市場 3.2%，但在各項展場中不但需要大範圍的照明，尚需能呈現出產品特色的光源，如衣服、化妝品、食物、珠寶等等，運用不同的照明呈現出產品與眾不同的地方，將是一門重要的學問。

LED 於 2006 年開始進入零售展示用照明領域中，主要 LED 有幾個特色：

❶ LED 光色、色溫、演色性可變，大大提升展示的美學效果

❷ LED 光線中缺少紅外光及紫外光可避免破壞產品本身

❸ 成本較光纖低、效率較白熾燈泡高、色彩呈現較螢光燈好等優勢

(E) 消費者手持式照明（Consumer Portable）

消費者手持式照明包括手電筒、閱讀燈等等。目前來說消費者手持式照明整體市場約 10 億美元，其中手電筒佔了最大的市場率，而特殊及專業的手電筒將價格敏感度相對較一般消費者低，故占了其中的 30%。若 LED 技術及價格能進一步改善，未來將有機會進入一般照明用手電筒，進一步擴大其市佔率。

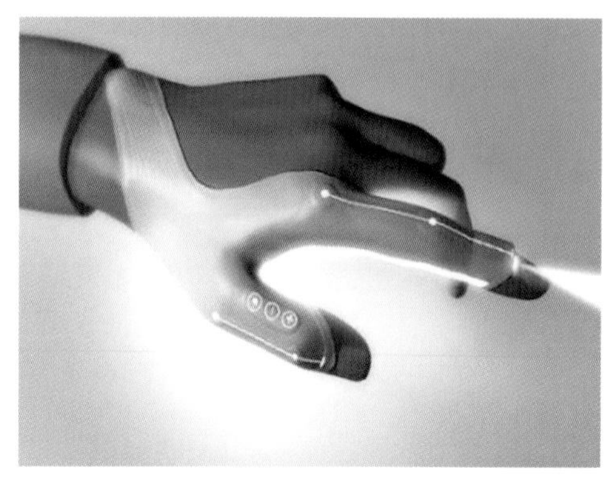

圖 3-7　消費者手持式照明圖

資料來源：網路圖片見參考資料

(F) 居住用照明（Residential）及屋外用照明（Outdoor Area）

居住用照明包括嵌燈（Recessed cans）、吊燈（Pendants）等，屋外用照明則包括路燈、街燈等等戶外照明，然而受限於 LED 技術等問題尚未解決，故 LED 在市場潛量最大的居住用照明及屋外用照明市場佔有率相對較低。

圖 3-8 居住用照明

資料來源：網路圖片見參考資料

(G) 娛樂用照明（Entertainment）

娛樂用照明較傳統燈源主要優勢在於 LED 光色、色溫、演色性可變以及壽命長，所以大多運用在現場音樂會舞台的聚焦燈或演唱會 LED 光條、戲院、電視等地方。然而，娛樂用照明廠商主要是以出租方式提供給舞廳、俱樂部等需要燈光設備的客戶，所以在投資新設備上較不踴躍積極。

圖 3-9　娛樂用照明

資料來源：網路圖片見參考資料

(H) 機械影像／檢查（Machine Vision）

LED 應用於機器影像／檢查除 LED 可變化不同形狀外，更兼壽命長的優勢，預計 2010 年營收將成長至 0.28 億美元。但經測試發現，對於那些需要能在可見光譜中再生所有色彩的專業人士來說，CRI 值並不理想，所以 2006 年營收約 0.13 億美元，只佔整體市場 6.3%，高演色性 LED 自然也將成為下一個發展焦點。

(I) 安全及保全照明（Safety / Security）

安全及保全照明主要包括緊急照明及出口指示，2006 年安全及保全照明營收約 0.16 億美元，佔整體市場 7.8%。依區域別來看，北美佔 65%居冠，主要是因為美國能源部（DOE）及環保署（EPA）透過「Energy Star」計畫提倡節源效率，而 LED 出口指示燈正符合此計畫目標，因此直接影響消費者購買行為，使得美國成為 LED 安全&保全照明最大應用國。

圖 3-10 LED 避難指示燈

資料來源：網路圖片見參考資料

(J) 離網型照明（Off-Grid）

LED 離網型照明多以風力、太陽能等不使用市網電力發電，如在遊艇及船隻上的使用，故主要營收來自於與太陽能結合的產品。2006 年 LED 離網型照明營收僅 7.7 百萬美元，發展較快的地區則是在美國及歐洲，分別佔 46% 及 34%。值得注意的是，許多供應商亦將 LED 與太陽能結合產品銷售至第三世界國家如印度，但礙於第三世界國家鋪設線路成本高且市網電力並不普及，因此採用太陽能發電不單可以省去鋪設線路的成本，在設置上也不困難，故未來可朝改善太陽能面板及太陽能發電等技術發展。

(K) 商業 / 工業照明（Commercial / Industrial）

商業 / 工業照明泛指於辦公室、飯店、餐廳及工廠等區域的照明設備，所以 LED 於此應用市場潛力也相當驚人。雖然商業 / 工業照明雖多數仍使用價格低且效率高的傳統光源，如螢光燈管等，但以 LED 於此應用市場上目前不論價格以及發光效率，都使得消費者採購意願低。

3.1.3　LED 照明發展趨勢分析狀況

LED 照明發展上，目前仍侷限於 LED 本身存在著許多問題尚待解決，包括成本、發光效率及散熱問題等，所以業者認為待 LED 解決這些問題後，LED 照明產業才會有蓬勃發展的可能。

舉例來說，目前 LED 積極想進入一般照明光源市場，以取代目前普遍使用白熾燈、鹵素燈、螢光燈等光源。若比較 LED 與現有光源產品特性差異，不難發現 LED 目前在發光效率雖有明顯改善，但較螢光燈仍有一段差距，因為不僅 LED 所發出光通量不足且價格上也是不斐，所以若要在短期內取代現有光源仍有其難度。

3.1.4　光學設計流程

LED 照明零組件在成為照明產品前，一般要進行兩次光學設計。在把 LED IC 封裝成 LED 光電零組件之前時，就必須先進行第一次的光學設計，主要係調整 LED 的出光角度、光強、光通量大小、光強分布、及色溫的範圍，所以必須有第一次的光學設計。

而二次光學就是將經過一次透鏡後的光再通過一個光學透鏡藉以改變它的光學性能，但若要確保整個發光系統的出光品質，即須於一次光學設計封裝合理後，且確保每個 LED 發光零組件的出光品質，才能在一次光學設計的基礎上進行二次光學設計。所以一次光學設計的目的是盡可能多的取出 LED 晶片中發出的光，而二次光學設計則是讓整個燈具系統發出的光能滿足設計需求。

以下圖 3-11 為 LED 光學設計的基本結構圖：

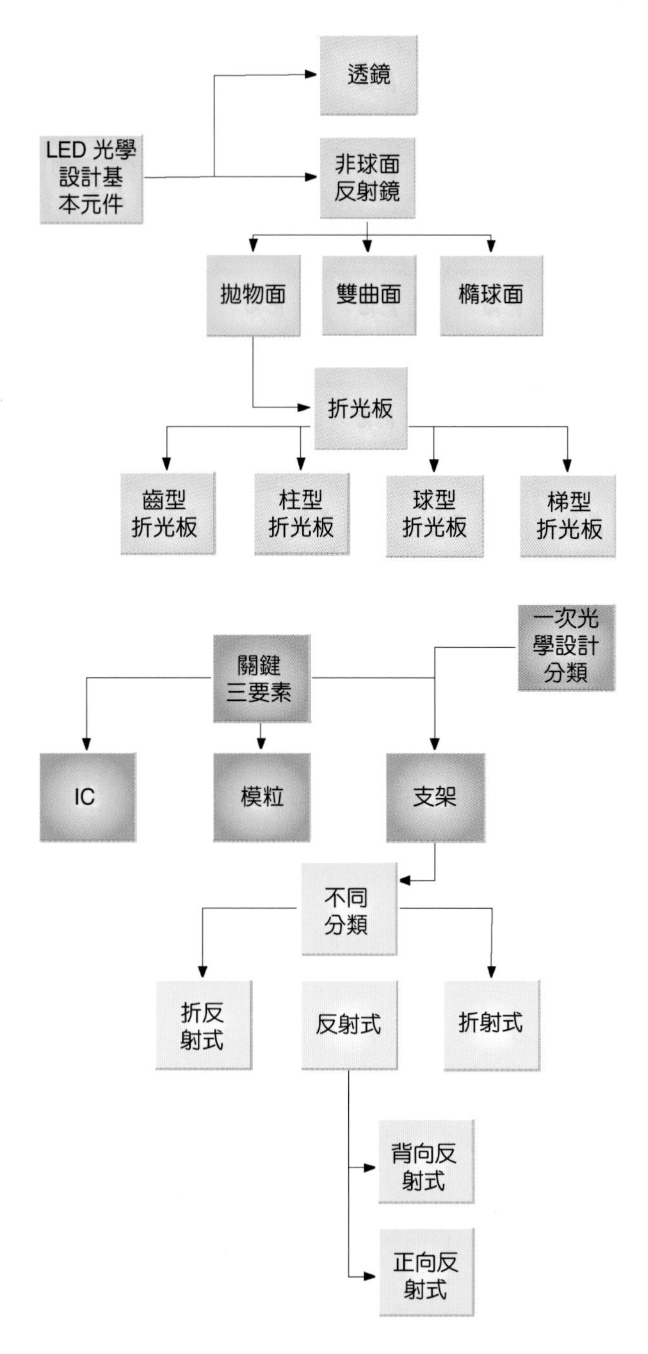

圖 3-11　LED 光學設計的基本結構圖

3.1.5 LED 路燈設計

LED 因為其發光特性，低功率 LED 輸入電能 50%、高功率 LED 則為 65% 轉換成熱能後必須排出，且 LED 晶粒屬半導體材料，所以一般情況下 p-n 接面溫度越高則發光效率也越低。因此假設 LED 路燈在使用壽命 5 萬小時狀況下，其最大設計值為 90℃。而針對高瓦數 LED 路燈的散熱裝置，目前業者多半採用包括風扇、鰭片、熱管、迴路熱管等不同解決方案藉以達到散熱效果。

目前 LED 路燈的散熱方式主要有：

❶ 主動散熱：水冷散熱技術、加裝風扇強制散熱、半導體製冷晶片。

❷ 被動散熱：自然散熱法、熱管和回路熱管散熱等。

就加裝風扇強制散熱方式則因系統複雜、不穩定性高，而熱管和回路熱管散熱方式成本過高。而路燈具有戶外夜間使用、散熱面位於側上面以及體型受限制較小等有利於空氣自然對流散熱的優點，所以 LED 路燈建議盡可能選擇自然對流散熱方式。

散熱設計中可能存在的問題有：

❶ 散熱翅片面積未統一。

❷ 散熱翅片佈置方式不合理，燈具散熱翅片的佈置沒有考慮到燈具的使用方式，影響到翅片效果的發揮。

❸ 強調熱傳導環節、忽視對流散熱環節。

儘管眾多的廠家考慮了各種的措施，如熱管、回路熱管等等，但卻無考量到熱能仍須依靠燈具的外表面積來散熱。

3.1.6 LED 車燈設計

(A) 近燈

近年來因綠色能源的意識抬頭，四處皆可見到節能減碳標語。而在每日皆須搭乘的交通運輸上，除了研發更省油的動力系統外，利用再生原料製作汽車零件也可使車身更加環保。至於行車照明部分，目前重心也開始致力於更省電、壽命長、體積小、更加耐震等優點的照明技術，從早期的 LED 第三煞車燈、方向燈、尾燈開始，汽車廠商也開始從晝行燈、霧燈甚至車頭燈組等裝置導入 LED 照明技術。

就車輛近光燈而言，如圖 3-12、圖 3-13 即根據條文「光度試驗與色度座標規定」所繪製之配光螢幕圖，而表 3-4 則為近燈配光之需求表。

表 3-4　近燈配光點需求表

螢幕之測試點		光度值(單位：lux)	
右行用	左行用	類型A	類型B
B50L	B50R	<= 1	<= 1
75R	75L	>= 6	>= 12
75L	75R	<= 12	<=12
50L	50R	<= 15	<=15
50R	50L	>= 3	>= 3
50V	50V	--	>= 6
25L	25R	>= 1.5	>=2
25R	25L	>= 1.5	>=2
Zone III every point		<= 0.7	<=0.7
Zone VI every point		>= 2	>=3
Zone I every point		<= 20	<=2E*
為50R或50L實際量測值			
	餘光點	光度值	
	1+2+3	>= 0.3 lux	
	4+5+6	>= 0.6 lux	
0.7lux >= 7 >= 0.1 lux			
0.7lux >= 8 >= 0.2 lux			

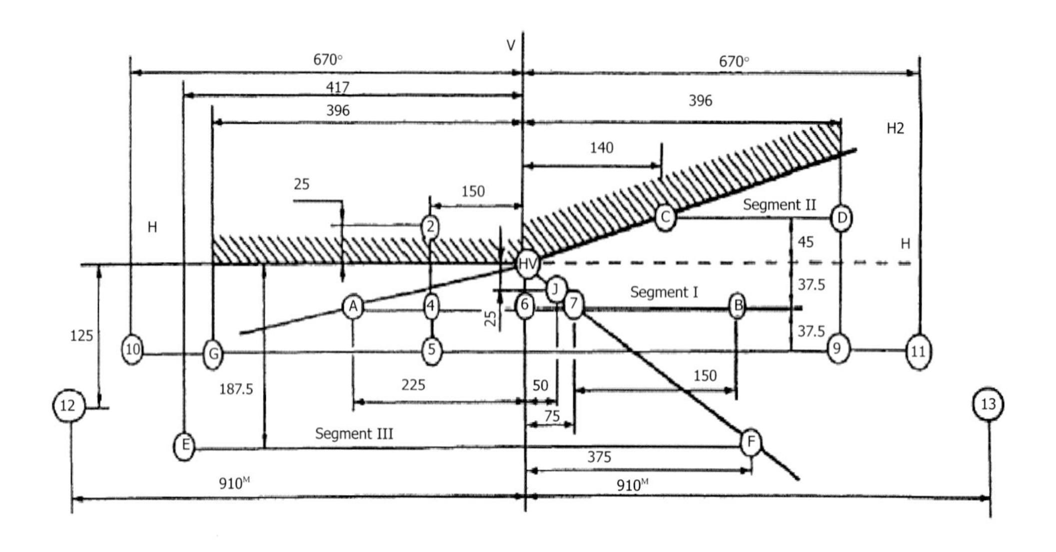

圖 3-12　配光螢幕 1

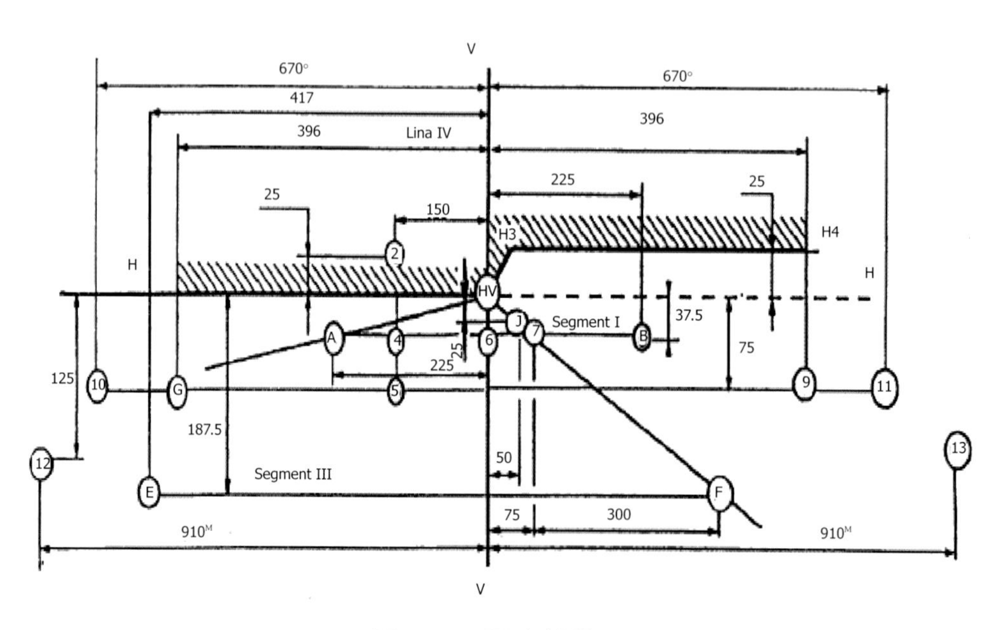

圖 3-13　配光螢幕 2

配光螢幕及明暗截止線分佈規定

❶ 由燈前 25 公尺處之配光螢幕進行量測，如圖 3-11、圖 3-12、圖 3-13 所示。（單位為公分。HH 線及 VV 線為穿過近光參考軸之水平面與垂直面和此螢幕的交叉點。角度 HVH2-HH 為 15°）

❷ 標準氣體放電式光源內部之電弧尺寸應符合本基準中「燈泡」之要求。

❸ 近光燈需提供足夠清楚的明暗截止線（cut-off）以作為調整之用，在配光螢幕 VV 線左側為水平直線，而另一邊則不應超越 HV／H2 線（圖 3-11）或 HV／H3／H4 線（圖 3-12）上方。

❹ 應校準近光光束使明暗截止線水平部份位於 HH 線下方二五公分處，其轉折處應位於 VV 線上。若校準後無法符合近遠光燈之配光要求，允許在水平方向左右各 0.5° 範圍及垂直方向上下各 0.2° 範圍內重新校準。

❺ 利用光度計來測量遠光燈及近光燈之照度值，其有效區域應位於邊長 65mm 的矩形內。

❻ 具有近光燈及遠光燈功能之頭燈，若未運作達 30 分鐘以上，在啟動後 4 秒於點 HV 遠光燈的照度應至少 60 lux，點 50V 近光燈的照度應至少 10 lux。僅具有近光燈功能之頭燈，於點 50V 的照度應至少 10 lux。

(B) 晝行燈

歐洲被廣為推崇的晝行燈（Daytime Running Light，簡稱 DRL），在歐盟的明令要求下將於 2011 年起實施，所有新車都必須配置「晝行燈自動照明系統」，預計這項新規定將可使歐盟地區每年交通事故死亡人數減少 2,000 人。晝行燈自動照明系統在引擎啟動時會自動開啟，讓行進中的汽車更容易被看見，因而可有效降低交通事故的發生。

目前 DRL 系統主要有以下幾種型式：

❶ 近光燈型式：DRL 系統直接使用車輛近光燈。

❷ 遠光燈型式：DRL 系統使用車輛遠光燈，可使遠光燈強度下降。

❸ 黃色方向指示燈型式：DRL 系統直接使用增大強度的車輛黃色方向指示燈，使指示燈一直保持明亮，等到轉向開關開啟時才閃爍。目前就系統成本和肇事率改善效益最明顯的是以黃色方向指示燈型式為佳，此型式直接使用機車本身的增大強度的燈具，故可節省成本。且根據國外研究發現使用黃色方向指示燈型式 DRL 系統，是所有型式中改善交通意外撞擊率最多的系統型式，可有效降低交通意外撞擊率達 12.4%，可參閱表 3-5。

表 3-5 各 DRL 型式改善交通意外撞擊率

DRL 型式	改善交通意外撞擊率
黃色方向指示燈型式	−12.4%
遠光燈型式	−4.86%
近光燈型式	−3.23%

晝行燈（DRL）在設計上的需求為體積小、不造成往來行人及來車眩光、亮度不需過強。所以亮度只有近光燈三分之一的亮度，不但符合晝行燈配光性能上的要求（ECE R87），更只有開啟頭燈時所消耗量的 10%。

圖 3-14 汽車晝行燈

(C) 機車頭燈

適應性機車頭燈由未來機車照明趨勢來看，機車頭燈照明將由目前遠近光雙光型之定向式機車頭燈逐漸轉變為多光型之轉向式 AFS 適應性頭燈。因夜間駕車安全的考量及車輛電子的技術發達，未來機車將把 AFS 系統列為機車之標準配備，可大幅改善機車夜間騎乘於彎道時，頭燈因車身姿態改變所造成之照明死角。現行機車頭燈相關標準均須通過中國國家標準 CNS 法規所訂基本照射及量測之準則，如「機器腳踏車燈光信號裝置標準」，並應符合「道路交通安全規則」第 39-2 條第五款之要求。經由分析各國機車頭燈照明法規，可知國內法規調和方向應朝向 ECE 法規作調和，較有益於台灣與國際車輛市場接軌。

圖 3-15　機車照明燈

資料來源：網路圖片見參考資料

(D) 霧燈

在霧燈的法規上，依據 ECE-R19／2001 其光形分布如圖 3-16 所示，前霧燈之配光量測是由燈前 25 公尺處垂直螢幕決定，HV 點由燈心

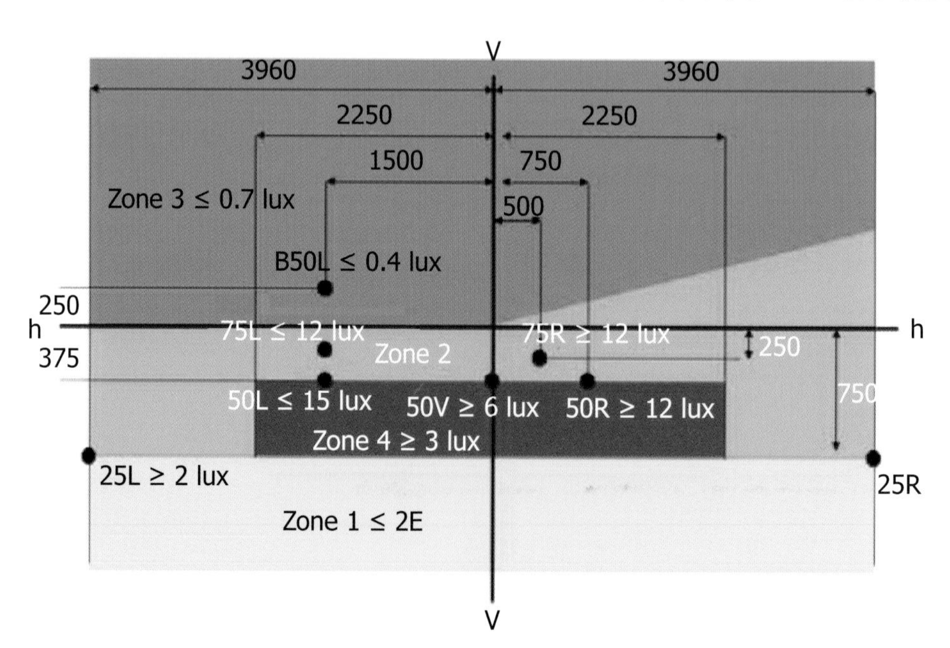

圖 3-16　霧燈光型分布示意圖

至螢幕之垂直軸線構成，hh 線為通過 HV 之水平線。前霧燈需將截止線調整至水平線 hh 下方 50 公分處，調整後前霧燈於螢幕上產生之配光要求如表 3-6 所示。

表 3-6　反射面與 TIR 透鏡特性比較表

特性	反射面	TIR 透鏡
集光效率	低	高
體積大小	較大	較小
加工製程	❶ 開模射出 ❷ 真空電鍍	開模射出
製作成本	高	低

前霧燈的光形設計，方式是在 TIR 透鏡上雕花紋，利用柱狀透鏡的折射來得到光形分布。因為前霧燈光形左右的光形分布比較寬（21.8°），所以在光形設計上必須分成擴散光形與集中光形的設計，擴散光形是讓擴散區的配光點能符合法規的規範，集中光形是讓強光區的配光點能符合法規的規範，其設計方法是藉由改變花紋橫軸方向的曲率獲得較寬與較窄的光形分布；另一方面必須改變花紋縱軸方向的曲率使光形往下降，這樣光形的截止線才能對齊 H 線。擴散光形設計結果擴散模組的設計，需將光形左右擴散，擴散區的區域在正負 10.2° 至正負 21.8° 之間，此區間的亮度要求需大於 0.5lux，因此需調整柱狀透鏡的橫向曲率，使擴散區間的亮度值能符合法規的規範。

圖 3-17　汽車霧燈

資料來源：網路圖片見參考資料

3.1.7　LED MR16 燈具設計

近年來因高亮度發光二極體（HB-LED）的蓬勃發展，效能明顯比以往增加許多，且可廣泛適用於眾多新應用商品，如手電筒、建築照明及街道照明等都可以發現許多革命性的新產品。就許多應用而言，LED 需要以電流源來驅動，而高亮度發光二極體的正向電壓（額定值 3.4V）變化幅度可能超過正負 20%，因此都會涉及到寬輸入電壓範圍的電源，這也是目前高亮度發光二極體所面臨的供電挑戰。

以當前 1W 暖白光功率 LED 的流明量而言，通常需要 3 到 4 顆 LED 來替代 1 個 20W 白熾燈的光輸出。而要獲得可預期及匹配的亮度和色度，也需要以恆定電流驅動 LED。從架構角度來說，降壓-升壓拓撲結構符合這個要求，但它不如標準降壓或升壓拓撲結構那樣常見。但理解透徹的話，降壓-升壓拓撲結構也可以為輸入電壓（V_{in}）與正向電壓（V_f）有交疊的高性價比 HB-LED 照明應用提供許多優勢。

(A) 參考設計概覽

本參考設計為經過測試的 GreenPoint 1W 至 5W LED 驅動器方案，用於 MR16 LED 替代應用。此參考設計電路適合驅動多種照明應用中的 HB-LED，但其尺寸和配置針對 MR16 LED 替代應用。這類配置常見於 12Vac／12Vdc 軌道照明應用、汽車應用、低壓交流景觀照明應用，以及工作照明應用，像是可能採用標準現成交流電壓牆式適配器供電的櫥櫃燈及檯燈。這參考設計的一項關鍵考慮因素，是在 12Vac 輸入條件下，跨輸入線路變化及輸出電壓變化，實現平坦的電流穩流。此參考設計電路基於安森美半導體的 NCP3065 而建構，工作頻率約為 150kHz，採用非隔離型配置。NCP3065 是一款單片開關穩壓器，支援 12Vdc 或 12Vac 電源輸入，設計用於為 HB-LED 提供恆定電流。除了 NCP3065，這項參考設計還結合了自動檢測電路。此參考設計的功能方塊圖如圖 3-18 所示。

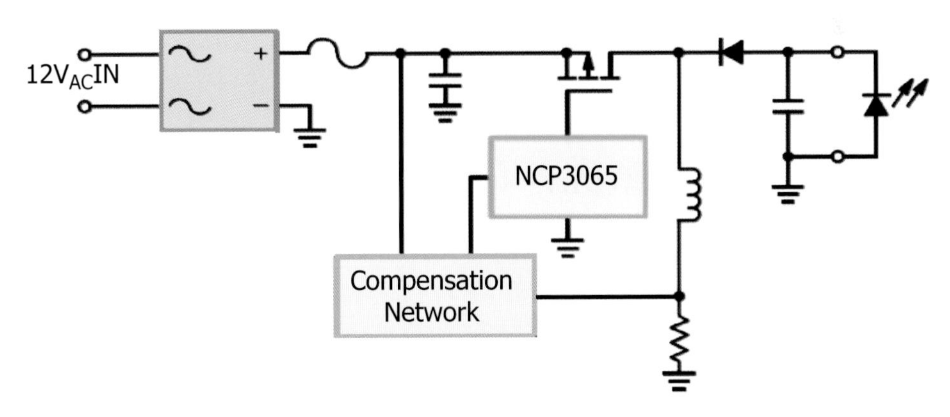

圖 3-18 安森美半導體用於 MR16 LED 替代應用的 1W 至 5WLED驅動參考設計方塊圖

(B) 基本電源拓撲結構

於導通狀態時，輸入電壓源直接連接至電感 L，從而在電感中聚集能量，此時電容 C 為輸出負載提供能量。關閉狀態時，電感通過輸出二極體連接至輸出負載及電容，從而傳輸能量給負載。要注意的是這是一種反向（inverting）輸出，負輸出連接至 LED 的陽極，而正輸出連接至 LED 的陰極。另外，用示波器探頭來測量時，探頭的接地端並不接地。示波濾器將需要浮置（從交流牆式電源移除接地連接），否則，接地環路／短路將導致元件關閉。

(C) 交流工作 Vs.直流

由於有半正弦波輸入至降壓-升壓段，與純粹直流輸入相較之下，工作點較有所不同。由於該設計的目標為小尺寸，因此在全橋整流器後使用了極小的輸入電容。而根據所選擇的輸入電容，線路電壓能夠降到低至 3V。故轉換器的輸入是全波整流正弦波。由於穩壓器在電壓低於約 4V 時不工作（non-functional），故存在穩壓盲區（dead spot）。所以最後得到穩壓的是 120Hz 線路週期中約 80% 的有限部分，其餘約 20%則沒有穩壓。採用交流輸入工作時，這會降低平均電流約 20%。若應用大於 12Vac 的電壓工作時，則應以散熱效果為第一優先。

(D) 保護

齊納二極體 Z1 和電阻 R1，以及 NCP3065 的限流功能用於開路保護。在出現負載開路事件時，環路將嘗試增加輸出電壓以滿足零電流回饋的電流需求。當（$V_{in} + V_{out}$）超過 Z1 的電壓時，電流會流過 R1，觸發 NCP3065 的限流功能。短路保護通過輸入端的熔絲 F1 來處理。電感型負載的浪湧保護也必須慎重考慮，特別是在變壓器饋電系統中，這類系統攜帶大量的源電感，如景觀照明應用中的磁變壓器就是如此。需要選擇恰當電壓的浪湧保護元件，其電壓不能超過功率 FET 門極至源極電壓，並帶有合理電壓量。這可能要求通過反覆試驗來選擇，因為根據需要吸收能量的不同，鉗位元電壓可能會擴展。

(E) 增加輸出電流

此參考設計的配置針對的是 350mA 平均 LED 電流。增加這參考電路板的電流調節點非常簡單，只需要將電流感測電阻 R8 的值減半，即由 250mΩ 減至 125mΩ。此外，必須增加輸入熔絲，以適應增大的輸入電流消耗。當轉向更高功率的設計時，根據外殼元件（housing）環境參數的不同，因此需要散熱片藉以幫助散熱。

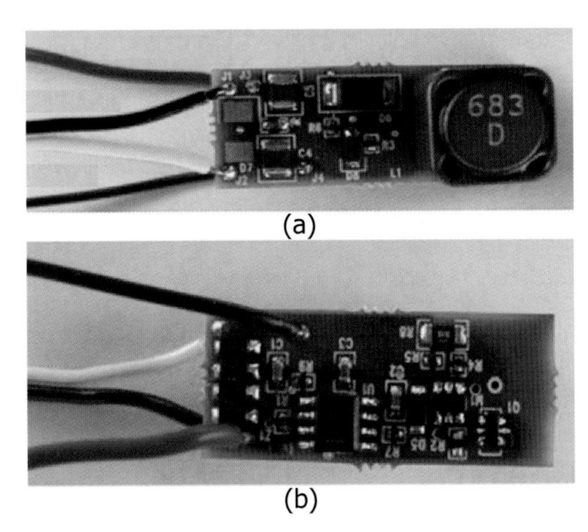

(a)

(b)

圖 3-19 參考設計實物圖

3.1.8 LED 檯燈設計

檯燈一般用在閱讀、書寫、批閱等辦公或學習照明使用場所。對於做桌面工作的人來說，目前法規規範為為避免眼睛過度疲勞，因此課桌區應有 500Lux 以上的水準，確保保工作區的良好的視覺環境，對提高學習和辦公的品質、提高工作效率有很大的好處。

目前傳統檯燈的光源主要有：

❶ 白熾燈管

❷ 螢光燈管

白熾檯燈一般用 40w～60w，可以保證工作面上有足夠的照度。螢光檯燈多用不透明而且能反光的金屬罩，表面噴漆，放射光線能增加工作的照度，金屬罩應有一定的遮光角度，這樣既使工作面上的照度比較均勻，又能使燈管發出的光線不致直接刺激眼睛。但是，白熾燈的缺點是發熱量大、耗電、發光效率較低、使用壽命短。而螢光燈管的缺點為顯色性較差，特別是它的頻閃效應，易使人眼產生錯覺，需要在設計上採取措施消除頻閃效應。

(A) LED 照明檯燈的發展潛力

以發光二極體為光源的檯燈，其光源具有低壓直流驅動、無頻閃、極低功耗、光線集中、環保、使用壽命長等諸多優點。

具體的 LED 環保節能檯燈的優點主要有下列幾項優勢：

(1) LED 是綠色照明理想的光源

與傳統的照明工具相比，LED 在功耗及壽命方面均有相當優越的表現。傳統白熾燈採用熱發光技術，浪費了 90% 的能源，而發光二極體的效能轉換率卻非常高。由於半導體照明具有節能、長壽命、免維護、環保等優點，所以業內普遍認為，半導體燈替代傳統的白熾燈和螢光燈是未來趨勢，同時也是綠色照明的理想光源。

(2) 符合節能省電的理念

夏天電力多半會較一般時節高，家中電費也隨之而上升，因此一般消費者若考慮使用低耗電的 LED 環保節能檯燈，不僅節約能源還可降低電費的負擔。

(B) LED 照明檯燈的不同構造

LED 檯燈與傳統檯燈結構構造最大的區別在於：光的重新分布。傳統照明光源為白熾燈或螢光燈等，其發光特點是光輻射幾乎佔據整個空間，因此需要用反射器來收集其他方向上的光，以照射在需要照明的區域。而 LED 檯燈，往往根據 LED 發光強度不同，且可根據需求的不同，在結構中分布幾顆或數十顆 LED。使 LED 發出的光線集中於一個較小的立體角範圍，對於部分只需局部照明的場所便可滿足其需要。倘若需要更大的照射範圍，則需要加入一系統透鏡，進而產生所要求的光分布。

3.1.9 LED 日光燈設計

日光燈管已被廣泛的應用在日常生活中，如辦公室、學校、火車站等等，隨處都能見到日光燈的使用。而經過長時間宣傳 LED 日光燈的優點，使民眾對於 LED 能節能省電也有初步的認知，但畢竟 LED 日光燈管價格相較之下較於昂貴，如何讓 LED 日光燈使用壽命及亮度達到讓使用都滿意的標準，儼然是一個相當重要的議題。而若要保持 LED 日光燈管長壽命及高亮度，目前可朝電源、光源、散熱三大關鍵技術來改進。

(A) 電源

通常在電源部份有用隔離及非隔離兩種方式，隔離的體積偏大，效率較低，於使用中、安裝方面都會產生很多問題，不如非隔離產品的市場前景大，在此則主要討論非隔離的驅動方案。

電源特性：

❶ 低功耗，效率高，功率因數高；

❷ 具負載開路和短路保護、輸出過壓保護功能，電流紋波特性好，輸出電流近似 DC 直流，無燈閃現象，負載能力高，能驅動高達 600mA 的電流；

❸ 目前也有廠商開發出 15W 的標準電路，效率達 88%、功率因數 0.91，可以通過 CE 認證，包括 EN55015 的 EMI 測試，照明燈具 25W 以下 C 類諧波標準，EFT 的 1000V 脈衝群測試，ESD 的 2000V 靜電測試。15 串應用可以輸出端低電壓控制，無需使用傳統大顆電容器，可很好控制電流的輸出諧波。

(B) 光源

採台灣琉明斯專利結構的 LED 晶片，其晶片放置於接腳上，當熱透過銀腳時即可將晶片節點所產生的熱傳遞出來，與傳統結構在散熱方面有所不同，因為晶片的節點溫度不會產生累積，進而增加光源的壽命且低光衰。傳統結構雖能通過晶片的金線連接正負極，同時也是讓晶片產生的熱能透過金線連接至導線架，如果散熱的效果不確實，時間久後便會直接影響 LED 日光燈管的壽命。

而琉明斯所提出的 LED 專利主要係利用散熱結構讓晶片節點產生的熱能迅速被帶出，在晶片處不產生熱的累積，從而實現延長 LED 的發光效率如圖 3-20 結構圖所示。而且琉明斯公司在 LED 的壽命測試過程中，對於高低溫衝擊、過回流焊、高溫高濕等各種複雜的應用環境都做了完整的實驗分析，確保 LED 的正常使用。

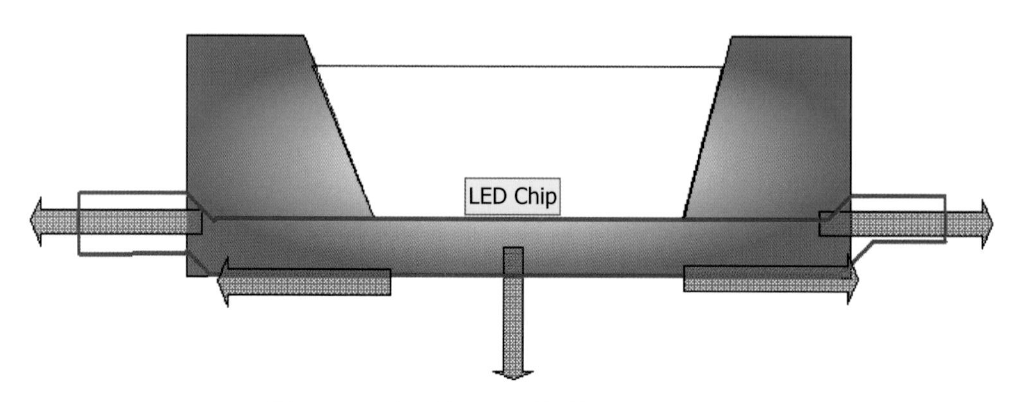

圖 3-20　琉明斯 LED 傳導路線及方式圖

(C) 散熱

熱傳導的途徑有三種，對流、傳導及輻射。在封閉的環境中，對流及傳導實現的可能較小，而通過輻射將熱散發出來，是日光燈管考慮的重點。以下表 3-7 為 LED 日光燈管的測試資料，在 LED 銀腳焊點外測出的溫度約為 58℃左右。

表 3-7 LED 日光燈管的測試資料

測試 LED 燈	光源點溫度	鋁基板溫度	燈管內溫度	起始環境溫度	結束環境溫度
無散熱器	62.5℃	59.0℃	42.0℃	31.6℃	31.8℃
有散熱器	58.6℃	55.6℃	40.2℃	31.2℃	31.1℃
降低效率	6.6%	6.1%	4.5%	1.3%	2.47%

以上資料為輸入功率為 11.2W、光通量在：890lm 時的測試報告。最高管內溫度為 40.2℃，這樣的溫度讓電源的電容器能長時間工作且對電源使用壽命有了相對的延長。

3.2 LED 國際照明規範常識

就 LED 的發展而言，應該可以分成四個方向：(1) 技術發展 (2) 專利布局 (3) 市場發展和 (4) 標準制訂。當 LED 的技術變成產品，而產品已達到市場化的階段之後，標準制訂就會變成重要的一環。因為標準可以決定 LED 製造商的產品是否可以進入市場。為推動台灣 LED 照明產業之發展，2007 年成立之「LED 照明標準與品質研發聯盟」在經濟部技術處大力的支持下，制定全套共 17 份之 LED 標準規範，其中最受各縣市政府路燈招標採購單位關注之「發光二極體路燈照明燈具」標準規範，已於 2008 年年底先行公告為 CNS 國家標準。

而「發光二極體元件之光學與電性量測方法」、「發光二極體模組之光學與電性量測方法」、「發光二極體元件之熱阻量測方法」、及「照明用發光二極體元件與模組之一般壽命試驗方法」共 4 份標準規範也於 2009 年 1 月 22 日正式公告為 CNS 國家標準。透過法人、產業聯盟提出的 LED 標準規範總計約 30 餘件，也讓台灣成為 LED 標準 規範最為完備的國家，並領先全球率先訂定 LED 路燈標準，對於 LED 產業國際競爭力有極大的助益。

3.2.1　國際照明組織與標準概述

(A) 國際照明組織簡介

(1) IEC：國際電工委員會（International Electrotechnical Commission，或譯國際電工協會）

(2) UL：優力安全認證標準（Underwriters Laboratories）

(3) CIE：國際照明委員會 （International Commission on Illumination）

(4) NIST：美國國家標準與技術研究院（National Institute of Standards and Technology）

(5) IESNA：北美照明工程學會（Illuminating Engineering Society of North America）

(6) ANSI：美國國家標準學會（American National Standards Institute）

(7) CNS：中華民國國家標準（Chinese National Standards）

(8) CJJ：中國（城市道路照明設計標準）

(9) NEMA：美國電氣製造業者協會標準 （National Electrical Manufacturers Association）

(10) CSA：加拿大標準協會（Canadian Standards Association）

(B) LED 照明標準概述

(1) IESLM-79-2008，是固態照明設備電子和光度的認可測試方法。可以計算 LED 產品的燈具效率。燈具效率是測量 LED 產品性能最可靠的途徑。通過衡量燈具性能替代曾經依賴的傳統手段來區別燈具等級和燈具功效。LM-79 為幫助建立燈具性能的精確比較提供基礎，不僅僅是固態照明產品同時也針對各種光源。

(2) IESLM-80-2008，是 LED 光源流明衰減核定測量方法。通過對光源流明衰減方式的定義，從而對 LED 預期壽命進行評估。與靠燈絲發光的光源不一樣（燈絲發光的燈會完全失效不亮），而發光二極體通常不會這樣，LED 的光會隨著時間慢慢的減弱，這是所謂的流明衰減。LM-80 對流明衰減測試的方法制訂了一套標準。

(3) ANSIC78．377-2008，是固態照明產品色容差規定。對各種相關色溫的白光 LED 給出了推薦色彩區域。色彩區域和色溫指標對照明設計師來說是至關重要的。

(4) IESRP-16 提供了有關固態照明行業標準定義的術語。這些標準都是屬於或引用美國能源部能源之星—固態照明標準。所有貼上能源之星標籤的產品必須通過這些測試，同時也還需要滿足美國能源部 CALiPER 測試要求和 Gateway 示範的產品評估要求。

3.2.2 規範訂定考量因素

隨著 LED 研發技術快速發展，LED 被視為新世代主要照明光源，然而 LED 具有與傳統照明光源截然不同的發光特性，且 LED 封裝種類繁多，用途也不盡相同，使原本適用於傳統光源光學特性量測的方式未必適用於目前新發展的 LED。因此，全球各大標準協會均修訂或是新增 LED 量測標準，如光通量（Luminous Flux）、光強度（Luminous Intensity）及色度（Chromaticity）測量等，期望可針對不同用途的 LED 制訂新的量測標準。

以 1997 年國際照明委員會（Commission Internationale de l'Eclairage,CIE）所提的 LED 量測技術文件 CIE-127 為例，因之前有諸多爭議，目前也於 2007 年完成修正。而由美國能源部（DOE）所主導，其配合固態照明產品的推廣進程、美國國家標準學會（ANSI）與北美照明學會（IESNA）所組成的標準制訂小組，正在進行固態照明燈具相關測試標準的制訂，其中包括光性量測、色度量測以及壽命評估等標準，但這些標準的特點在於其內容是將固態照明燈具視作一整體來評價。

而在照明用白光 LED 標準的推動方面，日本是行動最快的國家，以日本照明學會（JIES）、日本照明委員會（JCIE）、日本照明器具工業會（JIL）以及日本電球工業會（JEL）以上 4 個組織，於 2004 年已訂出共同規格「照明用白色 LED 測光方法通則」，並為目前唯一針對照明用白光 LED 所訂定的量測標準。該標準在一開始就已宣告適用範圍僅限於照明用白光 LED 上，其認為將量測標的限定於照明用白光 LED，藉由限定與標準 LED 比較的量測方法能有效提升量測精度，且對於標準 LED 的內容作出很詳細的規定。在光強度的量測部分，則依照國際照明委員會所規定的標準條件進行測量；在光通量的量測部分，則一律使用積分球（Integrating Sphere）量測，並在修訂版中增加色度、相關色溫（Correlated Color Temperature, CCT）、演色性指數（Color Rendering Index, CRI）等的量測方法，且原則上使用積分球作為其入射光學系統。該標準對於小型的 LED 模組光強度的量測也納進規範，但光強度之量測方法卻不一定適用。

表 3-8　標準 LED 示範例

種類／項目	封裝	封裝外徑（mm）	全長（mm）	頂端至晶粒表面距離（mm）	CIE平均LED光強度（mcd）	全光通量（lm）	輸入電壓（V）
光強度標準LED	砲彈型	5.0±0.2	30.6±1.0	4.2±0.2	130	--	3.6
光通量標準LED	TO-18型	1.7±0.2	18.1±1.0	1.4±0.2	--	800	3.6

在此標準中，標準 LED 主要分為光強度量測及光通量量測兩種（表 3-8），其依據量測特性的不同而有相異的設計概念，舉例來說，光強度量測用的標準 LED，由於在光強度量測方法中，待測 LED 機械

軸（Mechanical Axis）對準測光器（Photo Detector）是很重要的一項校正因素，因此在該標準中採用機械軸容易對準的砲彈型（Lamp）封裝當作標準形式；至於光通量量測用標準 LED，由於考慮到全光通量的量測規定，因此使用可防止朝 LED 後方發出光線，且光強度較為均勻的金屬罐型（TO-Can）封裝當作標準形式，值得注意的是，此處兩種形式的標準 LED，都是使用氮化銦鎵（InGaN）系列的晶片配合釔鋁石榴石（YAG）螢光粉所製成的白光 LED，其對應在定義項中針對照明用白光 LED 所述之無欠缺波長的部分。

有關光強度的計算，此標準採用 CIE 平均 LED 光強度作為量測標準，其量測方法是與標準 LED 作比較。其他的 CIE 標準條件，如待測 LED 至受光器的距離、所設定的視角、受光器的面積等均與 CIE127 規定相同（表 3-9）。

表 3-9 CIE 標準條件

種類／項目	光偵測器孔徑面積（平方毫米）	量測距離（毫米）	設定的視角（立體角：sr）
標準條件 A	100	316	0.001
標準條件 B	--	100	0.01

從上述標準規定及項目中，可知該標準係以照明用途為主，但為全新標準規範，所以在制定中也有諸多問題，主要因素為 LED 與傳統光源發光模式不同所產生的差異。因此，該標準雖有突破，但仍有幾項是期待於將來解決的爭議事項。

3.2.3 常用法規介紹

發光二極體隨著應用市場的需求在短短數十年之間已經蓬勃發展起來，世界各國也紛紛投入大量人力及物資來研究 LED 相關產業。然而在缺乏行業統一的規範以及標準下，產品品質並無保證，不但易造成市場競爭失序局面，對於未來市場的開拓也有影響。因此隨著國際標準組織、國家標準、業界標準組織積極運籌下，關於各國的標準規範也逐漸成形。

(A) 台灣 LED 國家標準

工業技術研究院在經濟部近年來的大力支持下，已與台灣 LED 業界廠商共同建立出 17 項 LED 標準，目前完成 LED 相關標準，並已於 2010 年完成國家標準制定公告。

LED 路燈技術規範：	
CNS 15233	發光二極體道路照明燈具
CNS 15174	LED 模組之交、直流電源電子式控制裝置
CNS 5065	照度測定法
CNS 15015	戶外景觀照明燈具
CNS 9118	道路照明燈具
CNS14676-5	電磁相容、測試與量測技術第 5 部突波免疫力測試
CNS 13438	雙燈帽直管型 LED 光源-安全性要求
CNS14165	燈具外殼保護分類等級（IP 碼）檢測
IEC 62384	DC or AC supplied electronic control gear for LED modules-Performance requirements

LED 室內燈具標準草案：

適用範圍：

適用於發光二極體室內燈具一般照明用途之產品性能規範，包含商業和住宅使用，但不包含指示及情境照明、裝飾用途之燈具。

CNS 14335	燈具安全通則
CNS 14115	電器照明與類似設備之射頻擾動限制值與量測方法
CNS 14676-5	電磁相容測試與量測技術第 5 部突波免疫力測試
CNS 15174	LED 模組之交直流電源電子式控制裝置-性能要求
CNS 15437	輕鋼架天花板（T-bar）嵌入型發光二極體燈具
CNS 15456	交流發光二極體元件之光學及電性量測法
Energy Star	Energy Star Program Requirements for SSL Luminaires

（草案公告中）	AC LED 安全規範標準
（草案公告中）	交流發光二極體燈具之光學與電性量測方法
（草案公告中）	發光二極體燈具之光學與電性量測方法
RP-16-05	照明工程術語和定義
IESNA LM-80-08	Approved Method for Lumen Maintenance Testing of LED Light Sources

LED 室內燈具標準草案：

適用範圍：

適用於發光二極體室內燈具一般照明用途之產品性能規範，包含商業和住宅使用，但不包含指示及情境照明、裝飾用途之燈具。

CNS 14335	燈具安全通則
CNS 15233	發光二極體道路照明燈具
CNS 14115	電器照明與類似設備之射頻擾動限制值與量測方法
CNS 14676-5	電磁相容 測試與量測技術第 5 部突波免疫力測試
CNS 15174	LED 模組之交直流電源電子式控制裝置-性能要求
CNS 15456	交流發光二極體元件之光學及電性量測法
（草案公告中）	AC LED 安全規範標準
（草案公告中）	交流發光二極體燈具之光學與電性量測方法
（草案公告中）	發光二極體燈具之光學與電性量測方法
ANSI/IESNA RP-16-05	Nomenclature and Definitions for Illuminating Engineering
Energy Star	Energy Star Program Requirements for SSL Luminaires
IESNA LM-80-08	Approved Method for Lumen Maintenance Testing of LED Light

LED 燈具光學與電性量測方法標準草案：

適用範圍：

適用於發光二極體之燈具光學與電性量測方法。

CNS 10907	指示電計器
CIE 13.3:1995	Method of measuring and specifying colour rendering properties of light sources
CIE 15:2004	Colorimetry
CIE 69:1987	Methods of characterizing illuminance meters and luminance meters: performance, characteristics and specifications
CIE 70:1987	The measurement of absolute luminous intensity distributions

CIE 84:1989	The measurement of luminous flux
CIE 121:1996	The photometry and goniophotometry of luminaires
IES LM-79-08	Electrical and photometric measurements of solid-state lighting products

AC LED 安全規範標準草案：

CNS 14335	燈具安全通則
CNS 15174	LED 模組之交、直流電源電子式控制裝置－性能要求
IEC 60598-1:2006	Luminaires, Part 1: General requirements and tests
IEC 60664-3:2003	Insulation coordination for equipment within low-voltage systems - Part 3: Use of coating, potting or moulding for protection against pollution
IEC 60838-2-2	Miscellaneous lampholders - Part 2-2: Particular requirements -Connectors for LED modules
IEC 60968	Self-ballasted lamps for general lighting services - Safety requirements
IEC 60990	Methods of measurement of touch current and protective conductor current
IEC 61189-2:2006	Test methods for electrical materials, printed boards and other interconnection structures and assemblies - Part 2: Test methods for materials for interconnection structures
IEC 61347-1:2007	Lamp controlgear - Part 1: General and safety requirements
IEC 61347-2-13:2006	Lamp controlgear - Part 2-13: Particular requirements for d.c. and a.c. supplied electronic controlgear for LED modules
IEC 62031:2008	LED modules for general lighting - Safety specifications
IEC 62471:2006	Photobiological safety of lamps and lamp systems
ISO 4046-4:2000	Paper, board, pulp and related terms - Vocabulary - Part 4: Paper and board grades and converted product
UL 8750-2009	Light Emitting Diode (LED) equipment for use in lighting products

UL 安全認證公司：

適用範圍：

適用於發光二極體產品及材料安全性。

UL8750	Outline of Investigation for Light-Emitting Diode (LED) Light Sources for Use in Lighting Products
UL153	Portable Electric Luminaires
UL1574	Track Lighting Systems
UL1598	Luminaires
UL1012	Class 2 Power Units

UL1310	Class 2 Power Units
UL60950-1	Information Technology Equipment-Safety-Part 1: General Requirements

3.2.4 LED 照明法規制定方向

隨著 LED 的快速成長，世界各國無不將 LED 檢測開發技術及標準制定列為極重要的目標。但因傳統燈具及光源發光特性使其在檢測方法以及標準評價上與現今的 LED 存在很大的差異，若無法取得適當的解決方法，勢必有嚴重的影響。因此世界各國均相當重視 LED 的標準制定及檢測技術開發。

而台灣目前係由 LED 照明標準及品質研發聯盟所主導訂定的 LED 照明產業標準規範草案，也於 2008 年正式對外宣布第一項 LED 照明量測之國家標準，CNS15233『發光二極體道路照明燈具』。雖然道路燈具標準不同於一般室內照明燈是屬於自願性標準，但因這項國內標準的公告，預期將會有更多標準規範可作為依據，有新標準作為依據不僅可使 LED 燈有更完善的規劃，一方面也可大大提升道路照明的公共工程品質。

在未來 LED 照明法規制定方向而言，目前市面充斥許多有別於傳統室內照明的產品，如：LED 燈泡及燈管、CCFL 冷陰極燈泡等。而鑑於這些發展技術水準未如傳統螢光燈般穩定成熟，且使用量不多，故未將之列入強制性公告檢測項目之內，但仍需進行安規與電磁相容等試驗，避免日後市場銷售出現問題。而室外照明燈具，如道路照明燈而言，因皆採用自願性標準。所以目前標準檢驗局正積極推廣電子電機產品自願性驗證（VPC）制度，自願性產品驗證須搭配工廠檢查，檢視工廠生產是否符合 ISO9000 系列國際品質保證。以及相對應之道路照明燈具的國家標準規定。

此外，標準檢驗局除推動 LED 照明標準及品質研發聯盟另 12 項草案陸續已成為國家標準之外，內部也參考國際標準制定，在 2008 年 3 月下旬公佈 CNS 15174『LED 模組之交、直流電源墊子是控制裝置—性能要求』國家標準，而關於一般照明用發光二極體之規範也正在技術審查中。

而 2009 年年初，經濟部標準檢驗局公佈 CNS 15247「照明用發光二極體元件與模組之一般壽命試驗方法」、CNS 15248「發光二極體元件之熱阻量測方法」、CNS 15249「發光二極體元件之光學與電性量測方法」及 CNS 15250「發光二極體模組之光學與電性量測方法」等 4 種國家標準，而另外 3 種標準則進入經濟部標準檢驗局技術審查程序，如表 3-10 所示。

表 3-10　台灣 CNS 相關標準

國家標準	名　稱	公布日期
CNS 15233	發光二極體道路照明燈具 Fixtures of roadway lighting with light emitting diode lamps	2008/12/4
CNS 15247	照明用發光二極體元件與模組之一般壽命試驗方法 Test methods on light emitting diode components and modules （for general lighting service） for normal life	2009/1/22
CNS 15248	發光二極體元件之熱阻量測方法 Methods of measurement on light emitting diode components for thermal resistance	2009/1/22
CNS 15249	發光二極體元件之光學與電性量測方法 Methods of measurement on light emitting diode components for optical and electrical characteristics	2009/1/22
CNS 15250	發光二極體模組之光學與電性量測方法 Methods of measurement on light emitting diode modules for optical and electrical characteristics	2009/1/22
	發光二極體投光燈具標準 Fixtures of project lighting with light emitting diode lamps	標準檢驗局技術審查中
	發光二極體晶粒之光學與電性量測方法 Methods of measurement on light emitting diode dies for opticaland electrical characteristics	標準檢驗局技術審查中
	發光二極體元件之環境試驗及耐久性試驗方法 Environmental testing methods endurance testing methods for light emitting diode components	標準檢驗局技術審查中

隔年 2010 年 11 月，經濟部標準檢驗局正式公佈了修訂完成 3 項台灣標準法規。法規如下：

CNS 15436	安定器內藏式發光二極體燈泡-安全性要求
CNS 15437	輕鋼架天花板（T-bar）嵌入型發光二極體燈具
CNS 15438	雙燈帽直管型 LED 光源—安全性要求

經濟部標準檢驗局也希望能透過制訂以上三法規協助我國 LED 廠商，能在不論製造面與技術面有所依循，並且於材質方面利用此三法規之試驗方式而有所瞭解，雖目前 LED 燈管、LED 燈泡尚未強制性檢驗，但廠商亦能利用此三法規了解 LED 產品之安規要求，期盼我國廠商在國際上取得先機。

若以目前台灣在制定標準之發展來看，未來台灣標準檢驗局在標準制定與公告之外，還須加速評估具 LED 相關檢驗能量的公正機構來承接產品認證之配套措施，以因應未來普及應用。

3.2.5 相關法規參考資料

目前 LED 標準制定的兩大重要國際組織為國際電工委員會（International Electrotechnical Commission, IEC），以及國際照明委員會（Commission International de I'Eclairage, CIE），但雙方制定標準的範疇並不盡相同。

於 1913 年創立的國際照明委員會（CIE）目前設有 7 個部門，皆為國際代表性之照明技術機構。國際照明委員會在 1997 年曾提出 LED 量測技術文件 CIE-127。但隨著近年來 LED 各種封裝方式以及技術的日新月異之下，國際照明委員會也於 2007 對 CIE-127 進行修正，同時也先後成立數個技術委員會分頭進行 LED 之相關量測問題。國際電工委員會（IEC）則是在 1906 年創立，是為歷史最悠久的國際電工標準單位。與國際照明委員會不同的是，國際電工委員會（IEC）較卓著在產品電器以及安全性上，目前該機構完成的 LED 相關標準如表 3-11 所示。

表 3-11　國際電工委員會（IEC）已完成 LED 相關標準表

Division	TC Number	Title
Division1	TC 1-69	Color rendering of White LED Light Sources.
	TC 2-46	CIE/ISO stnadards on LED intensity measurements
	TC 2-50	Measurement of optical properties of LED slusters & arrays
Division2	TC 2-58	Measurement of LED radiance and luminance
	TC 2-63	Optical measurement of High-power LEDs
	TC 2-64	High speed testing methods for LEDs
Division4	R 4-22	Use of LEDs in visual signaling
Division6	TC 6-47	Photobiological safety of lamps and systems
	TC 6-55	Light emitting diodes

另外，國際標準組織（International Organization for Standardization，簡稱 ISO）則是針對相關材料、製程、系統等服務，提出固態的標準照明規範。其他重要國際標準制定規定組織以及表準範圍請參閱表 3-12 所示。

表 3-12　國際標準制定規定組織以及表準範圍表

Publication	Title
IEC 60838-2-2	Miscellaneous lamp holders-Part2-2 Partical requirements-Connect for LED-modules.
IEC61347-2-13	Lamp control gear - Part 2-13 : Particular requirements for d.c or a.c supplied electronic control gear for LED modules.
IEC 62031	LED modules for general - safety specifications.
IEC 62384	DC or AC supplied electronic control gear for LED modules - Performance requirements.

其他重要國際標準制定組織還有和各國對應的標準化組織及相關企業，如：美國能源之星（Energy Star）、美國優利安全認證公司（Underwriters Laboratories Inc,UL）、日本照明委員會（JCIE）、日本照明器具工業會（JIL）等，則是隸屬個不同層級之標準制定機構，如

表 3-13 所示。

表 3-13　LED 標準制定組織之層級分類表

層級	單位	標準範疇
國際	國際電工委員會（IEC）	LED電器
	國際照明委員會（CIE）	LED光源
	國際標準組織（ISO）	LED相關材料、製程、產品、系統、服務
地區	歐洲標準化委員（CEN）	LED相關材料、產品、系統等
	美國國家標準（ANSI）	LED電器、光源、照明等
	美國國家防火協（NFPA）	LED電工法規
國家	美國聯邦通信委員會（FCC）	LED電源供應
	日本工業標準（JIS）	LED相關電器、光源、材料、產品、系統等
	加拿大標準協會（CSA）	LED相關電器
	北美照明學會（IESNA）	LED照明光源
	美國固態照明科技聯盟（ASSIST）	LED壽命
團體	中國大陸國家半導體照明工程研發及產業聯盟（CSA）	LED 照明量測
	台灣LED照明標準及品質研發聯盟	LED照明相關量測標準
	UL安全認證公司	LED產品及材料之安全性
行業	日本LED照明推進協議（JLEDS）	白光LED測光

習　題

一、選擇題

(　　) 1. 未來 LED 照明市場發展的關鍵為？
(A) 降低成本　(B) 高品質照明與高光效　(C) 系統可靠度提昇
(D) 以上皆是　〔100' LED 工程師鑑定考〕

(　　) 2. 請問下列何者常在照明應用中，被用於判斷光源是否能夠真實表達被照物體真實的顏色？

(A) 1931 xy 色度座標　(B) 演色性　(C) 1960 uv 色度座標　(D) 主波長（dominant wavelength）　〔100' LED 工程師鑑定考〕

(　　) 3. 請問下列光源何者之演色性（CRI）較高？

(A) 鹵素燈泡　(B) 白色日光燈管　(C) 水銀燈　(D) 白光發光二極體

〔100' LED 工程師鑑定考〕

(　　) 4. 請問下列白光光源何者的色溫較暖？

(A) 3000K　(B) 5000K　(C) 6500K　(D) 10000K

〔100' LED 工程師鑑定考〕

(　　) 5. 下列關於演色性（color rendering）的敘述何者有 誤？

(A) 演色性係指光源對物體真實顏色的呈現程度　(B) CRI 或 Ra 為評價演色性常用的定量指標　(C) 水銀燈的演色性優於白熾燈泡

(D) 國際照明委員會（CIE）將演色性指數最高值定為 100

〔100' LED 工程師鑑定考〕

(　　) 6. 下圖為某顆 LED 配光曲線（beam pattern）的量測結果，請問其可視角度（$2\theta_{1/2}$）為多少？

(A) 60°　(B) 30°　(C) 20°　(D) 5°　〔100' LED 工程師鑑定考〕

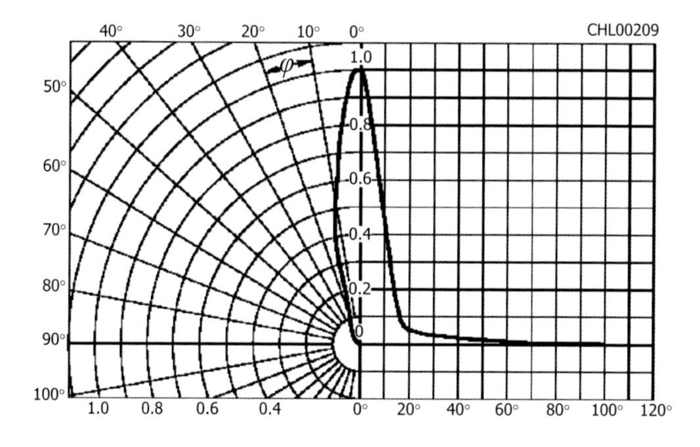

(　　) 7. 下列何者為量測 LED 全光束光通量之儀器？

(A) 照度計　(B) 輝度計　(C) 配光曲線量測儀　(D) 積分球

〔100' LED 工程師鑑定考〕

(　　) 8. LED 燈的光強分佈圖，一般指的是？

(A) 水平配光　(B) 垂直配光　(C) 任意角度配光　(D) 中心配光

〔100' LED 工程師鑑定考〕

(　　) 9. 光源照射在單位距離的表面時，其表面的單位面積上所接受的光通量，我們稱為？

(A) 照度　(B) 發光強度　(C) 輝度　(D) 色度

〔100' LED 工程師鑑定考〕

(　　) 10. 何者為非？未來 LED 技術發展趨勢是為：

(A) 發光效率　(B) 壽命　(C) 散熱　(D) 降低驅動電壓

〔100' LED 工程師鑑定考〕

(　　) 11. 在光度學中，對應到輻射度學中 W（瓦特，輻射功率）的單位是什麼？

(A) lm（流明）　(B) cd（燭光）　(C) lux（勒克斯）　(D) nit（尼特）

〔100' LED 工程師鑑定考〕

(　　) 12. 室內照明通常會要求演色性需高於？

(A) 60　(B) 70　(C) 80　(D) 90　〔100' LED 工程師鑑定考〕

(　　) 13. LED 燈光照明產品所顯示的顏色特性稱為？

(A) 照明度　(B) 光強度　(C) 色溫　(D) 顯色性

〔100' LED 工程師鑑定考〕

(　　) 14. 若以色度座標為（0.12,0.05）的藍光晶粒與色度座標為（0.46,0.52）的黃光螢光粉製作白光 LED，請問要得到在黑體輻射曲線上的色溫應為？

(A) 1500K (B) 2000K (C) 3500K (D) 6500K

〔100' LED 工程師鑑定考〕

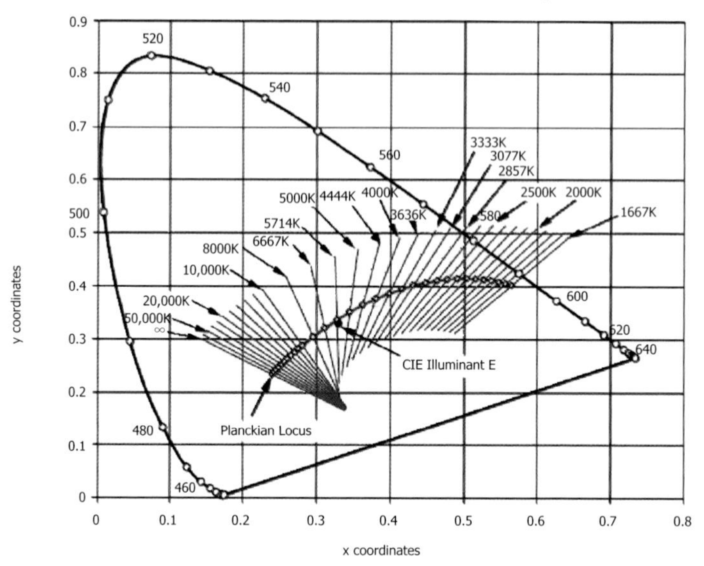

( ) 15. 照明燈具在空間各方向上的發光強度分佈特性稱為？

(A) 照度 (B) 輝度 (C) 發光效率 (D) 配光曲線

〔100' LED 工程師鑑定考〕

( ) 16. 對於 LED 燈具，二次光學設計主要是要改善下列哪一項效率？

(A) LED 的量子效率 (B) 熱效率（thermal efficiency） (C) 燈具結構（fixture and optics）的效率 (D) 光取出效率（extraction efficiency）

〔100' LED 工程師鑑定考〕

( ) 17. 下列何項不屬於 LED 之二次光學設計?

(A) LED 車燈透鏡 (B) LED 路燈反射燈罩 (C) LED 之螢光粉

(D) LED 檯燈之光導管

〔100' LED 工程師鑑定考〕

(　　) 18. 右圖是哪一標準的 Logo？

JIS

(A) 日本工業標準

(B) 國際照明委員會的標準

(C) 國際標準組織的標準

(D) 日本電子資訊技術產業協會的標準

(　　) 19. 下列何單位制定了光與照明領域的基礎標準與度量方式等規範？例如：CIE 177-2007《白光 LED 的顯色性》、CIE 127-1997《LED 測量方法》等。

(A) 中央國家標準局　(B) 國際照明委員會　(C) 美國國家標準學會

(D) 國際電工委員會　〔100' LED 工程師鑑定考〕

(　　) 20. 請問在 CIE-127 的平均光強度量測的規定中，偵測器的中心線需與待測 LED 的哪一參考軸重合？

(A) 機械軸（mechanical axis）　(B) 最大強度軸（peak axis）

(C) 光軸（optical axis）　(D) 以上皆非　〔100' LED 工程師鑑定考〕

(　　) 21. 請問在 CIE-127 的平均光強度量測的規定中，偵測器的中心線需與待測 LED 的哪一參考軸重合？

(A) 機械軸（mechanical axis）　(B) 最大強度軸（peak axis）

(C) 光軸（optical axis）　(D) 以上皆非　〔100' LED 工程師鑑定考〕

(　　) 22. 下列何者非照明規範須注意事項？

(A) 節能　(B) 環保　(C) 功能　(D) 美觀　〔100' LED 工程師鑑定考〕

(　　) 23. 依照中華民國 LED 路燈國家標準，對遮蔽型、半遮蔽型及無遮蔽型 LED 路燈配光要求的差異，主要是針對路燈可能產生的哪一項特性？　〔100' LED 工程師鑑定考〕

(A) 照度均勻性　(B) 照度最大值　(C) 總光通量　(D) 眩光

(　　) 24. LED 的壽命一般採用何種標準？

(A) 發光顏色退化到規定程度　(B) 點亮總時間超過指定長度

(C) 光通量降低到指定比率　(D) 封裝黃化至指定程度

〔100' LED 工程師鑑定考〕

(　　) 25.LED 產品之發展方向可能有？

(A) AC-LED（交流電 LED）　(B) HV-LED（高電壓 LED）

(C) 高功率 LED（>1W）　(D) 高發光效率 LED

(E) 以上皆是　〔100' LED 工程師鑑定考〕

(　　) 26. LED 目前已廣泛運用在汽車工業上，頭燈照明主要技術為何？

(A) 螢光粉塗佈　(B) 散熱技術　(C) 光學設計　(D) 以上皆是

〔101' LED 工程師鑑定考〕

(　　) 27. MR-16（Multifaceted Reflector 16）是一種由眾多製造商所製定的標準規格反射燈具，請問 MR-16 中的 16 代表是什麼意思？

(A) 前直徑 16mm　(B) 前半徑 16mm　(C) 前直徑 50.8mm　(D) 前半徑 50.8mm　〔101' LED 工程師鑑定考〕

(　　) 28. 下列何者非照明規範所須注意事項？

(A) 節能　(B) 環保　(C) 功能　(D) 美觀〔101' LED 工程師鑑定考〕

(　　) 29. 根據中華民國經濟部能源局能技字第 09704023390 號並於民國 97 年 11 月 17 日公告實施：室內照明燈具能源效率基準，燈具尺寸大於 65 公分，色溫標示範圍在 2580K～4600K，其能源效率要求為何？

(A) ≧68.0 lm/W　(B) ≧70.0 lm/W　(C) ≧72.0 lm/W　(D) ≧74.0 lm/W　〔101' LED 工程師鑑定考〕

(　　) 30. 能源之星對 LED 燈規範輸入功率因數（power factor）規範，家庭使用須大於？

(A) 0.6　(B) 0.7　(C) 0.8　(D) 1.0　〔101' LED 工程師鑑定考〕

(　　) 31. IESNA LM-80-08 Measuring Lumen Maintenance of LED Light Sources 定義 L70 為？
(A) 光功率衰減至 70% 時流明維持的時間　(B) 效率衰減至 70% 時流明維持的時間　(C) 光束衰減 70% 後流明維持的時間　(D) 功率衰減至 70% 時流明維持的時間　〔101' LED 工程師鑑定考〕

(　　) 32. IESNA LM-79 Electrical and Photometric Measurements of Solid-State Lighting Products 在測試 SSL 產品時，交流電源在規定頻率（一般是 60 赫茲至 50 赫茲）下應該有正弦電壓波形，諧波分量的 RMS 總和在進行檢測時不超過原來的多少 %？
(A) 1%　(B) 2%　(C) 3%　(D) 5%　〔101' LED 工程師鑑定考〕

(　　) 33. 在 CNS 15233〔LED 道路照明燈具〕國家標準中，LED 路燈完成枯化點燈後，在常態下持續點燈，於 3,000 小時後（不含枯化點燈之 1,000 小時）之光束維持率不得低於多少 %？
(A) 88　(B) 90　(C) 91　(D) 92　〔101' LED 工程師鑑定考〕

(　　) 34. LED 國際照明標準制定組織中 IEC 的全名為？
(A) International Electrotechnical Commission　(B) International Engineering Commission　(C) International Engineering Committee　(D) International Electrotechnical Committee
〔101' LED 工程師鑑定考〕

(　　) 35. 在 CNS 15233〔LED 道路照明燈具〕國家標準中，其量測條件，所謂的穩定狀態為待測 LED 經 60 分鐘以上之點亮時間後，在累計多少時間內於正向 90°下方之單點光強度及消耗功率之讀值變動率（即（最大值－最小值）／平均值）不超過 0.5% 時，視為已達熱平衡之狀態？
(A) 30 分鐘　(B) 60 分鐘　(C) 90 分鐘　(D) 120 分鐘
〔101' LED 工程師鑑定考〕

(　　) 36. 在 CNS 15233〔LED 道路照明燈具〕國家標準中，枯化點燈（aging）為 LED 路燈於輸入端子間施加額定輸入頻率之額定電壓，在室內自然無風之狀態下持續點燈多少小時？
(A) 100　(B) 500　(C) 800　(D) 1000　〔101' LED 工程師鑑定考〕

(　　) 37. 光色（Light color）簡單來說是以色溫來表示。試問下列色溫何者為暖白光？
(A) 3000K　(B) 5000K　(C) 7000K　(D) 10000K
〔101' LED 工程師鑑定考〕

(　　) 38. 下列何項物理量之單位為燭光（cd）？
(A) 光通量　(B) 光度　(C) 照度　(D) 輝度
〔101' LED 工程師鑑定考〕

(　　) 39. 下列何者不為 CIE 標準校正光源？
(A) D45　(B) D55　(C) D65　(D) D75　〔101' LED 工程師鑑定考〕

(　　) 40. 色彩視覺構成之三要素為光源、人眼系統和色物體。下列關於色彩視覺敘述何者錯誤？
(A) 人對顏色的感覺由光之物理性質和心理等因素決定　(B) 眼睛長時間看一種顏色後，把目光轉開就會在別的地方看到這種顏色的補色，稱之互補原理　(C) 人眼中的錐狀細胞和桿狀細胞都能感受到顏色　(D) 錐狀與樣狀細胞的敏感度相同，因此可以互補
〔101' LED 工程師鑑定考〕

(　　) 41. 目前人類用於照明所消耗的能量約佔總能量多少？
(A) 5%　(B) 20%　(C) 30%　(D) 40%　〔101' LED 工程師鑑定考〕

(　　) 42. 二次光學設計一實心的 TIR 透鏡反射罩，主要是使光線在實心的 TIR 透鏡中產生何種現象，可使光線向前方射出？

(A) 全反射　(B) 全折射　(C) 全繞射　(D) 全散射

〔101' LED 工程師鑑定考〕

(　) 43. 哪些為『非』常用的 LED 光學模擬軟體？

(A) ASAP　(B) LightTools　(C) TracePro　(D) Solid-work

〔101' LED 工程師鑑定考〕

(　) 44. 針對大功率 LED 照明而言，利用光學設計使LED的光場分佈達到照明所需的稱為？

(A) 零次光學設計　(B) 一次光學設計　(C) 二次光學設計　(D) 三次光學設計　〔101' LED 工程師鑑定考〕

(　) 45. 下列關於單位「燭光（cd）」的敘述何者正確？

(A) 1 燭光 = 每單位立體角 1 流明　(B) 均勻點光源發光強度為 1 燭光時，其光通量為 6.285 流明　(C) 波長為 555nm 單色發光源其發光功率 1/682 瓦特時，單位立體角的光強度稱為 1 燭光　(D) 以上皆是　〔101' LED 工程師鑑定考〕

(　) 46. 下列何項屬於 LED 之二次光學設計？

(A) LED 封裝透鏡　(B) LED 之螢光粉　(C) LED 手電筒透鏡

(D) LED晶粒的表面粗糙結構　〔101' LED 工程師鑑定考〕

(　) 47. 對光源進行光度量時，測試距離應隨待測燈具尺寸而調整。一般而言，為使測試誤差小於 2%，測試距離至少須大於待測燈具最大尺寸的幾倍，才可將待測光源視為點光源？

(A) 50 倍　(B) 20 倍　(C) 5 倍　(D) 1 倍〔101' LED 工程師鑑定考〕

(　) 48. 關於「色溫」的相關說明，下列何者為非？

(A) 色溫以絕對溫度表示，其單位為K　(B) 暖色光的色溫在 3300K 以下，暖色光與白熾燈相近　(C) 色溫在 5300K 以上的光源接近自

然光，讓人有明亮的感覺　(D) 當黑體物質受熱時，隨溫度上升呈現之顏色變化由藍、藍白、白、橙黃、淺紅至深紅

〔101' LED 工程師鑑定考〕

(　　) 49. 來自光源之光照射於某一平面上時，其明亮的程度，稱之為照度，其單位為？

(A) 燭光（cd）　(B) 勒克斯（lx）　(C) 流明（lm）　(D) 千瓦（kw）　〔101' LED 工程師鑑定考〕

(　　) 50. 室內照明通常會要求演色性需高於？

(A) 60　(B) 70　(C) 80　(D) 95　〔101' LED 工程師鑑定考〕

(　　) 51. 下列是有關凸透鏡成像之敘述，當物體在一凸透鏡之兩倍焦距外，請問此時物體成像在透鏡另一側的哪裡？

(A) 一倍焦距內　(B) 焦點上　(C) 一倍焦距與兩倍焦距間　(D) 兩倍焦距外　〔101' LED 工程師鑑定考〕

(　　) 52. 照明應用上，對光視效能 k（Luminous efficacy）之描述，下列何項正確？

(A) 與波長無關　(B) 單位為 lm/W　(C) 無論明視覺或暗視覺狀態下，對任何波長之 k 值不變　(D) 波長愈短 k 值愈大

〔101' LED 工程師鑑定考〕

(　　) 53. 下列何者參數比較不會影響光學設計模擬之正確性？

(A) 材料表面散射狀況　(B) 折射率係數　(C) 發光頻寬　(D) 光線數量　〔101' LED 工程師鑑定考〕

(　　) 54. 白光 LED 通常有標示色溫，單位是 K，請問色溫表示的是白光 LED 的？

(A) 輸出波長　(B) 操作溫度　(C) 光譜特性　(D) 輸出照度

〔101' LED 工程師鑑定考〕

( ) 55. 藍色的 LED 晶片與下方何種顏色之螢光粉可以產生演色性超過 90 的白光？

(A) 黃、橘 (B) 紫、紅 (C) 綠、紅 (D) 橘、紅

〔101' LED 工程師鑑定考〕

( ) 56. 理想點光源置於拋物面之焦點上，所發射的光經拋物面反射後將？

(A) 平行於光軸 (B) 聚焦於一點 (C) 發散 (D) 以上皆非

〔101' LED 工程師鑑定考〕

( ) 57. 理想的光源有等向性（isotropic）光源及藍伯信（Lambertian）光源，其發光強度（luminuous intensity, I）之表示各為何？（其中 I_0 為正向光強） 〔101' LED 工程師鑑定考〕

(A) I = constant ; $I = I_0$ cos_ (B) $I = I_0$ cos_ ; I = constant (C) $I = I_0$ sin_ ; $I = I_0$ cos_ (D) $I = I_0$ cos_ ; $I = I_0$ cos_sin_

( ) 58. 若以色度座標為（0.12, 0.05）的藍光晶粒與色度座標為（0.46, 0.52）的黃光螢光粉製作白光 LED，請問要得到在黑體輻射曲線上的色溫接近？

(A) 9500K (B) 6500K (C) 3500K (D) 1500K

〔101' LED 工程師鑑定考〕

( ) 59. LED的壽命一般採用何種標準？

(A) 發光顏色退化到規定程度 (B) 點亮總時間超過指定長度

(C) 光通量降低到指定比率 (D) 封裝黃化至指定程度

〔101' LED 工程師鑑定考〕

( ) 60. 在 LED 的車燈設計之中，下列何者設計對於光型法規中的截止線對比度要求最為嚴苛？

(A) LED 汽車近燈 (B) LED 腳踏車頭燈 (C) LED 汽車霧燈

(D) LED 機車近燈 〔101' LED 工程師鑑定考〕

(　　) 61. 由單光儀發出為 555 nm 輻射通量為 2W 的光，假設當進到儀器其能量衰減為 10%，試問進入儀器的光通量約為何？

(A) 116.6 lm　(B) 126.6 lm　(C) 136.6 lm　(D) 146.6 lm

〔101' LED 工程師鑑定考〕

(　　) 62. 大功率 LED 照明零件在成為照明產品前，一般要進行兩次光學設計。把 LED 封裝成 LED 光電零組件時需先進行一次光學設計，其目的為調整？

(A) 出光角度　(B) 光通量大小　(C) 色溫的範圍與分佈　(D) 以上皆是

〔101' LED 工程師鑑定考〕

(　　) 63. 以下哪一個色溫最為接近晴日中午時分的太陽照射在地面上的光色？

(A) 8000K　(B) 6500K　(C) 4500K　(D) 3000K

〔101' LED 工程師鑑定考〕

(　　) 64. 將發光二極體的表面塑造成半球體的主要目的是？

(A) 美觀　(B) 減少全反射　(C) 散熱　(D) 製成簡單

〔101' LED 工程師鑑定考〕

(　　) 65. 請問光全反射是發生在怎樣的情況下？

(A) 光由光疏介質進入光密介質　(B) 光由光密介質進入光疏介質

(C) 只發生於 TM 偏極　(D) 只發生於 TE 偏極

〔101' LED 工程師鑑定考〕

二、簡答題

1. LED 全光通量量測的描述下列何者有誤？

（甲）積分球的尺寸越小越好

（乙）量測白光 LED 可使用標準紅光 LED 當標準燈

（丙）可使用鎢絲燈當傳遞標準燈

（丁）內部檔板越大越好

（戊）可使用輔助燈做為燈體吸收之修正

2. 一般使用配光曲線儀量測 LED 全光通量何者描述有誤？

（甲）偵測器一般使用亮度計

（乙）鏡面式配光曲線儀需考慮光源偏極性

（丙）配光曲線儀的校正為追溯至亮度單位

（丁）可由量測各角度之光強度分佈計算得光通量

（戊）一般無需使用光強度標準燈做為標準傳遞之使用

3. 請簡述限制 LED 產品發展之原因？

4. LED 照明之未來技術可在發光效率中作何種改善？

參考資料

1. 工業技術研究院 LED 照明產業應用趨勢分析（2007）
2. http://www.evertec.com.tw/page.php?page_id=4&sub=28
3. http://www.ihomediy.com.tw
4. http://cn.made-in-china.com/showroom/yideng zhaomin/product-detailSobmaMdJHHcx/%E8%BD%AE%E5%BB%93%E7%81%AF%E5%B8%A6.html
5. http://mirror.tw/index.php?entry=entry120116-204543
6. http://www.tongimes.com/catalog.asp?tags=%E5%BB%BA%E7%AD%91%E7%85%A7%E6%98%8E
7. http://news.vgooo.com/2008/0827/207.html
8. http://scmc0828.pixnet.net/blog/category/2632243
9. http://www.pcstore.com.tw/ghdesign/M07745920.htm
10. http://tw.myblog.yahoo.com/air-garden

11. 王介豪汽車頭燈投射模擬之研究（2006）
12. http://brian2947001.pixnet.net/blog/post/24705913-%22%E6%99%9D%E8%A1%8C%E7%87%88%22
13. http://forum.jorsindo.com/thread-2169971-1-8.html
14. http://clie.ws/bbs/index.php?showtopic=93737
15. http://www.ledinside.com.tw/products_onsemi_LED_20091222
16. http://detail.china.alibaba.com/buyer/offerdetail/737038227.html
17. 林志勳工業技術研究院 LED 照明市場趨勢（2009）
18.半導體照明設計技術面臨的挑戰與應用，電機月刊第 20 卷第 2 期。
19. LED 室內、室外燈具標準草案工業技術研究院（2010）
20. LED 燈具光學與電性量測方法工業技術研究院（2010）

Chapter4 LED 產品發展趨勢

主要內容：

1. LED 產品發展趨勢
2. LED 未來技術展望與競爭

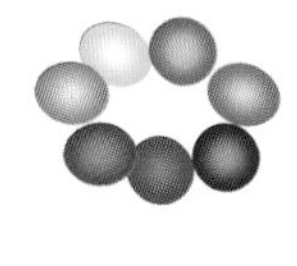

只要有「光」的地方，就會有 LED，因為 LED 具有終極光源所有的優點和特色：可大可小，可長可短，可亮可暗，可紅可綠，即 LED 燈具可以依場景需求製作任何的幾何形狀，光色和亮度可以隨時隨地調變，可以交流（AC）驅動，也可以直流（DC）驅動。因此，LED 應用於照明已經成為必然的趨勢，所以 LED 燈是現代人不可不知的新一代應用固態光源。

4.1 LED 產品發展趨勢

4.1.1 技術發展趨勢

(A) 小尺寸低成本

對於發光亮度並不需要很高的消費性電子產品市場，價格是決定性因素。LED 晶片的面積愈小，其成本就愈低，售價自然就低。

在 LED 產業也有類似半導體摩爾定律（Moore Law）的法則，Lumileds Lighting 公司的 Roland Haitz 先生依據過去 30 年 LED 發展觀察，歸納出 LED 界的摩爾定律—海茲定律（Haitz's Law）。圖 4-1 說明海茲定律法則，根據海茲定律 LED 亮度約每 18-24 個月可提升一倍，在往後的 10 年內，預計亮度可以再提升 20 倍，而成本將降至現有的 1/10。依循這個定律，LED 的應用市場不斷拓展，從工業用、車用、手機、電視到照明，其市場規模正大幅地在成長中。

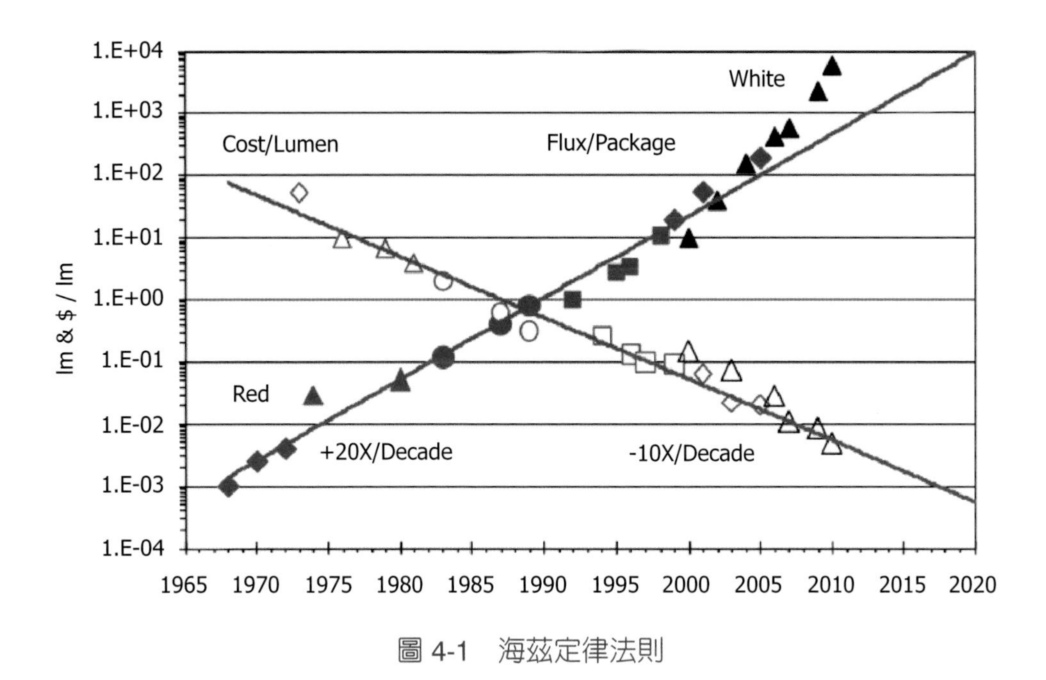

圖 4-1 海茲定律法則

(B) 大尺寸高亮度

由於照明級的光源照度要求高，小尺寸的 LED 晶片若要當作光源，需要提高晶片的數量，例如，一隻 20W 的 T8 燈，需要約 250 顆小尺寸 LED 晶片，此會增加電路上的風險。但若是 80W 的路燈，小尺寸 LED 晶片就不適合當作光源了，此時，需要大尺寸 LED 晶片。

目前對於高功率 LED 的設計，各大 LED 廠多以單顆低壓 DC LED 製作大尺寸為主，其製作方式有二，一為傳統水平結構，另一則為垂直結構。就水平結構而言，其製程和小尺寸晶粒幾乎相同，其差異在於高功率 LED 須通入大電流才可操作，因此在 P、N 電極設計不良情況下，會導致發生嚴重的電流擁擠效應（Current crowding），降低 LED 晶片亮度和可靠度。就第二種作法為垂直結構，在製程上較為複雜，且成本高、良率較傳統水平結構低，一般傳統藍光 LED 都成長於藍寶石基板上，因此 LED 磊晶完成後，必須先和導電性基板做接合之後，再將藍寶石基板予以移除，之後再完成後續製程。利用垂直結構製程，其優點為電流均勻分布較傳統結構為佳，且因轉移至導電性良好的基板，具有高導熱的特質，可改善散熱，降低接面溫度，如此一來便間接提高發光效率。此外在大尺寸 LED 上要將電流均勻擴散並不是件容易的事，尺寸愈大愈困難；同時，由於幾何效應的關係，大尺寸 LED 的光萃取效率往往較小尺寸的低。圖 4-2 為 LED 尺寸與發光效率之關係，根據 Lumileds 公司的資料顯示，當晶粒面積從 0.3 mm^2 增加到 1.5 mm^2 時，AlGaInP 與 AlInGaN 兩種晶片的外部量子效率都降低了大約 20%，其主要原因是在大尺寸的晶粒面積下，從晶片側壁發光的效率會較差，因為光子需要花更長的距離才能到達表面，所以增加了內部的吸收。因此結果顯示增加晶片頂部表層的發光效率是很重要的。

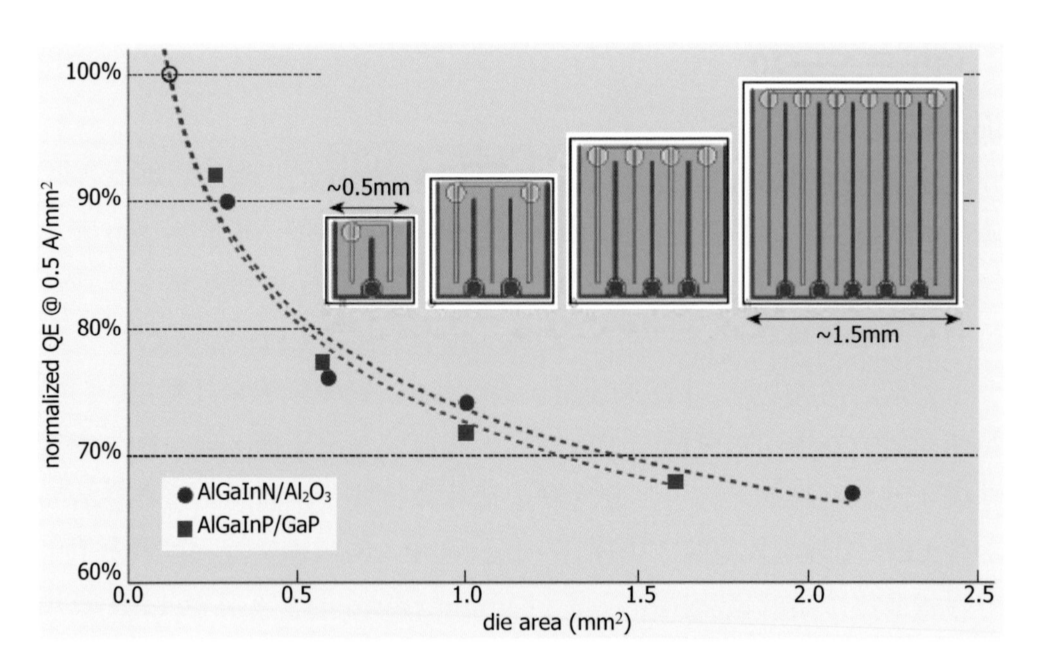

圖 4-2　LED 尺寸與發光效率之關係

(C) 模組化晶片

目前大尺寸 LED 晶片可透過模組化方式製作而成，現階段常見的模組化晶片為高電壓（High voltage）發光二極體（HV LED）和交流（Alternating Current）發光二極體（AC LED）兩種。圖 4-3 為低壓傳統 LED、交流 LED 和高壓 LED 驅動電路示意圖。HV LED 其基本架構和 AC LED 相同，乃是將晶片面積分割成多個 cell 之後串聯而成。其特色在於晶片能夠依照不同輸入之電壓的需求而決定其 cell 數量與大小等，等同於做到客製化的服務。由於可以針對每顆 cell 加以優化，因此能夠得到較佳的電流分佈，進而提高發光效率。

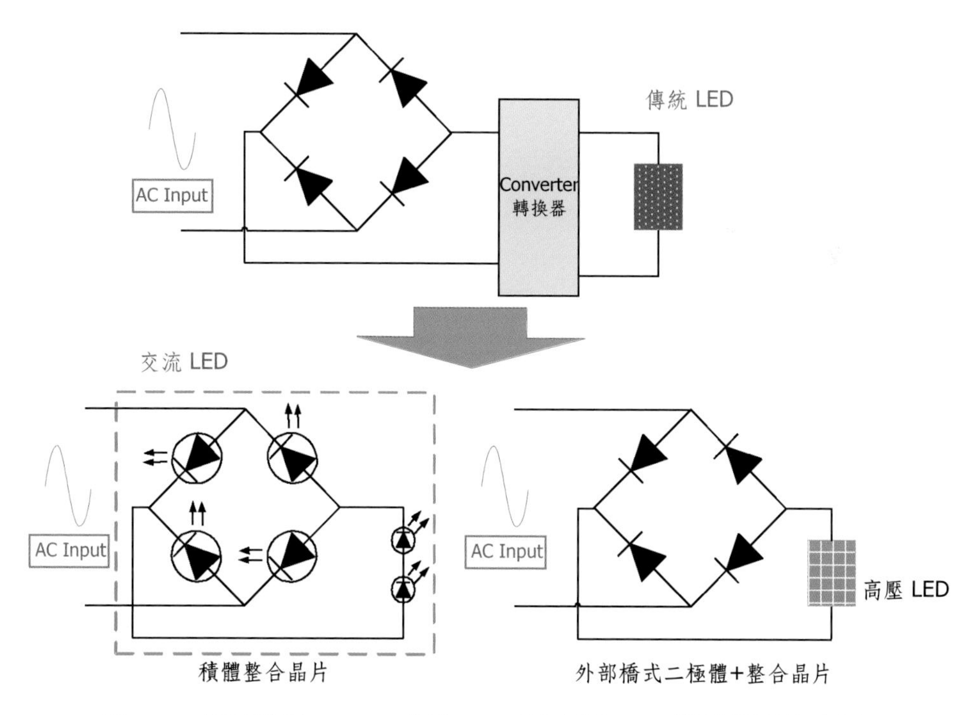

圖 4-3　低壓傳統 LED、交流 LED 和高壓 LED 驅動電路示意圖

(1) HV LED

a. 工作原理

高電壓發光二極體（HV LED）為一種以串聯的方式將多顆微晶粒連結而成的新式 LED 陣列結構，如圖 4-4 所示。HV LED 可透過全波整流器將交流電壓轉換成全波電壓或直接由直流電壓驅動點亮。而且透過該技術可使 LED 在高的工作電壓下驅動並降低流過每顆微晶粒的電流。也因為 HV LED 小電流、多微晶粒的設計，因此可以提高電流分布的均勻性。

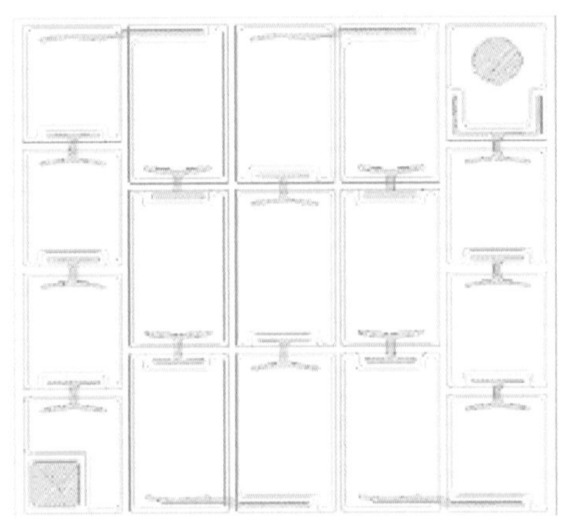
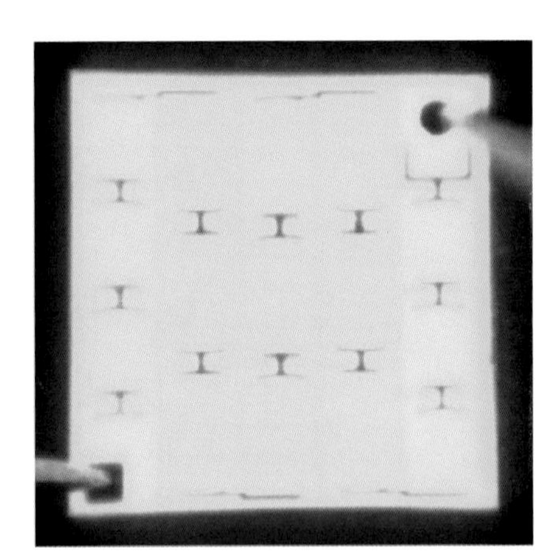

圖 4-4　HV LED 電路佈局和點亮圖

b. 高壓發光二極體有下列優點：

❶ 可減少元件發光效率的流明表現下降狀況。

❷ 節省變壓器能量轉換的損耗及降低成本。

❸ 除了高電壓直流的應用外，利用外部橋式整流電路也可設計於交流下操作。

❹ 體積小不佔空間，對封裝及光學設計都具有極佳的運用彈性。

❺ 除了紅色螢光粉外，也可以運用藍、紅 HV LED 搭配適當的黃、綠色螢光粉製成更高效率的高 CRI 暖白 LED。

c. 未來發展

從目前的產品設計形式來看，多數晶片業者會嘗試利用增加 AIGalnP 紅光 LED 的應用設計，讓光源得到較高的演色性表現水平。相較於採用藍光 LED 搭配混合螢光粉形式達到的暖白色光的設計方案，藍光 LED 的暖白光設計方案的演色性表現為 80～85%，若是採取混合 AIGalnP 紅光 LED 的暖白光設計方案，其 LED 光源的演色性表現則可達到 90% 以上。

(2) AC LED

a. AC LED 光源的工作原理

如下圖 4-5 所示，將一堆 LED 微小晶粒採用交錯的矩陣式排列方式均分為五串，AC LED 晶粒串組成類似一個整流橋，整流橋的兩端分別聯接交流源，另兩端聯接一串 LED 晶粒，交流的正半週沿藍色通路流動，3 串 LED 晶粒發光，負半週沿綠色通路流動，又有 3 串 LED 晶粒發光，四個橋臂上的 LED 晶粒輪番發光，相對橋臂上的 LED 晶粒同

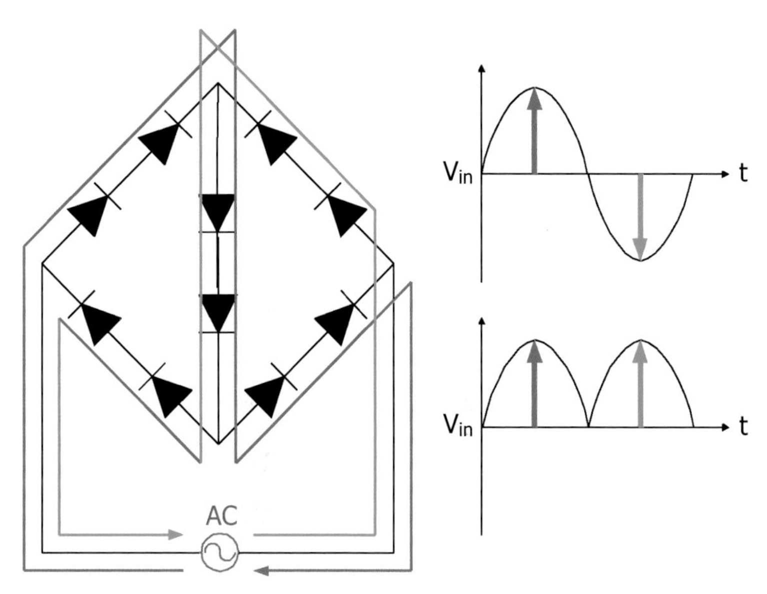

圖 4-5　AC LED 光源的工作原理

時發光，中間一串 LED 晶粒因共用而發光。透過此電路設計，使得 AC LED 在不同的偏壓方向中增加晶片點亮之數量，以提升發光百分比，進而提升晶片效率。如圖 4-6 為 AC LED 正負週期點亮圖。

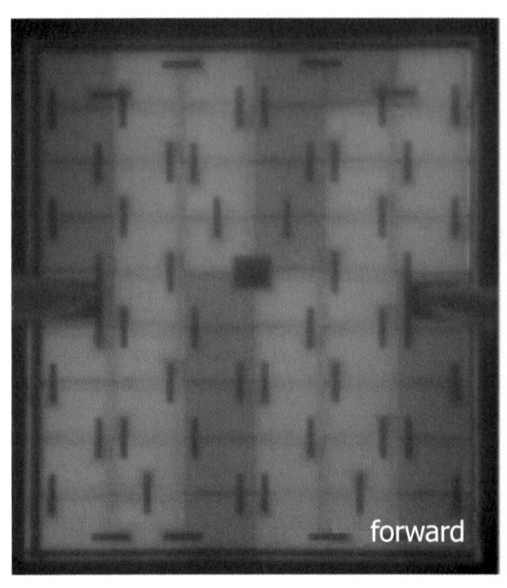

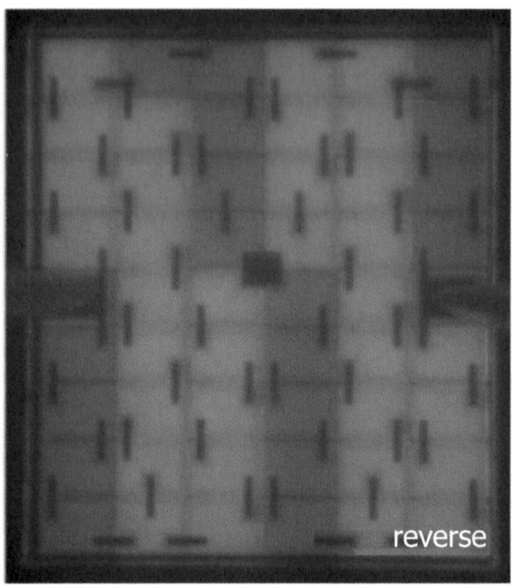

圖 4-6　AC LED 正負週期點亮圖

b. AC LED 優缺點

優點：

❶ AC LED 主要設計於方便家用電力，不用再外加交直流電轉換器，避免電力轉換的消耗。也避免 LED 元件本身還沒壞，但驅動元件卻先壞掉的窘境。

❷ 因為其製程採用交錯的矩陣式排列，是輪流點亮的，也讓 AC LED 的使用壽命較長。

缺點：

❶ 因為電力效率的原因，AC LED 目前的發光效率仍然不及於傳統的 DC LED。

❷ 因為 AC LED 也有散熱的問題，如果要應用在 LED 照明燈具上，應避免金屬鰭片的裸露，而應是間接的把熱帶走，也有觸電的危險。

❸ 因為 AC LED 使用 AC 電源，所以會有閃爍問題，比較傷害視力。

(3) 低壓傳統 LED、交流 LED 和高壓 LED 驅動電路比較

表 4-1 低壓傳統 LED、交流 LED 和高壓 LED 驅動電路比較

類型	LV LED	AC LED	HV LED
效率	75 ~ 80%	75 ~ 85%	90% 以上
功率因數	0.5	0.9 以上	0.85 以上
頻閃	無	有閃爍	無
電流密度	±5%	無恆流控制	±3% 以內
驅動電路生產	生產調適複雜	簡單	簡單
驅動電路體積	最大	最小	較小
發光效率	85 ~ 105 lm/W	65 ~ 75 lm/W	90 ~ 110 lm/W 180 ~ 200 白 150 ~ 180 暖白
發光部分成本	100 %	130 %	90 %

(D) 廣告裝飾燈

「五光十色」是 LED 燈的最佳利器，廣告裝飾燈的重點在客製化和創意。LED 燈由於是點光源的特性，又有各種不同的光色 LED，具有光色的多樣性和可合成性，所以以後在入夜之後的街道和商店，應該到處都可以看到廣告裝飾 LED 燈，圖 4-7 為 LED 裝飾燈。

LED 電子鐘

全彩 LED 水晶雷射刻字招牌

圖 4-7　LED 裝飾燈

資料來源：alibaba.com; conaryled.com

(E) 散熱技術

LED 整體發熱量雖然不高，但換算成單位體積發熱量時，卻遠遠超過其他光源。熱量的傳遞路徑主要分為三種型態，分別為熱傳導傳遞（conduction heat transfer）、熱對流傳遞（convection heat transfer）、熱輻射傳遞（radiation heat transfer）。LED 對於三種熱傳導方式的依賴程度相差甚大。LED 可從空氣中散熱，也可以將熱能直接由基板導出，或經由導線將熱引出。隨著功率增加，LED 所產生電熱流之廢熱無法有效散出，導致發光效率嚴重下降。LED 使用壽命的定義為，當 LED 發光效率低於原發光效率之 70% 時，可視為 LED 壽命終結。LED 發光效率會隨著使用時間及次數而降低，而過高的接面溫度則會加速 LED 發光效率衰減，故散熱成為 LED 的重要課題。

一般說來，根據從散熱器帶走熱量的方式，可以分為主動式散熱和被動式散熱兩種。所謂的被動式散熱，是指通過散熱片將熱源 LED 光源熱量自然散發到空氣中，其散熱的效果與散熱片大小成正比，但因為是自然散發熱量，若用在那些對空間沒有要求的設備中，或者用於為發熱量不大的部件散熱，其效果當然大打折扣。主動式散熱就是通過如風冷散熱、液冷散熱、熱管散熱、化學製冷散熱設備強迫性地將散熱片發出的熱量帶走，其特點是散熱效率高，而且設備體積小。

LED 散熱基板發展的趨勢，現階段以氮化鋁基板取代氧化鋁基板，或是以共晶或覆晶製程取代打金線的晶粒/基板結合方式來達到提升 LED 發光效率為開發主流。在此發展趨勢下，對散熱基板本身的線路對位精確度要求極為嚴苛，且需具有高散熱性、小尺寸、金屬線路附著性佳等特色，因此，製作散熱性佳、熱傳導率高的陶瓷材料散熱基板，將成為促進 LED 不斷往高功率提升的重要觸媒之一。就目前的趨勢而言，為了有效強化 LED 散熱功能，可以使用散熱塗料解決，因此需選擇導熱性能較高的材料，如金屬材料，主要是以熱傳導係數高的材料為組成，如鋁、銅甚至陶瓷材料等，表 4-2 是一些物質的熱傳導係數表。另外也可進一步建立良好的二次散熱機構，如鰭片、熱管等，以利於減低 LED 與第二次散熱機構的熱阻，增加熱傳出之效果。

表 4-2　物質的熱傳導係數

物質	k(W/mK)	物質	k(W/mK)
黃銅（Brass）	109.0	碳化矽（SiC）	490
銅（Copper）	385.0	矽（Si）	130
水銀（Mercury）	8.3	空氣（Air）	0.824
鋁（Aluminum）	205.0	氧（Oxygen）	0.023
不銹鋼（Stainless Steel）	50.2	氫（Hydrogen）	0.14
銀（Silver）	406.0	氮化鎵（GaN）	130
藍寶石（Sapphire）	46	氮化鋁（AlN）	285
環氧樹酯（pure epoxy）	0.37	填充環氧樹酯（filled epoxy）	1 ~ 3
填充銀黏著劑（Ag filled adhesive）	<5	金（Au）	318

以下為 LED 散熱封裝材料之比較列於表三，早期砲彈型 LED 封裝方式，其散熱路徑一部分熱源經保護層往大氣方向散熱，但只是一小部分，大多熱源僅能透過金屬導電架往基板散熱，此封裝熱阻相當地大，達 250～350 ℃/W。目前一般高功率 LED 封裝主要為表面貼合方式（Surface Mount Device, SMD）於 PCB 基板上封裝，主要是藉由產生的熱量可透過更大的接觸面積，有效率地傳導至 PCB 基板，大幅降低其熱阻值。雖利用 SMD 封裝方式可有效降低熱阻，但其熱阻仍高達 50℃/W，因此，在高功率的 LED 封裝材料上不太適用。故再發展出內具金屬核心的印刷電路板（Metal-Core PCB, MCPCB），是將原印刷電路板貼附在金屬板上，運用貼附的鋁或銅等熱傳導性較佳的金屬來加速散熱，此封裝技術可用於中階功率的 LED 封裝。由於 MCPCB 基板以金屬作為主要散熱途徑，但金屬板本身導電，所以金屬板表面需塗佈或黏結一高分子介電層作為絕緣層，但絕緣材多有熱阻、熱膨脹係數過高的缺點，若作為封裝高功率 LED 時就會不適合。若直接以燒結成形的陶瓷材料做 LED 封裝基板，不但具備絕緣性，不需額外的介電層，且陶瓷也具有不錯的熱傳導性。現階段較普遍的陶瓷散熱基板種類共有高溫共燒陶瓷（High-Temperature Co-fired Ceramic, HTCC）、低溫共燒陶瓷（Low-Temperature Co-fired Ceramic, LTCC）、直接敷銅基板（Direct Bond Copper, DBC）、直接鍍銅基板（Direct Plated Copper, DPC）四種，其中 HTCC 屬於較早期發展的技術，但由於燒結溫度較高使其電極材料的選擇受限，且製作成本相對昂貴，這些因素促使 LTCC 的發展，然而 LTCC 雖然將共燒溫度降至約 850℃，但缺點是尺寸精確度、產品強度等不易控制。而 DBC 與 DPC 則為近幾年才開發成熟，且能量產化的專業技術，DBC 是利用高溫加熱將 Al_2O_3 與 Cu 板結合，其技術瓶頸在於不易解決 Al_2O_3 與 Cu 板間微氣孔產生之問題，因此在密合強度、熱應力與線路解析度等問題仍有待解決。而 DPC 技術則是利用直接鍍銅技術，將 Cu 沉積於 Al_2O_3 基板之上，具有耐高電壓、耐高溫、與 LED 熱膨脹係數匹配等優勢外，還可將熱阻下降到 10 ℃/W 以下，故此為現今最合適用在封裝高密度排列之高亮度（High Brightness, HB）LED 散熱材料，其產品為近年最普遍使用的陶瓷散熱基板。

表 4-3　LED 散熱封裝材料比較

<table>
<tr><th>基板</th><th>熱導係數
TC (W/mK)</th><th>膨脹係數
CTE (ppm/℃)</th><th>成本</th><th>特性</th></tr>
<tr><td>Shells</td><td>0.2</td><td>20</td><td>非常便宜</td><td>散熱性差、嚴重熱傾斜。</td></tr>
<tr><td>PCB</td><td>0.36</td><td>13 ~ 17</td><td>較便宜</td><td>可用於LD LED(<1W)不適用於高溫</td></tr>
<tr><td>MCPCB</td><td>1 ~ 5</td><td>17 ~ 23</td><td>便宜</td><td>可用於MD LED(~1W)、操作溫度<140°C</td></tr>
<tr><td>DBC</td><td>20 ~ 170</td><td>5.3 ~ 7.5</td><td>昂貴</td><td>散熱佳、厚銅、線路解析較低</td></tr>
<tr><td rowspan="6">DPC
(ceramic)</td><td colspan="3">Al_2O_3</td><td rowspan="6">可用於HD LED(>3W)陣列封裝、高電壓、高溫度的製程並與LED有良好的熱膨脹匹配係數。</td></tr>
<tr><td>22-32</td><td>7.2</td><td>中等</td></tr>
<tr><td colspan="3">AlN</td></tr>
<tr><td>160 ~ 200</td><td>5 ~ 6</td><td>貴</td></tr>
<tr><td colspan="3">LTCC-Al_2O_3</td></tr>
<tr><td>2 ~ 3</td><td>5 ~ 7</td><td>中等</td></tr>
</table>

最近三匠科技公司研發一種名為「聲子散熱裝置技術」，如圖 4-8 所示，利用自家研發的複合材料（氧化鋁 + 鈦）而製成之陶瓷散熱基板，擁有抗靜電、抗突波的特性，且不需要鋁鰭片，模組設計優化等優勢。並加入聲子散熱結構，與陶瓷自身之優異的散熱特性，藉由陶瓷獨特晶格振動現象產生聲子，聲子再將熱以多方向性傳導至聲子傳導元件上，再由聲子傳導元件之共振區快速將熱散去，因此此方式是利用聲子元件結構中的共振片的方式將熱傳導出去，以主動式 HEAT PUMP 的循環，來替代燈具降溫，利用兩者結合的方式散熱，達到低成本，結構簡易以及最佳和快速的散熱效果。

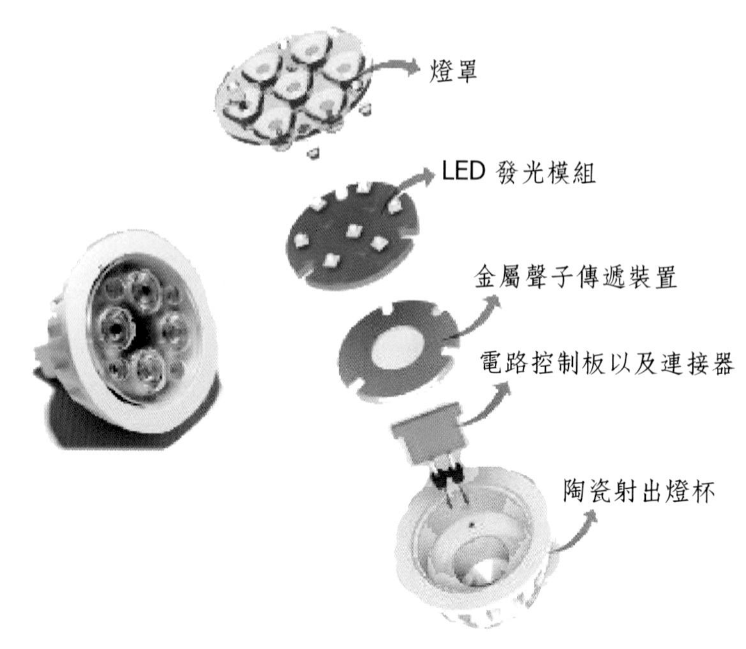

圖 4-8　聲子散熱裝置技術

圖片來源：actrx.com。

(F) 光學設計

LED 燈由於是點光源的特性，所以在照明應用時，一般要進行兩次光學設計。當要將 LED 封裝成 LED 燈型（lamp）時，要先進行一次光學設計，以解決 LED 的出光角度，光強，光通量大小，光強分佈，色溫的範圍與分佈。這就是所謂的一次光學設計。二次光學設計是針對照明標的物來說，一般 LED 都有一次透鏡，發光角度為 120 度左右。二次光學就是將經過一次透鏡後的光再通過一個光學透鏡改變它的光學性能。簡單地說，一次光學設計的目的是盡可能多的取出 LED 晶片中發出的光。二次光學設計的目的則是讓整個燈具系統發出的光能滿足設計需求。圖 4-9 說明 LED 燈的光學設計。

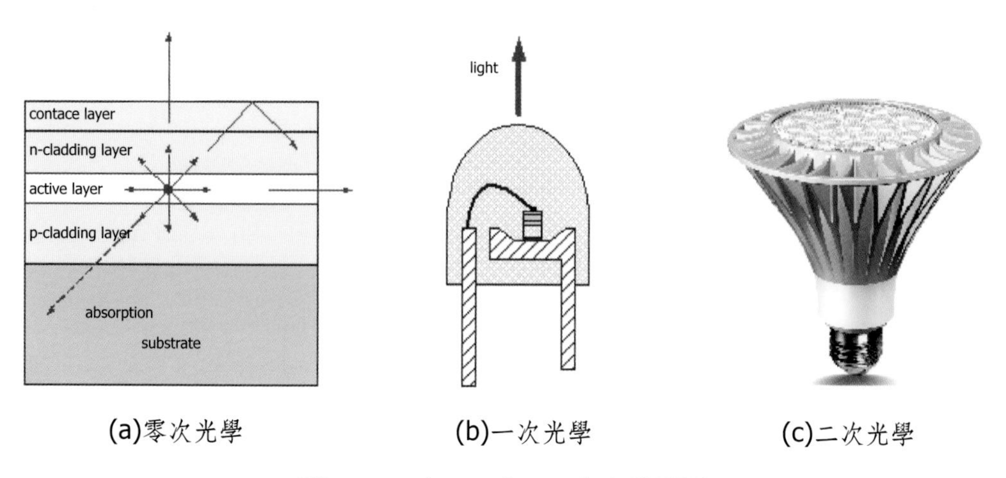

(a)零次光學　(b)一次光學　(c)二次光學

圖 4-9　0次、1 次、2 次光學設計

(G) 高演色性 LED

日光的 CRI 為 100，白熾燈泡的 CRI 超過 90，採用螢光的 LED 之 CRI 為 70，而螢光燈管則為 65。雖然白光 LED 的功耗遠低於傳統燈泡，但市面上的 LED 本身只能以單波長發光（藍光）；因此從 LED 獲得白光的常用方法，就是將紅光、綠光和藍光 LED 混合封裝在一起，並在藍光 LED 晶體內加入黃色磷光劑（yellow phosphors），但經過 CRI 測試發現，對於那些需要能在可見光譜中再生所有色彩的專業人士來說，CRI 值並不理想。因此，高演色性 LED 為下一代的研究課題，圖 4-10 為說明三種 CRI 等級白光 LED。

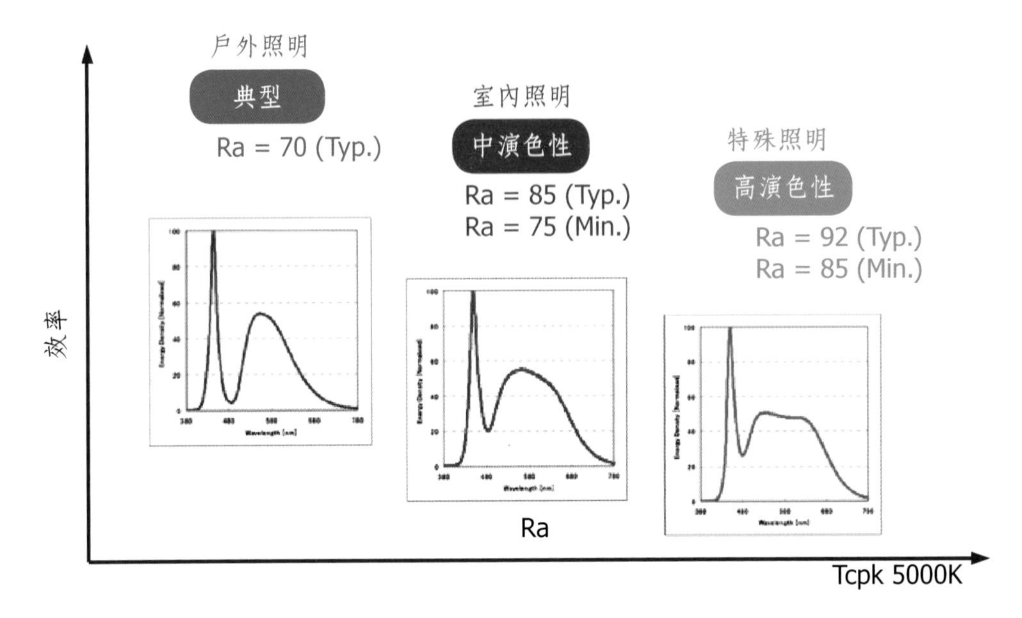

圖 4-10　三種 CRI 等級白光 LED

4.1.2　LED 產品之應用現況

LED 的產品種類，依應用性可以分成：

❶ 指示燈

❷ 交通號誌燈

❸ 顯示幕／LCD 背光源

❹ 廣告燈／裝飾燈

❺ 路燈／室外照明燈

❻ 室內照明燈

等六大類。其中，指示燈，交通號誌燈，和顯示幕 / LCD 背光源的市場已趨於飽和，但是，後面 3 項，即廣告燈/裝飾燈和照明市場卻是方興未艾。前者需要廣告業者的設計，市場才剛起步，後者 LED 燈具業者已苦心經營多年，法規訂定對於 LED 照明產業發展極其重要，觀察 LED 應用於照明近幾年來，全球許多國家針對節能減碳皆有所著墨，如各國對於白熾燈泡的禁用時程規劃，當消費者不得不汰換傳統白熾光源時，LED 燈泡成為省電燈泡以外的第二選擇。白熾燈泡的禁用政策執行，有助於帶動 LED 燈泡的使用量提升。

白熾燈泡禁用時程表如下表 4-4 所示。從各國白熾燈禁用時程規劃來看，2012 年為許多國家該項政策的確定執行期，在 LED 燈泡品質趨向穩定、價格持續下滑的情況下，有機會在各國政策需強制執行的驅動下，迫使企業與一般大眾消費者改選用 LED 燈泡。預期 2012 年各國白熾燈泡禁用政策的執行，將有效大量提升 LED 燈泡於照明光源的市占率。2011 年 6 月開始，LED 照明光源市場開始出現呈倍數的成長動力，其中以球泡燈和 MR-16 最受消費者歡迎。

表 4-4　各國禁用白熾燈時程表

台灣	2012 年全面禁產。
中國大陸	2011 年 10 月發佈中國淘汰白熾燈路線圖，2012 年 10 月禁售。
日本	2012 年禁止生產與銷售。
韓國	2013 年前禁止使用白熾燈。
美國	2012-2014 年陸續禁止，2014 年全面禁售。
新加坡	2012 年前禁止使用白熾燈。
澳洲	2009 年禁止生產，2010 年逐步禁用。
歐盟	2012 年起全面禁用。

4.1.3 LED 產品發展趨勢分析

(A) 產品規範與安全規範

除了白熾燈泡的禁用政策外，LED 照明在安規與標準的建立與統一不易，目前各國包含中國、美國、日本、韓國與台灣等國家，紛紛訂定

LED 照明專屬的安規驗證方式。如中國於 2010 年 12 月 28 日起實施的四項 LED 照明認證規則，包含普通照明用自鎮流 LED 燈安全與電磁兼容認證規則、反射型自整流 LED 燈節能認證規則、LED 筒燈節能認證規則以及 LED 道路隧道照明產品節能認證規則。

美國在 LED 燈具認證要求則需要通 過 UL、FCC 以及能源之星等認證，如對照明產品中使用 LED 光源的安全要求 UL8750，在使用環境、機械與電氣結構皆有所規範；UL1598 則是針對固定式燈具的安全要求；而自整流器與燈適配器則是透過 UL1993 規定。在 LED 燈具產品的電磁兼容要求，則需要通過 FCC 認證。另外在 UL 與 FCC 認證基礎下，還需要透過能源之星如 IES LM-79-08 和 IES LM-80-08，針對產品的光學性能與流明維持壽命的檢測認證。能源之星由美國 EPA（EPA，Environmental Protection Agency）負責，已於 2011 年 2 月 16 日發布燈具能源之星的 V1.0 最終版標準。

日本市場近兩年來成為 LED 照明成長相當快速的區域市場，必須注意的是，於 2011 年 7 月公佈的電器用品安全法，將於 2012 年 7 月開始實施，適用於 2012 年 7 月以後的製造與輸入的 LED 產品。廠商必須在事業開始的 30 天內開始申報，確保電器用品的安全性並符合國家規定的技術基準。業者必須採取合適性檢查、自主性檢查並做標示與申報。即使已經有 CE、UL 認證標誌的產品，在沒有通過 PSE 法的情況下，是無法直接在日本販賣的。廠商在開發設計時即必須考量是否符合 PSE 標準要求，製造時進行試料檢查並保存檢查資料。然而，在 2012 年 7 月之前無法標示 PSE 標章的情況下，則必須取得並標示電器產品認證協會（SCEA）的 S 標章。

(B) 模組化規範與標準

LED 照明產品目前仍呈現各家技術百家爭鳴的狀態，為追求未來 LED 照明燈具產品的標準化與一致性，使 LED 光源與燈具在長時間的使用與維護替換下更加便利，LED 模組化規範與標準也持續受到重視。2010 年 2 月初全球九家照明行業巨頭宣佈將發起成立一合作組織 - ZHAGA 聯盟，旨在發展 LED 光引擎（light engine）介面的標準。目前參與成員有 25 家公司，有：Cooper Lighting、Osram、松下、飛利浦、東芝等在內的全球照明業者。ZHAGA 聯盟正積極開發推動全球 LED 照明燈具系統介面標準化，除了產品安全、能源效率、性能標準外，及時推出滿足最新的 ZHAGA 介面統一標準之 LED 產品，方有快速取得進入市場的最佳時機與機會。

4.2 LED 未來技術展望

科技進步帶動 LED 應用更為多元，從傳統的顯示訊號燈發展至隨處可見的一般室內照明，路燈照明，商業工業應用照明等。LED 發光效率提升，製造成本與 LED 燈具價格下滑，使得 LED 應用於照明對消費者而言不再是高不可攀的一項選擇。因此，對於 LED 的產業發展而言，LED 的未來取決於下列幾點：

(A) LED 發光效率提升

LED 元件技術發展速度快，短短幾年已成為最受期待的下一世代光源。高發光效率為 LED 元件擴張應用市場的重要切入點，如圖 4-11 所示，LED 元件發光效率持續快速提升中。當 LED 元件技術增進，產品更迭速度將更為快速，技術落後即被市場淘汰。

元件成本下滑，將帶動 LED 照明燈具終端價格降低，在 LED 照明走向終端通路且面臨市場上價格競爭激烈挑戰下，LED 照明燈具市場滲透率可望持續提升。

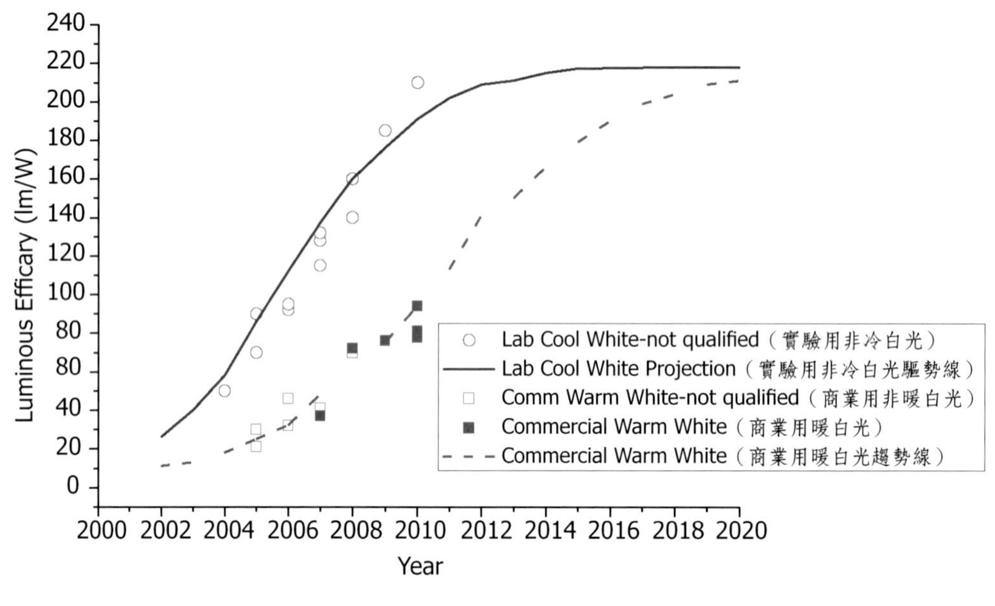

圖 4-11　LED 發光效率成長趨勢

(B) LED 技術研發方向由高效率化轉為低成本化

LED 元件發光效率提升，帶動每千流明價格下滑。參考美國 DOE 於 2011 年 5 月公佈之固態照明發展年度計劃，如圖 4-12 所示，DOE 擬定 2015 年冷白光 LED 元件發光效率提升至 224 lm/w，價格下滑至每千流明 2 美元，暖白光則為發光效率提升至 202 lm/w，價格下滑至每千流明 2.2 美元。未來 LED 照明產品除了發光效率持續的提升，將更著重在低成本化的技術研發。

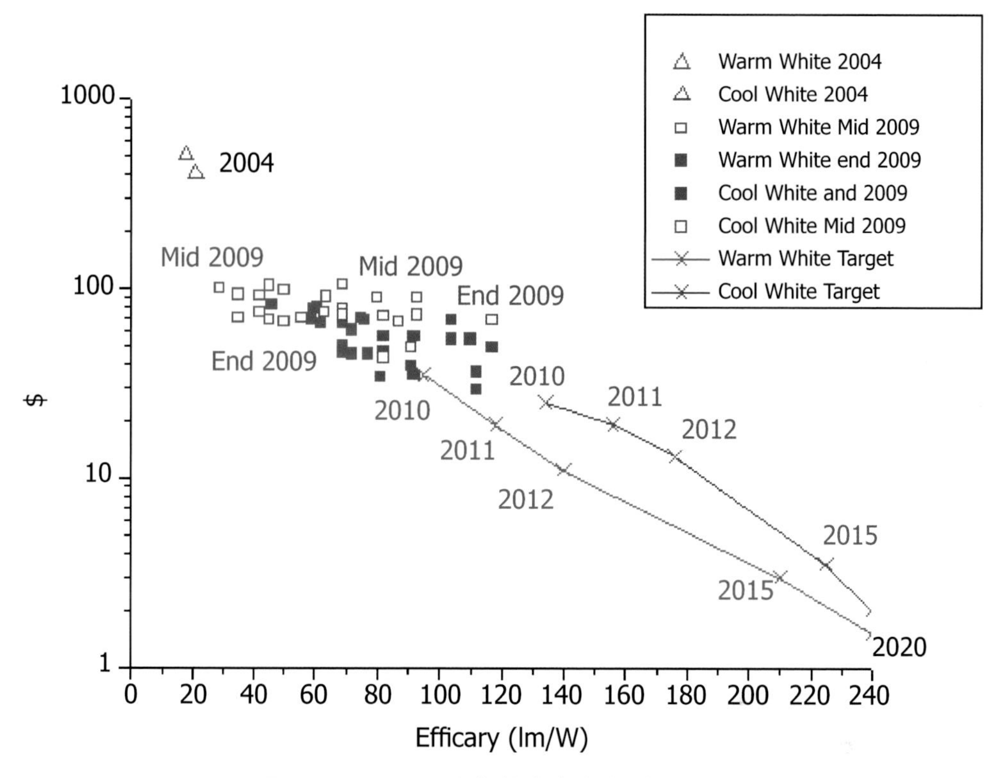

圖 4-12　LED 發光效率與價格之間關係

(C) 模組化晶片的開發

為了配合高光通量的要求，2000 年推出第一代的 LED 功率晶片面積為 40 mil×40 mil，由於面積大的緣故，其光通量雖然高，但是發光效率卻不佳。2003 年，有業者開發出串聯式 LED 功率晶片，其優點為發光效率佳，而且由於 LED 是串聯的，所以其驅動電壓為所有 LED 驅動電壓的總合，其缺點為製程較複雜。另一方面，為了讓 LED 功率晶片可以在 AC 的供電環境下使用，也有幾個研發團隊提出 AC LED 功率晶片的構想和作法。

(D) 高演色性 LED

無論是照明用的 LED 燈還是 LCD 顯示器用的 LED 背光模組，都需要良好演色性的光源以呈現豐富的色彩。LED 光源的 CRI 值要大於 90% 才比較理想。RGB LED 光源的 CRI 雖然可以達到 90%，但是並不適用於照明用的 LED 燈。因此，未來必須開發高 CRI 值之照明 LED 燈，在此其中，螢光粉和 UV LED（紫外光 LED）就會扮演重要的角色。

(E) 高等 LED 製程技術的成熟和普及

此處所指之高等 LED 製程技術包含：

❶ 覆晶（flip-chip）技術

❷ 雷射剝離（laser liftoff）技術

❸ 電鍍（electroplating）技術

這 3 種技術為目前製作 LED 功率晶片常用的製程技術，具有高光通量和高導熱係數，操作穩定性高。隨著製程技術的成熟，利用該技術製作之 LED 功率晶片會愈來愈普及。

4.2.2 LED 未來的競爭者—OLED

1987 年，美國柯達公司的鄧青雲博士等人發表的有機發光二極體元件（Organic Light Emitting Diode, OLED）有了突破性的發展。利用真空蒸鍍（vacuum deposition）的方式，將芳香二胺（Diamine） 作為電洞傳輸材料及具有發光性的有機小分子染料（tris-(8-hydroxy-quinolino) al-uminum，Alq3）作為電子傳輸層兼發光層材料，製作結構為 ITO/Diamine/Alq3/Mg:Ag 之異質接面的雙層薄膜有機發光二極體，發表了第一個高亮度（1000 cd/cm^2）、低驅動電壓（～10 V）、高外部量子效率（可達 1 %） 的元件，如圖 4-13 所示，使得有機發光二極體元件開始有發展實用性的可能。如圖 4-14 所示，OLED 的基本結構是由一

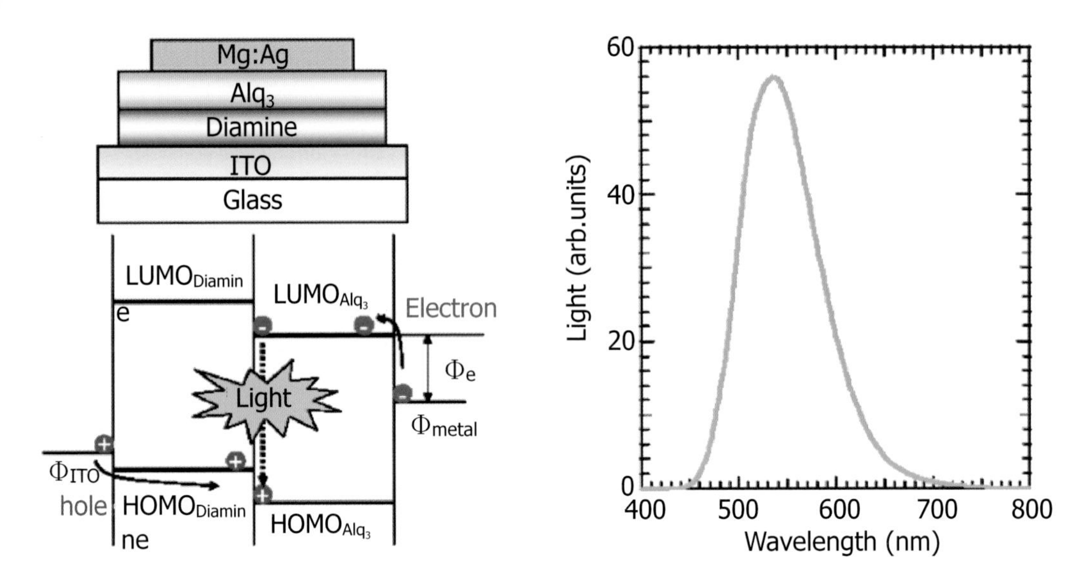

圖 4-13　第一顆 OLED 結構圖與光譜圖

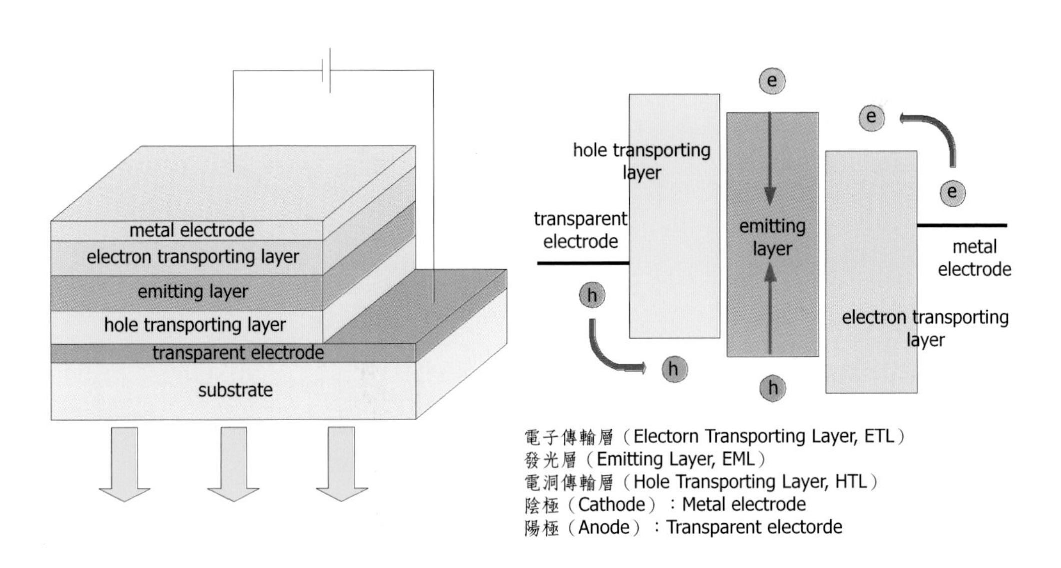

圖 4-14　OLED 結構圖與能帶圖

薄而透明半導體性質的銦錫氧化物（ITO）為正極與金屬陰極如同三明治般將有機材料層包夾其中。整個結構層中包括了：電洞傳輸層（Hole Transport Layer, HTL）、發光層（Emitting Layer, EML）與電子傳輸層（Electron Transport Layer, ETL）。

OLED 發展至今，已經不再僅是單純的一項新興技術，觀察近一兩年來各國大廠在 OLED 的投入與佈局，以及實體 OLED 照明產品的商品化，可以發現 OLED 對 LED 的威脅持續提升。OLED 照明商品化腳步加速，各大廠包括歐司朗、飛利浦、東芝、三菱等廠商自 2011 年起皆陸續開始少量販售 OLED 照明商品。根據 Nanomarkets 研究表示，預期 2015 年 OLED 照明市場規模將達 25 億美元。圖 4-15 為 OLED 發光亮度的演進。

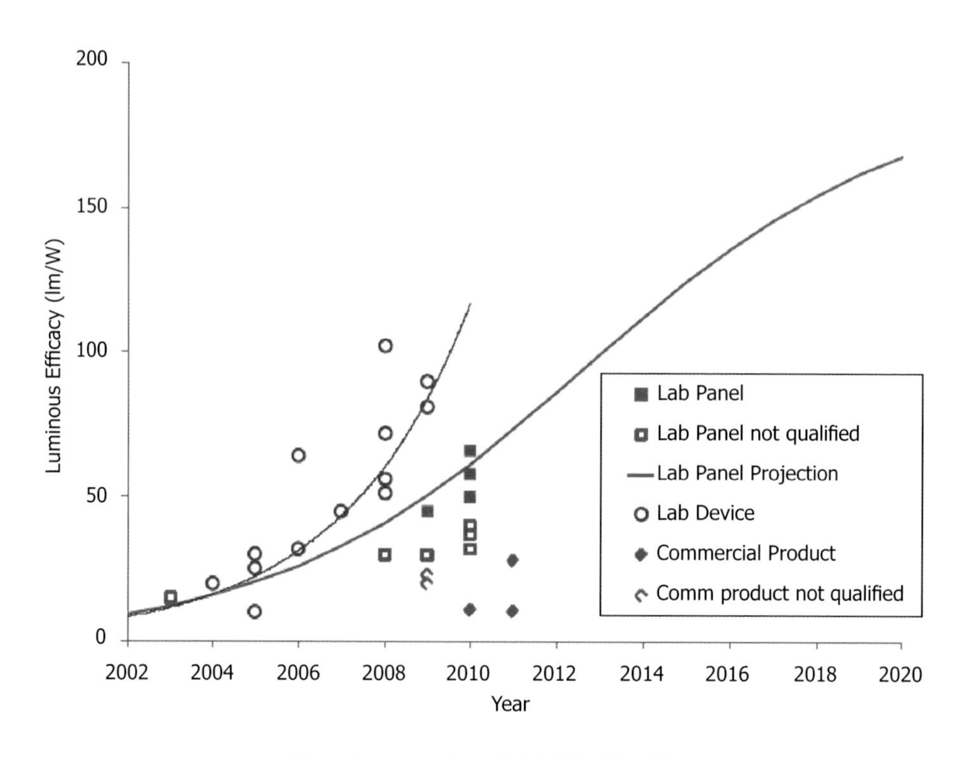

圖 4-15　OLED 發光亮度的演進

即使從目前 OLED 發展進度來看，LED 不管在價格，技術成熟度，產品穩定度等方面皆較 OLED 成熟許多。然 OLED 在照明發展的利基，如平面光源、自行發光且不需要額外電控元件、光線柔和適合室內照明等優勢，未來對 LED 的替代威脅仍不斷提高，這是台灣廠商目前產業佈局上較為薄弱的一塊領域。

習 題

一、選擇題

( ) 1. 以下哪些為 LED 背光源技術優點？
(A) 輕薄省電 (B) 使用壽命長 (C) 色彩飽和度高 (D) 以上皆是
〔100' LED 工程師鑑定考〕

( ) 2. 紫外光 LED 的應用有哪些，其中何者為非？
(A) 光樹脂硬化 (B) 光觸媒空氣清淨機 (C) 紙鈔辨識用
(D) 光纖通訊 〔100' LED 工程師鑑定考〕

( ) 3. 對於做好的發光二極體，除發光波長、光亮度與順向偏壓外，還要測試下列哪一項重要參數？
(A) 偏極性 (B) 操作頻率 (C) 逆向偏壓 (D) 電阻或阻抗
〔101' LED 工程師鑑定考〕

( ) 4. 下列何者是世界上第一個計劃全面禁止使用傳統白熾燈的國家。2009 年停止生產，最晚在 2010 年逐步禁止使用傳統的白熾燈？
(A) 美國 (B) 日本 (C) 澳大利亞（澳洲） (D) 歐盟
〔101' LED 工程師鑑定考〕

( ) 5. 何者非 LED 產品的特徵優點？

(A) 小型化，封裝後體積小　(B) 點滅速度快（響應速度快）
(C) 發光效率隨溫度增加而提高　(D) 環保不含汞

〔101' LED 工程師鑑定考〕

(　　) 6. 紅綠燈的光源由 LED 取代燈泡的主要原因是？
(A) 反應速度快　(B) 壽命長　(C) 色彩鮮豔　(D) 光具指向性

〔101' LED 工程師鑑定考〕

二、填充題

1. 請問目前交流電 LED（ACLED）之晶粒技術特性為何？（複選）
（甲）不須外加整流器與定電流電路
（乙）高驅動電流密度
（丙）雙向導通避免靜電破壞
（丁）使用微晶粒 LED　〔100 年 LED 工程師鑑定考題〕

參考資料

1. http://cdnet.stpi.org.tw/techroom/analysis/2010/pat_10_A010.htm
2. Solid-State Lighting Research and Development: Multiyear Program Plan, U.S. Department of Energy-Solid-State Lighting （2011）.
3. http://www.digitimes.com.tw/tw/dt/n/shwnws.asp?cnlid=13&cat=3&id=0000224977_RCQ8HAMJ8B49C26OGM2KJ&cat1=25&cat2=25
4. S. Curtis, Compound Semiconductor, December, 27-30, （2005）.
5. http://www.digitimes.com.tw/tw/dt/n/shwnws.asp?cnlid=13&packageid=3233&id=0000167775_W25884HV6AJP5R6DRII0D#ixzz1swirUvMy
6. http://www.eeworld.com.cn/LED/2012/0107/article_6235.html
7. 關於 HV LED 芯片的市場狀況

8. H. H. Yen, H. C. Kuo, and W. Y. Yen, J. J. Appl. Phys. 47, 8808 （2008）.
9. http://www.cnledw.com/tech/detail-25852.htm
10. http://www.ledinside.com.tw/knowledge_taoci_20120514
11. C. W. Tang, S. A. Vanslyke, Appl. Phys. Lett. 51, 913 （1987）.
12. 白光 OLED 照明（五南圖書, 陳金鑫、陳錦地、吳忠幟）

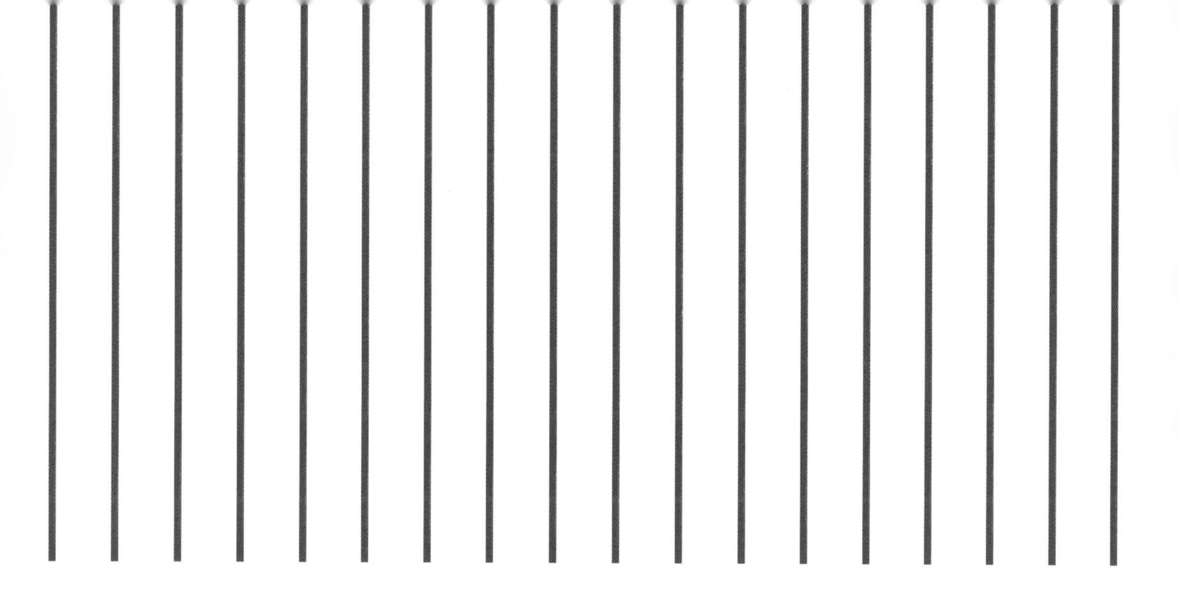

Chapter 5 Micro/Mini LED 的技術分析與應用市場

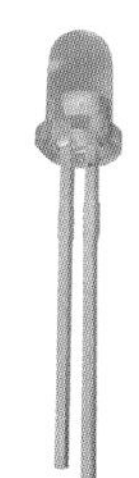

主要內容：

1. Micro LED 的優劣勢
2. Mini/Micro LED 製程
3. Mini/Micro LED 顯示技術
4. Mini/Micro LED 的應用市場與市場現狀
5. 結論與未來展望

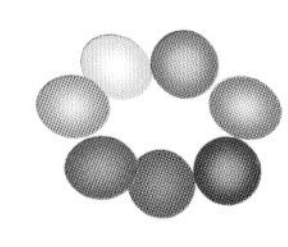

Micro LED 技術，即 LED 微縮化和矩陣化技術，指以自發光的微米量級的 LED 為發光像素單元，將其組裝到驅動面板上形成高密度 LED 陣列的顯示技術，其能在一個晶片上集成高密度、尺寸微小的 LED 陣列。2000 年德克薩斯理工大學的 Jiang H.X.團隊製作出了世界上第一顆尺寸為 12 μm 的藍光 Micro-LED 晶片[1,2]。

Mini LED 是晶片尺寸介於 50～200 μm 之間的 LED 元件，由 Mini LED 像素陣列、驅動電路組成，且像素中心間距為 0.3～1.5 mm。整體而言，Mini LED 以前被視為是 Micro LED 的過渡，但是近年 Mini LED 已經走出自己的應用方向。

Micro LED 致力於直接封裝發光元件，能做到單獨驅動無機自發光，甚至性能更勝 OLED。Mini LED 是傳統 LED 背光基礎上的改良版本，作為 LCD 面板的背光源使用。Micro LED 則是新一代的顯示技術，將 LED 背光源微縮化、矩陣化，致力於單獨驅動無機自發光、讓產品壽命更長，甚至性能更勝 OLED，被業界視為下世代的顯示技術[3]。

5.1　Micro LED 的優劣勢

Micro LED 具有節能、機構簡易、體積小、效率高、亮度高、可靠度高及反應時間快等特點，能做到無需背光源自發光。Micro LED 的解析度超高，這主要得益於其晶片尺寸微小。

但是 Micro LED 製作成本高、難以大面積應用。Micro LED 過於依賴單晶矽基板做驅動電路，此前從蘋果公布的專利上來看，技術上需要將 LED 從藍寶石基板轉移到矽基板上，這意味著製作一塊屏幕至少需要兩套基板和互相獨立的技術。

不僅磊晶的成本高，還會面臨良率的問題。此外，發光效率優勢不及 PHOLED（Phosphorescent OLED, PHOLED）。UDC 公司的紅綠磷光 OLED 材料在三星 Galaxy S4 及後繼機型的面板上開始商用，面板功耗和高 PPI 的 TFT-LCD 打平或略有優勢。最後，難以做成捲曲和柔性顯示。特別是製造 i Watch 之類的產品，屏幕要求一定的曲率。

Micro LED 成功關鍵有三：第一，各大品牌廠是否願意採用新技術；第二，如何一次搬運數百萬顆超小 LED 晶片；第三，全彩化、良率、發光波長一致性等技術問題[3]。

技術上，如何衡量環境光影響下 Mini LED 背光技術在 TV 終端的應用也是直接影響到終端消費者體驗的重要因素。另外，還有消除 Mini LED 的光暈效應、減少背光模塊和降低背光功耗等問題，此外，環境光的增加也可以減輕光暈效應[4]。從理論上講，Mini LED 背光的分區數越多越好，如果能做到像素級分區，就可以追平甚至超越 OLED 的顯示效果[5]。

5.2 Mini/Micro LED 製程

在 LED 家族中，功率 LED，Mini LED 和 Micro LED 都是 LED 技術的延伸，在 LED 晶片製造環節與傳統技術具有相容性，同樣需要磊晶技術、晶粒製程技術技術、與組裝技術。而 LED 的結構，如圖 5-1 所示，因 AlGaAs 紅光和 AlInGaP 橘光和黃光 LED 採用 GaAs 半導體基板，而 InGaN LED 採用藍寶石絕緣基板，所以電極的配置與前兩者不同。依電流流進陽極，經過 p-n 接面，再流出陰極之電流流向區分，可以分為直式和橫式結構兩種。圖 5-2 為兩種直式 LED 和橫式 LED 可能組裝在一起的方式。[1-4]

除晶粒尺寸大小不同外，Mini LED 與傳統 LED 的製程幾乎相同，而且目前技術已經成熟，已經有產品問世，產品滲透率高。而 Micro LED 雖然前段製程與面板、IC 電路相似，但多了巨量轉移製程、巨量檢測製程、及修補製程。而目前 Micro LED 量產最大難關就是在此環

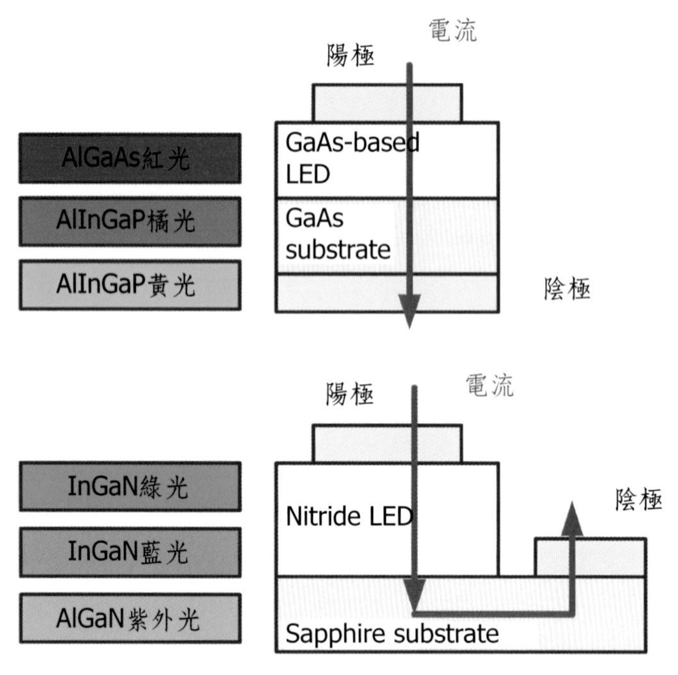

圖 5-1　LED 的結構形式

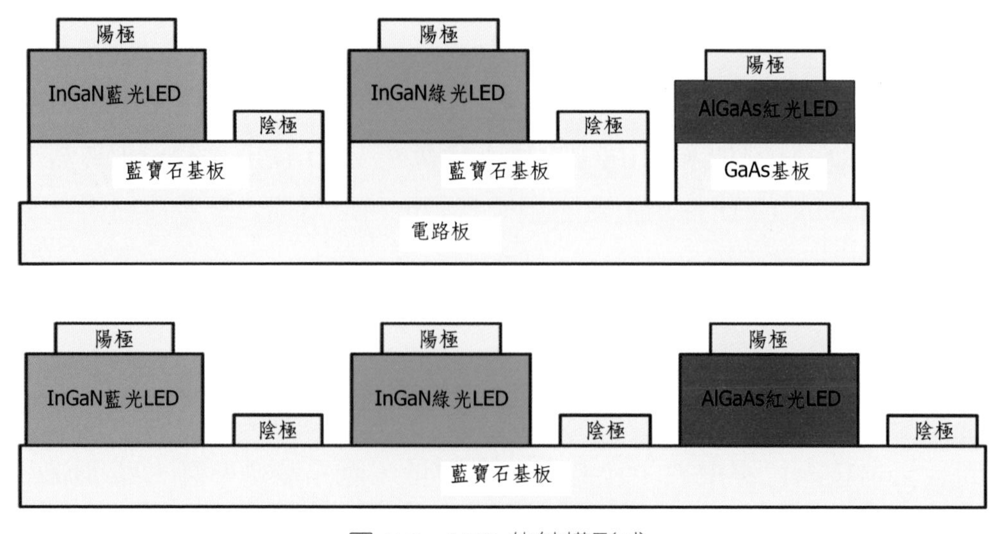

圖 5-2　LED 的結構形式

節上。圖 5-3 為 Micro LED 的製程流程圖。Micro LED 主要製程步驟，主要包括磊晶片成長、晶片製造、薄膜晶片製程、巨量轉移、檢測與修復、噴塗量子點、驅動 IC 電路和組裝。磊晶片成長，Micro LED 晶片製造，薄膜製程跟傳統的 LED 製程比較，只需對設備的治具稍加改造就可用於 Micro LED 製程。目前的製造難點主要集中在巨量轉移，檢測與修復方面以及驅動 IC 的設計和製程上。LED 家族的產品在磊晶部分都一樣，但是到了晶粒切割時，會根據應用而切割出不同的尺寸，而尺寸不同取放技術也會有所不同。尺寸較大的 LED 會應用在照明或指示光源，而尺寸較小的 LED 則會應用在顯示器光源。

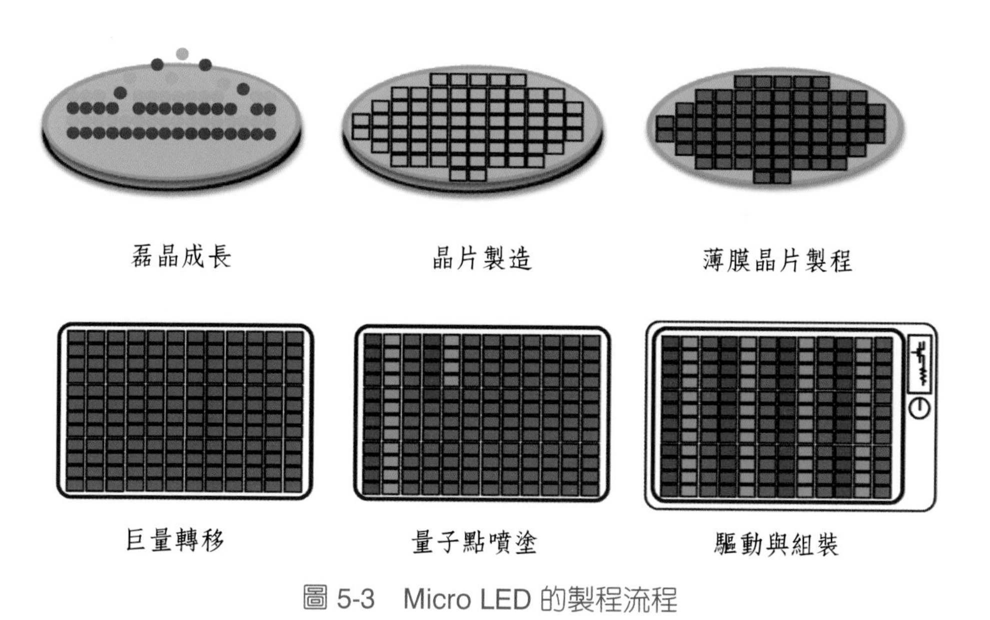

圖 5-3　Micro LED 的製程流程

(1) 巨量轉移（Mass Transfer）技術

磊晶部分結束後，需要將已點亮的 LED 晶體薄膜無需封裝直接搬運到驅動背板上，這種技術叫做巨量轉移。其中技術難點有兩個部分：[6-9]

A. 轉移的僅僅是已經點亮的 LED 晶體磊晶層，並不轉移原生基板，搬運厚度僅有 3%，同時由於 Micro LED 尺寸極小，需要更加精細化的操作技術。

B. 一次轉移需要移動幾萬乃至幾十萬顆 LED，數量巨大，需要新技術滿足這一要求。如何在極短時間內搬運數千萬顆微米級 LED 晶粒是一個巨大的挑戰，要把數百萬甚至數千萬顆微米級的 LED 晶粒正確且有效率的移動到電路基板上。以一個 4K 電視為例，需要轉移的晶粒就高達 2400 萬顆（以 4000×2000 ×RGB 三色計算），即使一次轉移 1 萬顆，也需要重複 2400 次。目前已知的取放技術有下列幾種：

(a) 塊狀取放：stamp-assembly，將 LED 晶粒集成在一個板塊（stamp）上，一次直接取放多顆 LED。

(b) 貼裝取放：利用特殊膠帶（tape），一次黏取多顆 LED。

(c) 電磁取放：沉積磁性薄膜在 LED 表面上，以利磁鐵吸取。

(d) 靜電取放：利用半導體製程技術製作尺寸與 Micro LED 相同之 p-n junction 電子箝。

(e) 流體組裝：將 LED 置於懸浮液體中，利用震動方式置放 LED 晶粒，而定位技術則是關鍵。

(f) 雷射轉移：Laser-Enabled Advanced Placement (LEAP)，用雷射脈衝加熱膠膜使晶粒附著在目標基板上，此係以非接觸方式大量放置晶粒，轉移速率快。

(g) 滾軸轉寫：以滾軸對滾軸的方式，將 LED 元件「轉寫」至基板上。

(2) 製程種類

A. Chip Bonding：將 LED 直接進行切割成微米等級的 Micro LED chip，利用 SMT 技術或 COB 技術，將微米等級的 Micro LED chip 一顆一

顆鍵接於顯示基板上。

B. Wafer bonding：在 LED 的磊晶薄膜層上用感應耦合電漿蝕刻（ICP），直接形成微米等級的 Micro LED 結構，再將 LED 晶圓（含磊晶層和基板）直接鍵接於驅動電路基板上，形成顯示畫素。

C. Thin film transfer：剝離 LED 基板，以一暫時基板承載 LED 磊晶薄膜層，再形成微米等級的 Micro LED 磊晶薄膜結構。將 Micro LED 磊晶薄膜結構進行批量轉移，鍵接於驅動電路基板上形成顯示畫素。

(3) Mini LED 封裝與驅動技術

目前在使用的 Mini LED 類型有 COB (Chip On Board)、COG (Chip On Glass)、NCSP (Near Chip Scale Package)、POB (Package On Board)，實現方法如圖 5-4 所示。

(4) Mini/Micro LED 的技術挑戰

Micro LED 有機會成為顯示器的主流技術嗎？LED 專家普遍認為目前 Micro LED 顯示器的研發有三大挑戰，分別為：巨量轉移技術問題、電流控制問題及與現有 LCD/LCD 產業鏈的兼容性問題。Micro LED 最難克服的環節，另包括電路驅動、色彩轉換、檢測、晶圓波長均勻度等，也都是尚待突破的技術瓶頸。Micro LED 還有另一個頭痛的問題，就是修補技術。因為磊晶時所產生的缺陷或製程當中的塵粒或殘留物，會產生規格不符的 LED 晶粒，此時就需要用雷射燒熔並置換新的 LED 晶粒。除了這四點，Micro LED 的技術難點還有下列幾點：

A. 晶粒尺寸小，製程精度高。

B. 如果是製作塊狀 Micro LED，則磊晶層的均勻性需提高。

C. 晶粒數量多，需採矩陣式檢測技術。

D. 配合晶粒尺寸，IC 電路的驅動電流輸出要減少。

E. 由於 Micro LED 是新型顯示器技術，產業鏈上到下的整合需要時間。

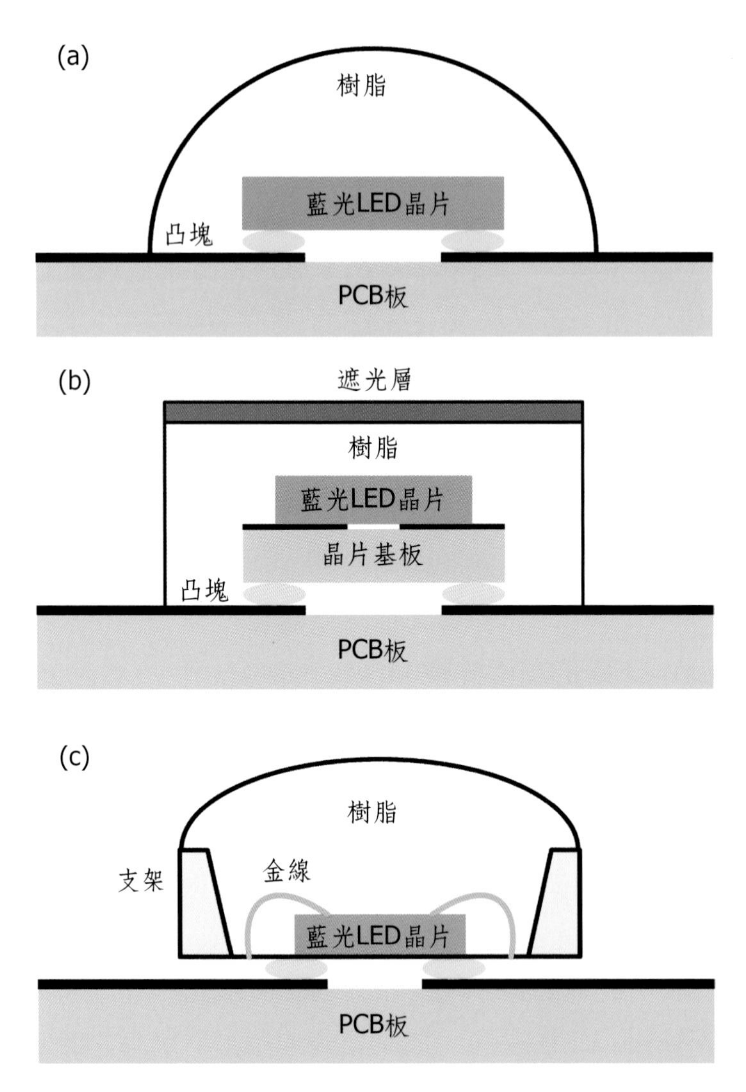

圖 5-4　(a) COB Mini LED 實現方案，(b) NCSP Mini LED 實現方案，及(c) POB Mini LED 實現方案

F. 製程耗時且良率問題，成本高出一般顯示技術 3-4 倍。

G. 串擾問題：Cross-talk（串擾）在電子學上是指兩條信號線之間的耦合現象。這是因為空間距離近的信號線之間會出現不希望的電感性和電容性耦合從而互相干擾。Micro LED 距離近且光線發散的關係，也會有串擾的問題，所以晶粒之間要插入間隔層。

5.3 Mini/Micro LED 顯示技術

Mini/Micro LED 晶片本質上仍然為發光二極體，其發光原理為：對該元件施加從 P 到 N 的電壓時，電子與空洞在空間電荷層複合，即電子從高能階躍向低能階釋放能量，這些能量以光子的形式釋放出來，產生發射光。圖 5-5 為三種顯示技術的示意圖。OLED 顯示器技術（如圖 5-5(b)所示）雖然有不錯的亮度表現（800 尼特），但是因為壽命和烙印等問題一直困擾著生廠商和技術人員，所以 OLED 遲遲無法成為顯示器的主流。觀察 Mini LED 和 Micro LED 兩種顯示技術的走向，Mini LED 因其具有較佳的 HDR（high dynamic range），光學和色域上的表現，Mini LED 背光源會逐漸取代傳統 LED 背光源而成為主流（如圖 5-5(a) 所示）。另一方面，Micro LED 顯示器為主動光源顯示器，具有傑出的亮度表現，亮度可達 5000 尼特（如圖 5-5(c)所示）。[6-10]

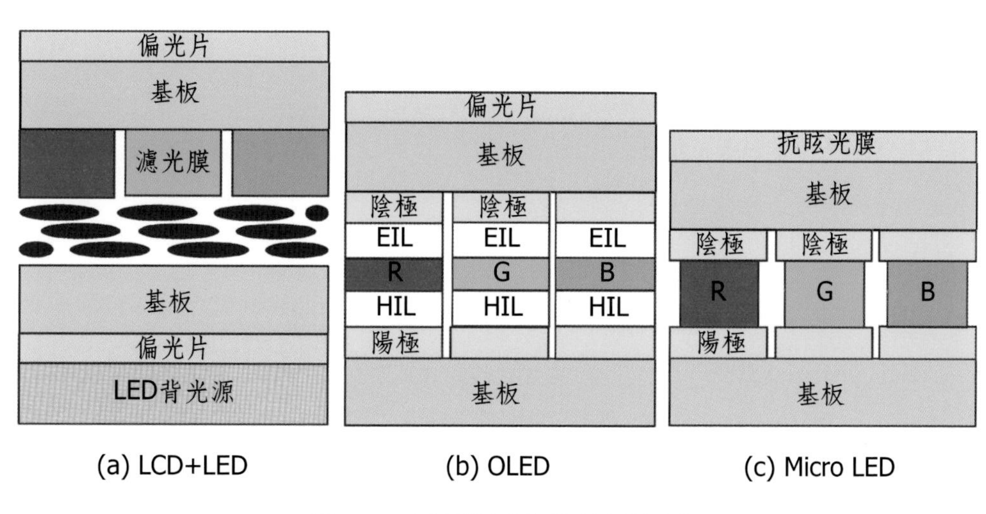

圖 5-5　三種顯示技術的示意圖

(1) Mini/Micro LED 驅動方式

目前 Mini LED 驅動方式有 2 種，一種是靜態直流驅動，一種是動態掃描交流驅動。從目前各廠家實現方式來看，均採用靜態直流驅動方式，效率及穩定性較高，系統發熱不大，發光效果也會很好。

另一方面，Micro LED 顯示陣列驅動方式分為被動選址驅動（Passive Matrix, PM）和主動選址驅動（Active Matrix, AM），如圖 5-6 所示。被動驅動工作原理是採用控制器和驅動晶片對顯示矩陣進行行列掃描實現 LED 點亮，使用高頻率電流和人眼的視覺暫留得到完整圖像信息。主動驅動利用具有開關功能的薄膜晶體管和存儲電荷的電容驅動 LED。

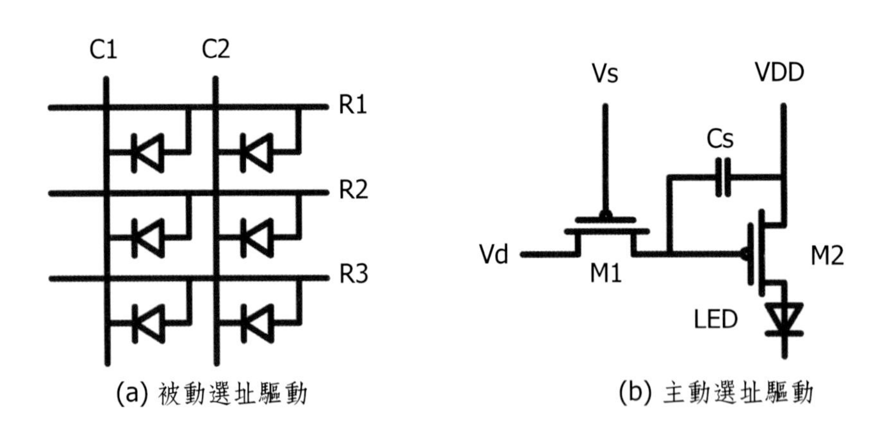

圖 5-6　Mini/Micro LED 驅動方式

(2) Mini LED 背光增強了傳統 LCD 顯示器的顯示能力

由於 Mini LED 的尺寸為 4 mil×2 mil，接近傳統的 LED（約為四分之一），所以 Mini LED 顯示技術在製程的優勢包含下列幾點：

A. 升級現有設備，製程與傳統 LED 相容，成本增加不多。

B. 厚度薄、色域廣、高對比，光學表現優於傳統 LED 顯示技術，圖 5-7 為光學表現示意圖。

C. 亮度更高：LCD 搭配 Mini LED 光源可以實現大於 1000 nits 的高亮度，通過區域調控電流，亮態畫面可提高數倍，高於 OLED 亮度。

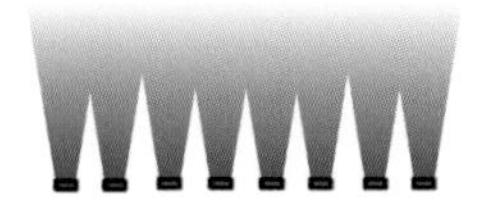

圖 5-7　傳統 LED 和 Mini LED 背光源的光形示意圖

D. 不會「燒屏」：OLED 如部分像素長期工作於高亮度情況，會出現「燒屏」現象，Mini LED 不存在此現象，以及螢幕殘留烙印。

E. 壽命更長：OLED 材料壽命比 LED 壽命短，特別是藍色 OLED 材料仍遠低於其他顏色材料，長期工作會出現因藍色發光下降導致的偏色。

F. 功耗更低：同等發光亮度下，LCD plus Mini LED 的功耗是 OLED 的 70～80%。

G. 可靠性和環境適應性更高：OLED 材料需要嚴格的阻水氧封裝，且在較高溫條件下工作更易衰減，Mini LED 為無機半導體材料發光，在高溫下成長，具有更好的可靠性。

(3) Micro LED 被看好成為新一代顯示技術

Micro LED Display 為新一代的顯示技術，結構是微型化 LED 陣列，也就是將 LED 結構設計進行薄膜化、微小化與陣列化，使其體積約為目前傳統 LED 大小的 1%，每一個畫素都能定址、單獨驅動發光，將畫素點的距離由原本的毫米級降到微米級。Micro LED 承繼了 LED 的特性：低功耗、高亮度、超高解析度與色彩飽和度、反應速度快、超省電、壽命較長、效率較高等，其功率消耗量約為 LCD 的 10%、OLED 的 50%。而與同樣是自發光顯示的 OLED 相較之下，亮度比其高 30 倍，且解析度可達 1500 PPI（像素密度），相當於 Apple Watch 採用

OLED 面板達到 300 PPI 的 5 倍之多，另外，具有較佳的材料穩定性與無影像烙印也是優勢之一。下表為 Mini LED 和 Micro LED 兩種顯示技術的比較：

表 5-1　Mini LED 和 Micro LED 比較

	Mini LED	Micro LED
尺寸範圍	50-100 μm	25 μm 以下
關鍵差異	有藍寶石基板	無藍寶石基板
使用數量	電視：數千顆	電視：數百萬顆
技術優勢	採用傳統製程技術、多區調控背光、成本較低	輕薄、發光效率高、可靠度高、超高像素密度、顯示效果升級
應用類別	中大型顯示屏、3C 產品、商用小間距顯示器	主動式發光顯示器、車用顯示、穿戴裝置、AR/VR

(4) Mini/Micro LED 的全彩技術解決方案

圖 5-7 為 Micro LED 的全彩技術解決方案，一般分成三種：

(1)RGB 三色晶片組合：如圖 5-8(a)所示，此種解決方案的優點為 LED 晶片具有最佳的亮度和顏色；最快的顯示響應時間。而缺點則是每種顏色需要單獨的轉移步驟；LED 像素全彩顯示有偏差；採用 R、G、B 三色晶片的全彩化技術，在 LED 晶片尺寸小於 25 μm 的技術上將面臨發光效率、晶片良率偏低等問題。

(2)晶圓上的顏色轉換：如圖 5-8(b)所示，此種解決方案的優點為所有三種顏色僅需一次轉移步驟；採用色轉換具成本效益；色彩純度和飽和度較高，結構簡單、可捲曲。至於缺點則是通過色轉換有些光會損失；可能需要在晶片上的 LED 之間增加色轉換精度；色彩均勻性不夠，各顏色之間會互相影響；傳統 CdS 量子點技術還存在著材料穩定性不夠、易受水氣與氧氣影響、含有毒金屬元素、壽命短以及成本高與塗佈均勻性等問題，須改善克服。

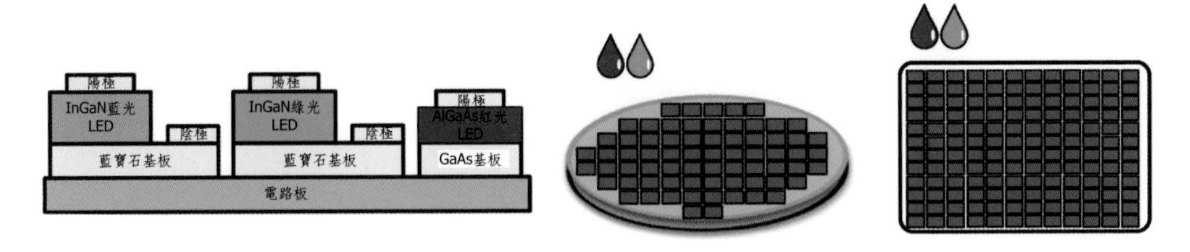

(a) RGB三色晶片組合　(b) 晶圓上的顏色轉換　(c) 顯示屏上的顏色轉換

圖 5-8　Mini/Micro LED 的全彩技術解決方案

(3)顯示屏上的顏色轉換：如圖 5-8(c)所示，此種解決方案的優點為所有三種顏色僅需一個轉印步驟；顯示屏上的 LED 晶片之間有足夠的間距，可進行精確的顏色轉換；晶片上 LED 晶片之間的間距很小；色彩純度和飽和度較高，結構簡單、可捲曲。而缺點則與上述的缺點一樣。未來可以應用最新的 CsSn 系列的鈣鈦礦量子點技術。

5.4　Mini/Micro LED 的應用市場與市場現狀

圖 5-9 為 Mini/Micro LED 的應用市場趨勢，圖 5-9 上方為 Mini LED 的應用方向，包含車內顯示器、電視、以及廣告牆，單一產品的使用數量分別為 5 百萬顆到 2 千 5 百萬顆 LED 晶粒，而對像素密度的要求約在 50 到 300 PPI 之間；圖 5-9 下方為 Micro LED 的應用方向，包含 Near-to-eye 微型顯示屏、AR/VR 頭盔、智慧手錶、和手機螢幕等，單一產品的使用數量分別為 1 百萬顆到 20 百萬顆 LED 晶粒，而對像素的要求約在 300 到 3000 PPI 之間。從應用市場區分，Mini LED 主要應用在中大型顯示屏的產品，Micro LED 主要應用在迷你及小型顯示器的產品，而 Micro LED 的產品對像素密度的要求比 Mini LED 的產品高約 10 倍。人們對顯示器像素密度的要求取決於觀看時的距離，對於中大型顯示器的產品，像素密度 300 PPI 為臨界值，而 Near-to-eye 微型顯示之屏像素密度將達到 3000 PPI，所以未來 Mini LED 和 Micro LED 的應用

車用顯示器　TV　廣告牆

Mini LED應用
屏幕尺寸：10-∞
PPI: 50-300
晶粒數：5-25M

AR/VR　智慧手錶　智慧手錶

Mini LED應用
屏幕尺寸：0.5-7
PPI: 300-3000
晶粒數：1-50M

圖 5-9　Mini/Micro LED 的應用市場

市場是有區別的。Mini LED 的應用會取代傳統尺寸 LED 當作 LCD 背光源的部分，而傳統尺寸 LED 市場將會萎縮到以前的訊號指示燈和照明市場，而退出顯示器的市場。至於 Micro LED 則是主要應用在可攜式電子產品的顯示器。

另外，在市場現況部分，如表 5-2 所整理的資料：

表 5-2　各大廠商的相關產品性能簡介[11-16]

產商	產品名稱	簡介
飛利浦	Mini LED 9500 系列電視	擁有最高 640 個獨立控光分區，峰值亮度達 1500 nit；配合 98%原色量子點，最高還可實現 600000：1 的對比度；採用四邊環景光技術和全面屏設計
冠捷	AGON 4 Pro 電視	採用一塊 27 英寸的 2K 240 Hz Mini LED 屏；擁有 576 個直下式背光分區，240 Hz/1ms 灰階響應時間；最高亮度可達 1200 尼特；在色彩方面擁有 10.7 億色；97% DCR-P3 覆蓋以及 93% NTSC 覆蓋
華碩	ROG Flow X16 筆記型電腦	採用 16 英寸、16:10 顯示比例、對應 QHD 分辨率；165 Hz 畫面更新率與 3 毫秒反應時間；峰值亮度可達 1100 nits，符合 VESA Display HDR 1000 標準
中國惠科	HKC PG271U Mini LED 顯示器	採用直下式背光設計，擁有 2048 顆燈珠組成的 512 個分區背光；擁有量子膜片光學結構；擁有全域廣色域覆蓋，200000：1 的超高靜態對比度

產商	產品名稱	簡介
中國 君萬微	全彩 Micro LED 微型顯示器	像素密度約達 1500 PPI； 正常工作亮度 20000 nit，峰值亮度超過 10 萬 nit； 採用光波導（Waveguide）或擴瞳技術（Freeform Optics）
中國 TCL 華興	Q10G Mini LED 系列電視	擁有 1000 nits 超高峰值亮度； 採用 448 分區微米級點陣式控光設計，最高採用了 2304 分區量子點點控光； 支持 120Hz 刷新率，支持 MEMC 和 VRR 技術

5.5 結論與未來展望

在應用上，綜合以上 Mini/Micro LED 之特性，大致上可以歸納出下列幾點：

(1)從點出發，走向無限：Micro LED 的尺寸只有 2 mil×1 mil，未來有可能更小，但是其顯示屏的尺寸卻遠大於此，甚至可以組成一個電視牆。

(2)色彩策略：未來可行的全彩方案有二，一是 RGB 三色 LED 集成；二是藍光 LED+量子點噴塗。

(3)巨量處理：較佳之解決方案應是結合雷射和貼裝取放技術之雷射轉移技術(LEAP)，此一技術轉移速率快且方便可行。

(4)LED 的產品路線目前已逐漸明朗，根據晶粒尺寸:

A. 功率晶片（Power chip）用於照明。

B. 傳統尺寸 LED 則是當作訊號指示燈。

C. Mini LED 用於當作顯示器的背光源。

D. Micro LED 用於中小型尺寸的顯示屏。

在產業方面，美國的 Vuzix 宣布和法國的 Atomistic 簽署了一系列的協議。未來，結合 Micro LED 顯示器及 Vuzix 光波導技術的解決方案將供應給全球第三方 OEM 廠商，應用於 AR 智能眼鏡[16]。Mini LED 設備性能再一步提升，尤其是 MOCVD、轉移設備、點測分選等關鍵設備。Mini LED 初期放量帶動設備廠業績提升，加大了設備廠商布局 Mini LED 的信心，同時也吸引到更多國產設備玩家加快發展 Mini LED 業務，未來或將推動 Mini LED 商業化發展[17]。

習　題

1. Mini LED 與 Micro LED 概念有何差別？
2. 何謂 Micro LED 顯示器？
3. 請說明 Mini LED 與 Micro LED 結構區別。
4. 請簡單說明 Mini LED 與 Micro LED 製程的區別。
5. Mini LED 與 Micro LED 元件的物理特性上有何差別？
6. 請簡單說明 Mini LED 與 Micro LED 的應用領域。
7. 請簡單說明 Mini LED 與 Micro LED 的量產優勢。
8. 請簡單說明 TFT LCD、OLED 和 Micro LED 的區別。
9. 請簡單說明 Micro LED 的生產技術的難關。
10. 為何 COB 封裝是 Micro LED 最佳封裝方式？
11. 請簡單說明 Micro LED 顯示技術的背板技術。
12. 請簡單說明 Micro LED 顯示技術的晶片技術。
13. 請簡單說明 Micro LED 顯示技術的巨量轉移技術之主要難題。
14. 請簡單說明 Micro LED 全彩顯示技術的問題。
15. 請簡單說明消費電子領域 Micro LED 顯示技術的焊接與驅動技術。

參考資料

[1] Jin S X, Li J, Li J Z, et al. GaN Microdisk Light Emitting Diodes. Applied Physics Letters, American Institute of Physics, 2000,76(5):631-633.

[2] Jin S X, Li J, Lin J Y, et al. InGaN/GaN Quantum Well Interconnected Microdisk Light Emitting Diodes. Applied Physics Letters, American Institute of Physics,2000,77(20): 3236-3238.

[3] Nicolelee.不明覺厲！揭開 Micro-LED 的神秘外衣. LED inside. https://www.ledinside.cn/news/20160602-38652.html.

[4] Gao, Z.; Ning, H.; Yao, R.; Xu, W.; Zou, W.; Guo, C.; Luo, D.; Xu, H.; Xiao, J. Mini-LED Backlight Technology Progress for Liquid Crystal Display. Crystals 2022, 12, 313.

[5] 季洪雷，陳乃軍，王代青，張彥，葛子義。Mini-LED 背光技術在電視產品應用中的進展和挑戰。液晶與顯示，2021，36(07)：983-992。

[6] http://sawa-corp.com/news_inner.aspx?num=730#, Micro LED 前瞻應用競出籠，巨量轉移、檢測技術瓶頸成突圍關鍵

[7] https://www.haowai.today/tech/4583911.html，詳解 Micro LED 巨量轉移技術

[8] https://www.techbang.com/posts/46330-micro-led-to-subvert-the-industrys-next-generation-display-technology, Micro LED-即將顛覆產業的新一代顯示技術

[9] https://www.eettaiwan.com/20160804nt21-micro-led/, Micro LED 次世代顯示技術 2018 年可望量產

[10] 盧博，氮化鎵基 Micro-LED 顯示陣列製備與熱穩定性研究，哈爾濱工業大學，2020. DOI:10.27061/d.cnki.ghgdu.2020.000523。

[11] 張廣譜，朋朝明，Mini LED 燈板及驅動方案技術研究，電子產品世界，2021，28(08)：38-41。

[12] https://m.ledinside.cn/products/20220520-52440.html

[13] https://m.ledinside.cn/products/20220518-52416.html

[14] https://m.ledinside.cn/products/20220518-52418.html

[15] https://m.ledinside.cn/products/20220517-52408.html

[16] https://m.ledinside.cn/products/20220516-52395.html

[17] https://www.ledinside.cn/news/20220516-52391.html

索 引

一畫

二畫

三畫

四畫

五畫

六畫

七畫

八畫

九畫

十畫

十一畫

十二畫

十三畫

十四畫

十五畫

十六畫

十七畫

十八畫

十九畫

二十畫以上

參考答案

第一章

一、選擇題

1.A	2.C	3.D	4.C	5.A	6.D	7.D	8.D	9.C
10.D	11.A	12.A	13.B	14.D	15.D	16.C	17.C	18.B
19.B	20.B	21.C	22.D	23.B	24.C	25.D	26.C	27.C
28.D	29.B	30.D	31.A	32.A	33.D	34.B	35.D	36.B
37.D	38.A	39.C	40.A	41.D				

二、簡答題

1. 請簡述 LED 的未來展望，並列舉至少三項的應用。

Ans：LED 的未來展望取決於其可靠度（或壽命），亮度（或發光效率），和成本（或售價）。LED 的目前已應用在電子裝置的指示燈、平面顯示器、交通信號燈、室內及戶外照明、微型投影機的光源、通訊等。

2. 請簡述照明光源簡史。

Ans：西元前三世紀：蠟燭；2. 1870 年：煤油燈；3. 1879 年：白熾燈泡；4. 1938 年：日光燈；5. 1996 年：白光 LED。

3. 請簡述 LED 光源的優點與缺點。

Ans：

LED 之優點如下：

- 發光效率高
- 啟動時間短（約在 10ns 到 100ns 之間）
- 使用壽命長
- 不易破損
- 可調整光之強弱
- 耗電量少

・環保無汞
・低電壓驅動、安全性高
・體積小、可塑性強，可施工在任何造型上
・可應用在低溫環境
・光源具方向性
・色域豐富

LED 之缺點如下：

・目前製造成本較高
・光源屬於點光源，封裝之後具有高方向性，需考慮光學設計

4. 何謂發光二極體（Light-Emitting Diode, LED）？

Ans：一種具有 P-N 接面結構，可以將順向偏壓下注入的電子和電洞在復合之後以自發性放射（spontaneous emission）的形式發光之二極體。

5. (A) 寫出高功率的 LED 封裝需考慮兩個重要因素。(B) 寫出 LED 封裝的作用。

Ans：(A) (1) 出光；(2) 散熱

(B)LED 封裝的作用是將外引線連接到 LED 晶片的電極上，不但可以保護晶片的防禦輻射、水氣、氧氣以及外力破壞。而且可以提高發光效率的作用、提供晶片散熱機構，更重要的是保護管蕊正常工作，輸出可見光的功能。

6. 寫出目前三種切割晶粒的製程及其優缺點。

Ans：(1) 輪刀式切割法：此種技術所得之晶片具有整齊的矩形，但是，鑲嵌鑽石粉之輪刀很難切割氮化鎵系發光二極體所採用的藍寶石基板。

(2) 鑽石刀式切割法：此技術是最早使用於切割氮化鎵系的發光二極體所採用的藍寶石基板，但是使用此技術所得之晶片邊緣並不整齊。

(3) 雷射式切割法：此種技術所得之晶片具有整齊的矩形，但是，晶片有時會被雷射灰化所產生的粉末汙染。

7. 在 LED 製程中，若要執行剝離（Lift-off）製程，要採用正光阻或負光阻？

Ans：負光阻。

第二章

一、選擇題

1.D	2.A	3.D	4.B	5.A	6.C	7.A	8.B	9.A
10.B	11.B	12.D	13.A	14.B	15.D	16.B	17.C	18.BD
19.D	20.C	21.C	22.A	23.A	24.C	25.D	26.C	27.A
28.C	29.A	30.A	31.B	32.D	33.B	34.D	35.D	36.A
37.A	38.B	39.C	40.B	41.C	42.C	43.C	44.B	45.D
46.B	47.A	48.B	49.B	50.A	51.D	52.C	53.D	54.B
55.C	56.A	57.A	58.無解	59.B	60.C			

二、填充題

1. 0.091

2. 1.8×10^6；136

3. 藍光

4. 電子阻檔層

5. 銦

6. 110℃

第三章

一、選擇題

1.D	2.B	3.A	4.A	5.C	6.C	7.D	8.D	9.A
10.D	11.A	12.C	13.C	14.D	15.D	16.C	17.C	18.A
19.B	20.A	21.A	22.D	23.A	24.C	25.C	26.D	27.C
28.D	29.D	30.B	31.A	32.C	33.D	34.A	35.B	36.D

37.A	38.B	39.C	40.C	41.B	42.A	43.D	44.C	45.D
46.C	47.C	48.D	49.B	50.C	51.C	52.B	53.C	54.C
55.C	56.B	57.A	58.B	59.C	60.A	61.C	62.D	63.C
64.B	65.B							

二、填充題

1. 60

2. 1299.4

3. 16℃

三、簡答題

1. 請簡述限制 LED 產品發展之原因？

   Ans：目前 LED 受限於成本過高，光源轉換成本高。不論推動應用於一般照明設備或高階消費性電子產品，因價格相較於原本產品差距過高可能無法立即普及，未來市場成熟透過技術提升及量產壓低價格後，必能有效應用於相關產品。

2. LED 照明之未來技術可在發光效率中作何種改善？

   Ans：(1) 高能量轉換效率之 LED 晶片的研究；(2) 高能量轉換效率之螢光材料的研究。

第四章

一、選擇題

1.D	2.D	3.C	4.D	5.C	6.D

二、填充題

1. Ans：（甲）、（丙）、（丁）

第五章

1. Mini LED 與 Micro LED 概念有何差別？

   Ans：Micro LED 是新一代顯示技術，是 LED 微縮化和矩陣化技術，簡單來說，就是將 LED 背光源進行薄膜化、微小化、陣列化，可以讓 LED 單元小於 50 微米，與 OLED 一樣能夠實現每個圖元單獨定址，單獨驅動發光。而 Mini LED 又名「次毫米發光二極體」，意指晶粒尺寸約在 50 微米以下的 LED。Mini LED 是介於傳統 LED 與 Micro LED 之間，簡單來說是傳統 LED 背光基礎上的改良版本。

2. 何謂 Micro LED 顯示器？

   Ans：Micro LED 顯示技術是指以自發光的微米量級的 LED 為發光像素單元，將其組裝到驅動面板上形成高密度 LED 陣列的顯示技術。

3. 請說明 Mini LED 與 Micro LED 結構區別。

   Ans：Micro LED 晶片本質仍然為發光二極體，僅晶片尺寸不同。

4. 請簡單說明 Mini LED 與 Micro LED 製程的區別。

   Ans：Mini LED 相較於 Micro LED 來說，良率高，具有異型切割特性，搭配軟性基板亦可達成高曲面背光的形式，採用局部調光設計，擁有更好的演色性，能帶給液晶面板更為精細的 HDR 分區，且厚度也趨近 OLED，同時具有省電功能。

5. Mini LED 與 Micro LED 元件的物理特性上有何差別？

   Ans：Mini LED 的 NTSC 色域為 80-110%，而 Micro LED 則為 140%，其餘光電特性幾乎相同。

6. 請簡單說明 Mini LED 與 Micro LED 的應用領域。

   Ans：一般的 LED 晶片以照明與顯示器背光模組為主；至於 Mini LED 則以 HDR、異型顯示器等背光源應用為訴求，適合應用于手機、電視、車用面板及電競筆記型電腦等產品上；至於 Micro LED，其應用概念跟前兩者則完全不同，將會是一種全新的顯示技術，可應用在穿戴式的手錶、手機、車用顯示器、擴增實境/虛擬實境、顯示幕及電視……等領域。

7. 請簡單說明 Mini LED 與 Micro LED 的量產優勢。

Ans：Micro LED 的優勢在于既繼承了無機 LED 的高效率、高亮度、高可靠度及反應時間快等特點，又具有自發光無需背光源的特性，體積小、輕薄，還能輕易實現節能的效果。而 Mini LED 則以 HDR、異型顯示器等背光源應用為訴求。相比 Micro LED，Mini LED 技術難度更低，更容易實現量產，可使用大部分既有的生產設備來進行量產，且可以大量開發液晶顯示背光源市場，產品經濟性更佳。

8. 請簡單說明 TFT LCD、OLED 和 Micro LED 的區別。

Ans：(1) LCD

Liquid Crystal Display，即液晶顯示器。而 LED 顯示器是指液晶顯示器（LCD）中的一種，即以 LED 為背光光源的液晶顯示屏

(2) OLED

OLED，是指有機半導體材料和發光材料在電場驅動下，通過載流子注入和複合導致發光的現象。OLED 在電場的作用下，陽極產生的電洞和陰極產生的電子就會發生移動，分別向電洞傳輸層和電子傳輸層注入，遷移到發光層。當二者在發光層相遇時，產生能量激子，從而激發發光分子最終產生可見光。

(3) Micro LED

Micro LED（又稱 μLed）是指尺寸小于 50μm 的晶片。與普通 LED 一樣，也是自發光，用 RGB 三種發光顏色的 LED 晶片組成一個個像素即可用于顯示。與 LCD 和 OLED 相比，Micro LED 顯示擁有響應速度快、亮度高、視角大、色彩效果好、壽命長具有自發光無需背光源的特性，體積小，輕薄，還能實現節能的效果。

9. 請簡單說明 Micro LED 的生產技術的難關。

Ans：(1) 巨量轉移技術：如何將 LED 做得微小化，需要晶圓級的技術水

平。

(2) 晶片技術：對于保留襯底的 Micro LED，最大挑戰在於切割。隨著晶片尺寸越來越小，裂片良率也隨之下降。

(3) 驅動 IC 技術：Micro LED 在使用時，其電源驅動電流相比小間距而言很低，在低電流下，傳統 IC 的低灰階狀態表現欠佳，將會造成 Micro LED 在相同電流但亮度差異較大甚至部分不亮的狀況。

(4) 檢測維修：由於 Micro LED 尺寸太小，其電極尺寸往往小於探針針頭尺寸，因此無法採用正常點測技術進行檢測。

10. 為何 COB 封裝是 Micro LED 最佳封裝方式？

Ans：SMD 封裝先將單顆 LED 晶片固晶到 BT 板上封裝成單個燈珠，再將燈珠貼片到 PCB 板上做成顯示模組；IMD 封裝先將多顆 LED 晶片固晶到 BT 板上封裝成單個燈珠，再將燈珠貼片到 PCB 板上，相比 SMD 集成度更高；COB 是直接將 LED 晶片固晶到 PCB 板上，然後對多顆 LED 晶片整體封裝，集成度最高。COB 采用整 體封裝的方式，防護性和氣密性非常好，可靠性最高顯示壽命也最長；COB 不額外使用 BT 板減少封裝環節，同時導熱通道縮短，散熱性能更加優越。雖然 COB 工藝環節更加簡潔，但是技術實現難度較高導致受制於產能規模以及良率問題，目前 COB 的「成本 -間距曲線」相較 SMD 存在較大獨特性。在小間距的趨勢下，尤其在點間距下降到 P1.0（1 毫米）以內，SMD 貼片難度增加，成本會呈現指數型增長趨勢，COB 在成本管控上優勢凸顯，是未來最佳的封裝方案。

11. 請簡單說明 Micro LED 顯示技術的背板技術。

Ans：Micro LED 技術使用的背板有兩種：印刷電路板和玻璃基板。由於刷電路板的膨脹收縮比率較大，且容易翹曲，會造成巨量轉移效果不良。玻璃基板的尺寸穩定性好，但其橫向和縱向尺寸變化非等向，對加工技術要求高。

12. 請簡單說明 Micro LED 顯示技術的晶片技術。

Ans：從晶片的技術角度看，現階段 Micro LED 晶圓的波長一致性不滿足量產化需求。而且隨著晶片尺寸的縮減，發光效率急速降低。在元件構造過程中，感應耦合電漿蝕刻會造成晶片側壁的損傷，進而影響晶片發光特性和可靠性。

13. 請簡單說明 Micro LED 顯示技術的巨量轉移技術之主要難題。

Ans：晶片製作完成後，需要通過巨量轉移將其轉移到驅動電路背板上。巨量轉移技術面臨的共性問題就是精度，要求轉移精度為±1μm。其次，還要求轉移具有極高的良率。

14. 請簡單說明 Micro LED 全彩顯示技術的問題。

Ans：三色 RGB 法用於大像素顯示構造時，巨量轉移的晶片數量多、難度大，且紅光 LED 效率不高。晶圓上的顏色轉換和顯示屏上的顏色轉換方法則對轉光材料的可靠性和波長一致性有很高的要求。而目前的熒光粉材料顆粒尺寸大，易造成沉積不均勻。量子點材料尺寸小，但是存在穩定性較差且壽命短等問題。

15. 請簡單說明消費電子領域 Micro LED 顯示技術的焊接與驅動技術。

Ans：Micro LED 的焊接技術主要分 3 種：預置錫膏技術、金屬共晶鍵合技術、微管技術。由於 Micro LED 電極之間距離很小，使用錫膏工藝容易造成晶片正負極之間導通，形成微短路現象。隨著晶片尺寸的縮小，晶片與驅動電路基底熱膨脹係數的差异會導致共晶焊只適用於 20μm 以上晶片。微管技術一般用於 10μm 以下接合。Micro LED 顯示中每個紅綠藍像素配置一個驅動 Micro-IC。Micro-IC 能通過占空比來調整亮度和色階。由於驅動電流太小，通常會出現低灰階下亮度、色度不穩定的問題。

國家圖書館出版品預行編目資料

LED元件與產業概況／陳隆建著. --二版.
--臺北市：五南圖書出版股份有限公司,
2023.02
面； 公分
ISBN 978-626-343-746-3（平裝）
1.CST: 光電工業 2.CST: 產業發展
469.45 112000542

5DF6

LED元件與產業概況

作 者 — 陳隆建（263.8）
發 行 人 — 楊榮川
總 經 理 — 楊士清
總 編 輯 — 楊秀麗
副總編輯 — 王正華
責任編輯 — 張維文
封面設計 — 王麗娟
出 版 者 — 五南圖書出版股份有限公司
地 址：106台北市大安區和平東路二段339號4樓
電 話：(02)2705-5066 傳 真：(02)2706-6100
網 址：https://www.wunan.com.tw
電子郵件：wunan@wunan.com.tw
劃撥帳號：01068953
戶 名：五南圖書出版股份有限公司

法律顧問 林勝安律師

出版日期 2012年9月初版一刷
2023年2月二版一刷

定 價 新臺幣550元

經典永恆・名著常在

五十週年的獻禮——經典名著文庫

五南，五十年了，半個世紀，人生旅程的一大半，走過來了。
思索著，邁向百年的未來歷程，能為知識界、文化學術界作些什麼？
在速食文化的生態下，有什麼值得讓人雋永品味的？

歷代經典・當今名著，經過時間的洗禮，千錘百鍊，流傳至今，光芒耀人；
不僅使我們能領悟前人的智慧，同時也增深加廣我們思考的深度與視野。
我們決心投入巨資，有計畫的系統梳選，成立「經典名著文庫」，
希望收入古今中外思想性的、充滿睿智與獨見的經典、名著。
這是一項理想性的、永續性的巨大出版工程。
不在意讀者的眾寡，只考慮它的學術價值，力求完整展現先哲思想的軌跡；
為知識界開啟一片智慧之窗，營造一座百花綻放的世界文明公園，
任君遨遊、取菁吸蜜、嘉惠學子！